◀ 高校核心课程学习指导丛书

电磁学
分层进阶探究题集

DIANCIXUE
FENCENG JINJIE TANJIU TIJI ▶

卢荣德 / 编著

中国科学技术大学出版社

内 容 简 介

本书是"高等教育面向21世纪教学内容和课程体系改革计划"的研究成果,内容丰富,涵盖了电磁学及其相关学科的各个方面。本书对教学主干内容的基本概念和基本规律的准确表述等方面进行问答题测试,在一定程度上具备了高效完成间接经验知识内化的功能,将电磁学教学的内部效度与外部效度较好地统一起来,从而为在大学物理教学中开展MOOC提供了有益的试验与参考,为大学物理素质教育开辟了一条崭新的途径。

本书可供大学物理教师作为教学参考书使用,也可供大学生和中学物理教师参阅。

图书在版编目(CIP)数据

电磁学分层进阶探究题集/卢荣德编著.—合肥:中国科学技术大学出版社,2018.11

ISBN 978-7-312-04347-5

Ⅰ.电… Ⅱ.卢… Ⅲ.电磁学—高等学校—习题集 Ⅳ.O441-44

中国版本图书馆 CIP 数据核字(2018)第 062387 号

出版	中国科学技术大学出版社 安徽省合肥市金寨路96号,230026 http://press.ustc.edu.cn https://zgkxjsdxcbs.tmall.com
印刷	安徽省瑞隆印务有限公司
发行	中国科学技术大学出版社
经销	全国新华书店
开本	710 mm×1000 mm 1/16
印张	20.5
字数	425 千
版次	2018年11月第1版
印次	2018年11月第1次印刷
定价	49.00 元

前　言

1. 夯实基础,培养能力,提高素质

以趣味思考题作为切入点引出知识点,将趣味性电磁问题有序地组织起来,可很好地夯实基础,激发学生的学习兴趣。由于趣味电磁问题是生活中自己亲历的一些现象和遇到的一些问题,客观而真实地反映了大量有趣的电磁现象,所以好奇心和求知欲油然而生。

当面对一个趣味电磁问题时,因找不到可拿来仿效的原型,也无既得的经验可作为指导,只能通过独立思考、不断尝试来探究问题。对趣味电磁问题进行进阶探究,这个探索过程将激发读者的各种想象、直觉、灵感等。在问题解决的过程中,会经历分析问题、选择模型、建构模型、分析模型等环节,需要使用假设、等效等多种科学方法,从而促进科学素养的提升。

情景探究题,从技术层面而言,要分析、解决问题,首先需要对情景问题进行抽象,建立理想模型,即建模。在这个过程中,发散性思维很重要。发散性思维是根据已有的信息,从不同的角度、不同的侧面探究各种答案的思维,它是创造性思维的核心。所建模型要不断地接近客观事物原型,这样才具有实际意义。从某种意义上讲,物理模型与电磁问题的区别在于反映客观事物的程度不同,与现实生活的距离不同。

分层进阶题试图使电磁学教学从知识传授模式中走出来,促进电磁学知识传授与专业学科交叉、应用的结合,从而使电磁学教学更符合其培养目标。该类题力图打破传统电磁学习题教学占据统治地位的格局,提出了解决电磁学教学外部效度的有效措施,拓展了电磁学教学的视野,拓宽了电磁学问题的范畴,进一步达到大学物理教学内、外部效度的统一,有助于更好地实现电磁学教学的目的。

多年一线教学实践证明本书对激发兴趣和提升教学效果是有效的,但同时也面临着许多问题,如情景探究题在教学中占的比重问题,分层作业中优化使用测试的节省时间问题,本书能否与任何课堂效益平衡,此模式能否实现具有简单性和一致性的测试,需要在实践中摸索。

交叉学科的人才培养需要一种新的模式,通识教育尝试的落脚点应该是原始问题,相信本问答题集对教学质量的提高会有非常积极的意义。

2. 提升教学动力,散播学习乐趣

电磁学的教学中,常发现学生在学习的过程中似乎听懂了,可一做习题却往往"抓瞎",学生的学习还存有许多概念错误与潜在盲点。学生习惯于只用眼、耳进行学习,懒得动手练习,导致"一听都懂,一做就错"。因此往往出现学生勉强拿到学分却不具备电磁学的运用能力的情况,更谈不上可以应用电磁学作为解决他们所学专业交叉问题的工具。

随堂分层进阶探究电磁学的目的主要是帮助学生学习,检测设计与检测结果回馈皆是为了提升教学动力、散播学习乐趣。而所谓的 GPA 却只是检测后的附带的产出,而非检测的目的所在。

透过观念的沟通与强调,赋予学生学习的责任。在随堂进阶式教学演练中,学生随课程进行听讲与操作,便能达到课程所设定的学习目标,最后更能顺利解答检测问题,为自己赢得成绩的点数;透过检测活动的反馈而让学习的责任被正向肯定,学生在课程中的付出与成果之间便有了较为合理的直接关系。反之,在课堂中没尽到学习的责任,就达不到学习的成效,检测出的结果也不理想,连带影响自己的平时成绩,而此皆由学生自己承担。

认真上课以达到学习目标是学生应尽的责任,也是最有保障的学习方式,而教师则应尽力协助学生打通学习障碍。因此,学生的学习责任是教师对学生学习态度的重视,教学双方配合,才能使教学策略得到实施。

学生的学习通过"现学现用"的演练而增强,且立即由被动的听转换成手脑并用的全脑学习模式,大脑开始被活化并进行"问题导向式"的思考。学生开始主动向周围的同学发问,与同学展开讨论,仿佛进行着一场生存游戏;并且,学生也渴望得到老师的帮助。

3. 本书简介

本书包括习题和参考答案两个部分,每部分按静电、静磁、电磁、电路、电磁理论分为五章。

第一、二、三章涉及电磁学的基本定律,这是电磁学课程的主要内容,以电磁原始问题为主线,着眼于定律的建立,阐明电磁现象、问题提出、实验突破、规律发现及应用范围和近代发展等,使读者通过学习明确的概念、鲜活的资料来夯实基础,通过明晰定律的内涵与外延、理论的结构与要素、实验方法的展开与应用来启迪智慧。

第四章是电磁学的主要应用,"网络和电路问题"可基于基尔霍夫定律,或基于电报方程来进行分析,有效地利用"路"理论简化对复杂电磁场问题的分析。

第五章涉及电磁学的电磁场理论,理所当然地成为电磁学教学的中心。准确把握关键性的突破、大师的研究方法和物理思想,从方法论的高度加深对电磁场理论的来源、结构、功能、特征等的认识。使学生领悟科学方法、科学思想、科学精神,增强电磁学的思想性和理论性,有利于培养一流的创新性人才。

以上是本书的框架,在内容取舍和行文方式上,则主要考虑教学的需要。本书是一本教学参考书,以大学物理教师与学生为主要读者对象,也可供中学物理教师和理工科的科技工作者参阅。

编 者

目 录

前言 ·· (i)

习 题

第1章 静电部分 ·· (3)
  1.1 真空中静电场的分层进阶探究题 ································ (3)
    1.1.1 真空中静电场的趣味思考题 ································ (3)
    1.1.2 真空中静电场的分层进阶题 ································ (6)
    1.1.3 真空中静电场的情景探究题 ································ (23)
  1.2 静电场中导体和电介质的分层进阶探究题 ························ (31)
    1.2.1 静电场中导体和电介质的趣味思考题 ························ (31)
    1.2.2 静电场中导体和电介质的分层进阶题 ························ (35)
    1.2.3 静电场中导体与电介质的情景探究题 ························ (49)
  1.3 静电能的分层进阶探究题 ···································· (55)
    1.3.1 静电能的趣味思考题 ···································· (55)
    1.3.2 静电能的分层进阶题 ···································· (56)
    1.3.3 静电能的情景探究题 ···································· (64)

第2章 静磁部分 ·· (67)
  2.1 稳恒磁场的分层进阶探究题 ···································· (67)
    2.1.1 稳恒磁场的趣味思考题 ···································· (67)
    2.1.2 稳恒磁场的分层进阶题 ···································· (73)
    2.1.3 稳恒磁场的情景探究题 ···································· (90)
  2.2 静磁场中磁介质的分层进阶探究题 ································ (99)
    2.2.1 静磁场中磁介质的趣味思考题 ································ (99)
    2.2.2 静磁场中磁介质的分层进阶题 ································ (102)
    2.2.3 静电场中磁介质的情景探究题 ································ (111)

第3章 电磁部分 ·· (117)

3.1　电磁感应的分层进阶探究题 ·· (117)
　3.1.1　电磁感应的趣味思考题 ··· (117)
　3.1.2　电磁感应的分层进阶题 ··· (122)
　3.1.3　电磁感应的情景探究题 ··· (139)
3.2　磁场能量的分层进阶探究题 ·· (148)
　3.2.1　磁场能量的趣味思考题 ··· (148)
　3.2.2　磁场能量的分层进阶题 ··· (149)
　3.2.3　磁场能量的情景探究题 ··· (158)

第 4 章　电路部分 ·· (162)

4.1　稳恒电流的分层进阶探究题 ·· (162)
　4.1.1　稳恒电流的趣味思考题 ··· (162)
　4.1.2　稳恒电流的分层进阶题 ··· (165)
　4.1.3　稳恒电流的情景探究题 ··· (174)
4.2　交流电路的分层进阶探究题 ·· (177)
　4.2.1　交流电路的趣味思考题 ··· (177)
　4.2.2　交流电路的分层进阶题 ··· (179)
　4.2.3　交流电路的情景探究题 ··· (186)

第 5 章　电磁理论部分 ·· (190)

5.1　电磁理论的分层进阶探究题 ·· (190)
　5.1.1　电磁理论的趣味思考题 ··· (190)
　5.1.2　电磁理论的分层进阶题 ··· (191)
　5.1.3　电磁理论的情景探究题 ··· (202)
5.2　电磁波应用的分层进阶探究题 ··· (205)
　5.2.1　电磁波应用的趣味思考题 ·· (205)
　5.2.2　电磁波应用的分层进阶题 ·· (206)
　5.2.3　电磁波应用的情景探究题 ·· (210)

参 考 答 案

第 1 章　静电部分 ·· (219)

1.1　真空中静电场的分层进阶探究题 ··· (219)
　1.1.1　真空中静电场的趣味思考题 ··· (219)
　1.1.2　真空中静电场的分层进阶题 ··· (225)
　1.1.3　真空中静电场的情景探究题 ··· (228)
1.2　静电场中导体和电介质的分层进阶探究题 ······························ (231)

  1.2.1 静电场中导体和电介质的趣味思考题 …………………………………… (231)
  1.2.2 静电场中导体和电介质的分层进阶题 …………………………………… (238)
  1.2.3 静电场中导体与电介质的情景探究题 …………………………………… (240)
 1.3 静电能的分层进阶探究题 …………………………………………………… (241)
  1.3.1 静电能的趣味思考题 ……………………………………………………… (241)
  1.3.2 静电能的分层进阶题 ……………………………………………………… (244)
  1.3.3 静电能的情景探究题 ……………………………………………………… (245)

第2章 静磁部分 …………………………………………………………………… (248)

 2.1 稳恒磁场的分层进阶探究题 ………………………………………………… (248)
  2.1.1 稳恒磁场的趣味思考题 …………………………………………………… (248)
  2.1.2 稳恒磁场的分层进阶题 …………………………………………………… (257)
  2.1.3 稳恒磁场的情景探究题 …………………………………………………… (259)
 2.2 静磁场中磁介质的分层进阶探究题 ………………………………………… (259)
  2.2.1 静磁场中磁介质的趣味思考题 …………………………………………… (259)
  2.2.2 静电场中磁介质的分层进阶题 …………………………………………… (264)
  2.2.3 静电场中磁介质的情景探究题 …………………………………………… (265)

第3章 电磁部分 …………………………………………………………………… (266)

 3.1 电磁感应的分层进阶探究题 ………………………………………………… (266)
  3.1.1 电磁感应的趣味思考题 …………………………………………………… (266)
  3.1.2 电磁感应的分层进阶题 …………………………………………………… (273)
  3.1.3 电磁感应的情景探究题 …………………………………………………… (277)
 3.2 磁场能量的分层进阶探究题 ………………………………………………… (280)
  3.2.1 磁场能量的趣味思考题 …………………………………………………… (280)
  3.2.2 磁场能量的分层进阶题 …………………………………………………… (282)
  3.2.3 磁场能量的情景探究题 …………………………………………………… (284)

第4章 电路部分 …………………………………………………………………… (285)

 4.1 稳恒电流的分层进阶探究题 ………………………………………………… (285)
  4.1.1 稳恒电流的趣味思考题 …………………………………………………… (285)
  4.1.2 稳恒电流的分层进阶题 …………………………………………………… (291)
  4.1.3 稳恒电流的情景探究题 …………………………………………………… (292)
 4.2 交流电路的分层进阶探究题 ………………………………………………… (292)
  4.2.1 交流电路的趣味思考题 …………………………………………………… (292)
  4.2.2 交流电路的分层进阶题 …………………………………………………… (298)
  4.2.3 交流电路的情景探究题 …………………………………………………… (302)

第5章 电磁理论部分 ………………………………………………………………… (303)

5.1　电磁理论的分层进阶探究题 ·· (303)
　　5.1.1　电磁理论的趣味探究题 ·· (303)
　　5.1.2　电磁理论的分层进阶题 ·· (305)
　　5.1.3　电磁理论的情景探究题 ·· (306)
5.2　电磁波应用的分层进阶探究题 ·· (307)
　　5.2.1　电磁波应用的趣味思考题 ·· (307)
　　5.2.2　电磁波应用的分层进阶题 ·· (311)
　　5.2.3　电磁波应用的情景探究题 ·· (313)

参考文献 ··· (317)

习 题

第1章 静电部分

1.1 真空中静电场的分层进阶探究题

1.1.1 真空中静电场的趣味思考题

序号	1	2	3	4	5	6	7
知识点	电荷	库仑定律	电场强度	电力线	电通量	高斯定理	环路定理与电势
题号	1.1.1~1.1.3	1.1.4~1.1.8	1.1.9~1.1.14	1.1.15~1.1.16	1.1.17~1.1.19	1.1.20~1.1.24	1.1.25~1.1.35

1. 电荷(Q)

【例1.1.1】 参考Coulomb的电引力测量实验，现有放在可移动的绝缘支架上的两个大小不等的金属球，如何使两个球带等量异号电荷（可用丝绸摩擦过的玻璃棒，但不使它和两球接触）？

【例1.1.2】 在做带电玻璃棒吸引干燥碎纸屑实验时，常常观察到"纸屑接触到玻璃棒后往往又剧烈地跳离棒"的现象，如何解释？

【例1.1.3】 用丝绸摩擦铜棒的实验中，常常发现"铜棒不能带电"；而戴上橡皮手套，握着铜棒和丝绸摩擦，却发现"铜棒带电"，如何解释？

2. 库仑定律

【例1.1.4】 Coulomb电引力单摆实验的原理是什么？Coulomb从他的实验中得出了什么结论？

【例1.1.5】 Coulomb定律的成立条件（真空与静止）是否必要？能否放宽？为什么？

【例1.1.6】 Coulomb定律的三个主要内容是什么？分别来自何处？其定律适用范围是什么？

【例1.1.7】 静止电荷间的 Coulomb 力遵循牛顿第三定律,而运动的电荷不遵循,为什么?

【例1.1.8】 作为电磁学中引入的第一个基本概念,电荷有何基本特征?

3. 电场强度(E)

【例1.1.9】 在地球表面上通常有一竖直方向的电场,电子在此电场中受到一个向上的力,电场强度的方向是朝上还是朝下?

【例1.1.10】 在一个带正电的大导体附近 P 点放置一个试探点电荷 q_0($q_0 > 0$),实际测得它受力 F。考虑到电荷量 q_0 不是足够小,则 $\dfrac{F}{q_0}$ 比 P 点场强 E 大还是小?若大导体带负电,情况如何?

【例1.1.11】 两个点电荷相距一定距离,告知在这两个点电荷连线的中点处电场强度为 0。你对这两个点电荷的电荷量和符号可做什么结论?

【例1.1.12】 一个半径为 R 的均匀带电圆环,其中心的电场强度如何?其轴线上场强方向如何?

【例1.1.13】 在物理教材中,$E = \dfrac{F}{q_0}$ 与 $E = \dfrac{Q}{4\pi\varepsilon_0 r^2}\hat{r}$ 两式有何区别与联系?

【例1.1.14】 一个均匀带电的球形橡皮气球,在其被吹大的过程中,下列各场点场强将如何变化?

(1) 气球内部;(2) 气球外部;(3) 气球表面。

4. 电力线

【例1.1.15】 一般而言,电力线代表点电荷在电场中运动的轨迹吗?为什么?

【例1.1.16】 空间里法拉第的电力线为何不相交?

5. 电通量(Φ_E)

【例1.1.17】 一个点电荷 q 放在球形 Gauss 面中心处,下列情况下穿过 Gauss 面的电通量的情况如何?

(1) 第二个点电荷放在 Gauss 球面外附近;

(2) 第二个点电荷放在 Gauss 球面内;

(3) 将原来的点电荷移离 Gauss 球面的球心,但仍在 Gauss 球面内。

【例1.1.18】 (1) 若上题中 Gauss 球面被一个体积减小一半的立方体表面所代替,而点电荷在立方体的中心,则穿过该 Gauss 面的电通量是多少?(2) 通过这立方体六个表面之一的电通量是多少?

【例1.1.19】 在一个绝缘不带电的导体球的周围作一同心 Gauss 面 S。在将一正点电荷 q 移至导体表面的过程中,试定性地回答:

(1) A 点的场强大小和方向怎样变化?(2) B 点的场强大小和方向怎样变化?(3) 通过 S 面的电通量如何变化?

6. 高斯定理

【例 1.1.20】 求均匀带正电、无限大平面薄板的场强时，Gauss 面为什么取两底面与带电面平行且对称的柱体形状？具体说：(1) 为什么柱体两底面要对于带电面对称？不对称行不行？(2) 柱体底面是否需要是圆的？面积取多大合适？(3) 为了求距带电平面 x 处的场强，柱面应取多长？

【例 1.1.21】 求一对带等量异号或同号电荷、无限大平行平板间的场强时，能否只取一个 Gauss 面？

【例 1.1.22】 已知一 Gauss 面上场强处处为 0，则在它所包围的空间内任一点都没有电荷吗？

【例 1.1.23】 若 Coulomb 定律中的指数不恰好是 2（如为 3），Gauss 定理是否还成立？

【例 1.1.24】 下列几种说法是否正确？为什么？

(1) Gauss 面上电场强度处处为 0 时，Gauss 面内必定没有电荷。

(2) Gauss 面内净电荷数为 0 时，Gauss 面上各点的电场强度 E 必为 0。

(3) 穿过 Gauss 面的电通量为 0 时，Gauss 面上各点的电场强度 E 必为 0。

(4) Gauss 面上各点的电场强度 E 为 0 时，穿过 Gauss 面的电通量一定为 0。

7. 环路定理与电势（U）

【例 1.1.25】 假如电场力的功与路径有关，定义电位差的公式还有没有意义？从原则上说，这时还能不能引入电位差、电位的概念？

【例 1.1.26】 电场中两点电位的高低是否与试探电荷正负有关？电位差是否与试探电荷电量有关？

【例 1.1.27】 沿着电力线移动负试探电荷时，它的电位能是增加还是减少？

【例 1.1.28】 说明电场中各处的电位永远逆着电力线方向升高。

【例 1.1.29】 (1) 将初速度为 0 的电子放在电场中时，在电场力作用下，这电子是向电场中高电位处跑还是向低电位处跑？为什么？(2) 说明：无论对正负电荷来说，仅在电场力作用下移动时，电荷总是从电位能高处移向电位能低处。

【例 1.1.30】 可否规定地球的电位为 +100 V，而不规定它为 0？这样规定后，对测量电位、电位差的数值有什么影响？

【例 1.1.31】 若 A、B 两导体都带负电，但 A 导体比 B 导体电位高，当用细导线把二者连接起来后，试分析电荷流动的情况。

【例 1.1.32】 在家庭厨房装饰中，台面常常用不锈钢，其下面用原木做橱柜。平时使用时也很安全，但到秋冬季节，有时会有"触电"现象发生，使家庭的女主人们"心惊肉跳"，深受其扰。试阐明其原因并给出解决办法。同样，在科学实验中常把仪器整机机壳作为参考点，需要对机壳进行怎样的处理，才能使人站在地上可任意接触机壳？

【例 1.1.33】 场强 E 与电势面对的问题很多，试举例说明之：

(1) 场强 E 大的地方,是否电位就高？电位高的地方是否场强就大？

(2) 带正电的物体的电位是否一定是正的？电位等于 0 的物体是否一定不带电？

(3) 场强 E 为 0 的地方,电位是否一定为 0？电位为 0 的地方,场强是否一定为 0？

(4) 场强 E 大小相等的地方,电位是否相等？等位面上场强的大小是否相等？

【例 1.1.34】 两个不同电位的等位面是否可以相交？同一等位面是否可以与自身相交？

【例 1.1.35】 E 与 U 描述电场同一对象时,其微分关系式为 $E = -\nabla U$,试分析下列问题：

(1) 在电势不变的空间内,电场强度是否为 0？

(2) 在电势为 0 处,电场强度是否一定为 0？

(3) 在电场强度 E 为 0 处,电势是否一定为 0？

8. 综合问答

【例 1.1.36】 库仑力与距离平方成反比是库仑定律的主要内容。对此至今仍有人在进行精确的实验检验。试分析问题:若这一定律是精确的,那么孤立带电的导体球壳达到静电平衡时,其电量将均匀分布在外球面上,球壳内电场强度 E 处处为 0。

1.1.2 真空中静电场的分层进阶题

1.1.2.1 概念测试题

序号	1	2	3	4	5	6
知识点	库仑定律	电场强度	电力线	电通量	高斯定理	环路定理与电势
题号	1.1.37~1.1.41	1.1.42~1.1.44	1.1.45、1.1.46	1.1.47	1.1.48~1.1.55	1.1.56~1.1.58

图 1.1　库仑扭秤实验装置

1. 库仑定律

【例 1.1.37】 如图 1.1 所示的实验装置为库仑扭秤,细银丝的下端悬挂一根绝缘棒,棒的一端是一个带电的金属小球 A,另一端有一个不带电的球 B,B 与 A 所受的重力平衡。当把另一个带电的金属球 C 插入容器并使它靠近 A 时,A 和 C 之间的作用力使悬丝扭转,通过悬丝扭转的角度可比较出力的大小,便可探寻力 F 与距离 r 和电荷量 q 的关系。该

实验中用到了下列哪些方法？（ ）

A. 微小量放大法　　B. 控制变量法　　C. 极限法　　D. 逐差法

【例 1.1.38】 根据库仑力与电荷间距离的平方成反比的规律，库仑设计了一个电摆实验，其装置如图 1.2 所示，G 为绝缘金属球，lg 为虫胶做的小针，悬挂在标尺下的蚕丝 sc 下端，l 端放一镀金小圆纸片，G、l 间的距离可调。实验时，使 G、l 带异号电荷，则小针受到电引力作用可在水平面内做小幅摆动。测量出 G、l 在不同距离时，lg 摆动同样次数的时间，计算出每次振动的周期。

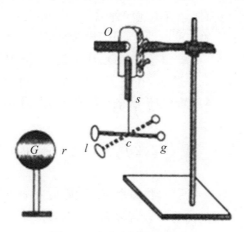

图 1.2　库仑电摆实验装置

库仑受万有引力定律的启发，把电荷之间的吸引力和地球对物体的吸引力加以类比，猜测电摆振动的周期与 l 端带电小纸片到绝缘带电金属球 G 的距离成正比。库仑记录了三次实验数据，如表 1.1 所示。

表 1.1　库仑记录的实验数据

实验次数	小纸片到金属球心的距离	所需的时间
1	9	20
2	18	41
3	24	60

关于本实验及其相关内容，有以下几种说法：

(1) 根据牛顿万有引力定律和单摆的周期公式可以推断：地面上单摆振动的周期 T 正比于摆球离开地球表面的距离 h。

(2) 从表格中第 1、2 组数据看，电摆的周期与纸片到球心之间的距离可能存在正比例关系。

(3) 假如电摆的周期与带电纸片到金属球球心的距离成正比，则三次测量的周期之比应为 20∶40∶53，但是实验测得值为 20∶41∶60，因此假设不成立。

(4) 第 3 次实验测得的周期比预期值偏大,可能是振动时间较长,两带电体漏电造成实验有较大的误差。

以上说法中正确的是(　　)。

A. (2)(4)　　　B. (1)(2)(3)(4)　　　C. (2)(3)　　　D. (1)(3)

【例 1.1.39】 一个带电体要能够被看成点电荷,必须(　　)。

A. 其线度很小　　　　　B. 其线度与它到场点的距离相比足够小

C. 其带电量很小　　　　D. 其线度及带电量都很小

【例 1.1.40】 对电荷概念有下述四种说法,正确的是(　　)。

A. 电荷是指带电体的一种属性　　　B. 电荷是指带电体上所带的电量

C. 电荷是指带电体　　　　　　　　D. 电荷是一切实体物质固有的一种属性

【例 1.1.41】 如图 1.3 所示,在正方形的两个对角顶点上各放置电荷 Q,在另外两个对角顶点上各放置电荷 q,若 Q 所受合力为 0,则 Q 和 q 的大小关系为(　　)。

A. $Q = -\sqrt{2}q$　　　B. $Q = -2\sqrt{2}q$　　　C. $Q = -4q$　　　D. $Q = -2q$

2. 电场强度

【例 1.1.42】 如图 1.4 所示,将一个正试验电荷 q_0 放在带有负电荷的大导体附近 P 点处,测得其所受的力为 F。若考虑到电荷 q_0 不是足够小,则(　　)。

A. $E = F/q_0$ 比 P 点处原先的场强数值大

B. $E = F/q_0$ 比 P 点处原先的场强数值小

C. $E = F/q_0$ 等于 P 点处原先的场强数值

D. $E = F/q_0$ 与 P 点处原场强数值哪个大不确定

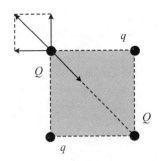

图 1.3　正方形顶点上的电荷

图 1.4　一个正试验电荷 q_0 放在带有负电荷的大导体附近

【例 1.1.43】 关于静电场,下列说法中正确的是(　　)。

A. 电场和试探电荷同时存在,同时消失

B. 由 $E = F/q_0$ 可知,电场强度与试探电荷成反比

C. 电场的存在与试探电荷无关

D. 电场是试探电荷和场源电荷共同产生的

【例 1.1.44】 如图 1.5 所示，边长为 l 的正方形，在其四个顶点上各放有等量的点电荷。若正方形中心 O 处的场强值和电势值都等于 0，则（　　）。

A. 顶点 a、b、c、d 处都是正电荷

B. 顶点 a、b 处都是正电荷，c、d 处都是负电荷

C. 顶点 a、c 处都是正电荷，b、d 处都是负电荷

D. 顶点 a、b、c、d 处都是负电荷

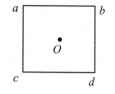

图 1.5　正方形的四个顶点上各放有等量的点电荷

3. 电力线

【例 1.1.45】 如图 1.6 所示，给出四个场线图，假设在给出的区域内没有电荷，哪一个图表示的是静电场 E？（　　）

A.（a）　　B.（b）　　C.（b）和（d）　　D.（a）和（c）　　E.（b）和（c）

F. 其他的组合　　G. 以上都不对

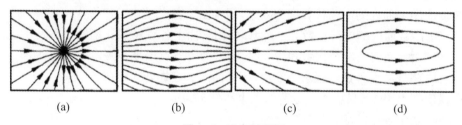

图 1.6　四个场线图

注：通过本题可以迅速了解到学生对静电场中电场线不能闭合和电场线起于正电荷、止于负电荷、在没有电荷的地方不中断这两个概念上存在的问题，并有针对性地组织相关概念的教学。

【例 1.1.46】 一个带负电荷的质点，在电场力作用下从 A 点经 C 点运动到 B 点，其运动轨迹如图 1.7 所示。已知质点运动的速率是递减的，关于 C 点场强方向四个图中正确的是（　　）。

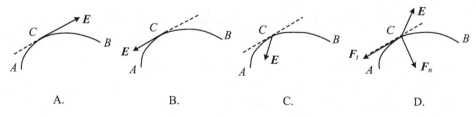

图 1.7　场强方向的四个示意图

4. 电通量

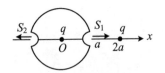

图 1.8 球形高斯面

【例 1.1.47】 两个电荷量都是 q 的正点电荷，相距 $2a$。现以左边的点电荷所在处为球心，以 a 为半径作一球形高斯面。如图 1.8 所示，在球面上取两块相等的小面积 S_1 和 S_2，设通过 S_1 和 S_2 的电场强度通量分别为 Φ_1 和 Φ_2，通过整个球面的电场强度通量为 Φ_S，则（　　）。

A. $\Phi_1 < \Phi_2, \Phi_S = 2q/\varepsilon_0$

B. $\Phi_1 > \Phi_2, \Phi_S = q/\varepsilon_0$

C. $\Phi_1 = \Phi_2, \Phi_S = q/\varepsilon_0$

D. $\Phi_1 < \Phi_2, \Phi_S = q/\varepsilon_0$

5. 高斯定理

【例 1.1.48】 根据高斯定理的数学表达式 $\oiint_S \boldsymbol{E} \cdot \mathrm{d}\boldsymbol{S} = \sum_S \dfrac{q}{\varepsilon_0}$ 可知，下述各种说法中正确的是（　　）。

A. 闭合面内的电荷代数和为 0 时，闭合面上各点场强一定为 0

B. 闭合面内的电荷代数和不为 0 时，闭合面上各点场强一定处处不为 0

C. 闭合面内的电荷代数和为 0 时，闭合面上各点场强不一定处处为 0

D. 闭合面上各点场强均为 0 时，闭合面内一定处处无电荷

【例 1.1.49】 只要场源电荷的大小和分布确定，则（　　）。

A. 场中各点的场强就确定

B. 场中各点的电位就确定

C. 任意带电体在场中各点受到的电场力就确定

D. 电荷在各点的电位能就确定

【例 1.1.50】 在静电场中，下列说法正确的是（　　）。

A. 若场的分布不具有对称性，则高斯定理不成立

B. 点电荷在电场力作用下，一定沿电力线运动

C. 两个点电荷 q_1、q_2 间的作用力为 F，当第三个点电荷 q_3 移近时，q_1、q_2 间的作用力仍为 F

D. 有限长均匀带电直导线的场具有轴对称性，因此可用高斯定理求出空间各点的场强 E

【例 1.1.51】 电场中任意高斯面上各点的电场强度是由（　　）。

A. 分布在高斯面内的电荷决定的

B. 分布在高斯面外的电荷决定的

C. 空间所有电荷决定的

D. 高斯面内的电荷代数和决定的

【例1.1.52】 在静电场中通过高斯面 S 的通量为0,则(   )。

A. S 内必无电荷 B. S 内必无净电荷

C. S 外必无电荷 D. S 上 E 处处为0

【例1.1.53】 在静电场中过高斯面 S 的通量为0,则(   )。

A. S 上 E 处处为0 B. S 上 E 处处不为0

C. S 上处处 $E \perp n$ D. 只能说明 $\oint_S \boldsymbol{E} \cdot \mathrm{d}\boldsymbol{S} = 0$

【例1.1.54】 对高斯定理的理解,正确的是(   )。

A. E 仅由 S 内的电荷产生

B. 它说明静电场是有源场

C. 过 S 的通量为正时, S 内必无负电荷

D. S 上 E 改变时, S 内电荷位置必变

【例1.1.55】 根据高斯定理可以说明(   )。

A. 通过闭合曲面的总通量仅由面内电荷决定

B. 通过闭合曲面的总通量为正时,面内一定没有负电荷

C. 闭合曲面上各点的场强仅由面内电荷决定

D. 闭合曲面上各点的场强为0时,面内一定没有电荷

6. 环路定理与电势

【例1.1.56】 以下说法中正确的是(   )。

A. 沿着电力线移动负电荷,系统的电势能是增加的

B. 场强弱的地方电位一定低,电位高的地方场强一定强

C. 等势面上各点的场强大小一定相等,方向垂直于等势面

D. 点电荷仅在电场力作用下,总是从高电位处向低电位处运动

【例1.1.57】 静电场中某点电势的数值等于(   )。

A. 试验电荷 q_0 置于该点时具有的电势能

B. 单位试验电荷置于该点时具有的电势能

C. 单位正电荷置于该点时具有的电势能

D. 把单位正电荷从该点移到电势零点外力所做的功

【例1.1.58】 关于电场强度 E 与电势 U 之间的关系,下列说法中,哪一种是正确的?(   )

A. 在电场中,场强为0的点,电势必为0

B. 在电场中,电势为0的点,电场强度必为0

C. 在电势不变的空间,场强处处为0

D. 在场强不变的空间,电势处处相等

1.1.2.2 定性测试题

序号	1	2	3	4	5	6
知识点	库仑定律	电场强度	电力线	电通量	高斯定理	环路定理与电势
题号	1.1.59、1.1.60	1.1.61、1.1.62	1.1.63	1.1.64	1.1.65~1.1.71	1.1.72~1.1.75

1. 库仑定律

【例 1.1.59】 关于库仑定律的公式 $F = \dfrac{1}{4\pi\varepsilon_0}\dfrac{Q_1 Q_2}{r^2}\hat{r}$,下列说法中正确的是(   )。

A. 当真空中两个点电荷之间的距离 $r \to \infty$ 时,它们之间的静电力 $F \to 0$

B. 当真空中两个点电荷之间的距离 $r \to 0$ 时,它们之间的静电力 $F \to \infty$

C. 当两个点电荷之间的距离 $r \to \infty$ 时,库仑定律的公式就不适用了

D. 当两个点电荷之间的距离 $r \to 0$ 时,电荷不能看成是点电荷,库仑定律的公式就不适用了

【例 1.1.60】 关于点电荷的电场公式 $E = \dfrac{1}{4\pi\varepsilon_0}\dfrac{Q}{r^2}\hat{r}$ 有下列说法,其中正确的是(   )。

A. 公式中的 Q 也是试探电荷

B. 由公式知:$r \to 0$ 时 $E \to \infty$

C. 对于正点电荷,由公式知:r 越小,电场 E 越强;对于负点电荷,由公式知:r 越小,电场越弱

D. 利用点电荷的场强公式与迭加原理,原则上可求各种带电体的场强 E

2. 电场强度

【例 1.1.61】 如图 1.9 所示,任意一闭合曲面 S 内有一点电荷 q,闭合曲面 S 外有一点电荷 Q,O 为 S 面上任一点,若将 q 由闭合曲面内的 P 点移到 T 点,且 $OP = OT$,那么(   )。

A. 穿过 S 面电通量改变,O 点场强大小不变

B. 穿过 S 面电通量改变,O 点场强大小改变

C. 穿过 S 面电通量不变,O 点场强大小改变

D. 穿过 S 面电通量不变,O 点场强大小不变

图 1.9 任意一闭合曲面

【例 1.1.62】 如图 1.10 所示,两个电量都是 $+q$ 的点电荷分别位于 A、O 两点处。S 是以 O 为球心的一个球面,P 是球面上一点,当 A 处的点电荷从 A 移向 B 时,则(   )。

A. 通过 S 面的 E 通量将不变，P 点的场强将增大

B. 通过 S 面的 E 通量将增加，P 点的场强将增大

C. 通过 S 面的 E 通量将不变，P 点的场强将不变

D. 通过 S 面的 E 通量将增加，P 点的场强将不变

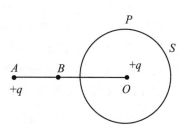

图 1.10 点电荷的场分布

3. 电力线

【例 1.1.63】 如图 1.11 所示，实线为一电场中的电力线，虚线表示等势（位）面，由图可看出（　　）。

A. $E_A > E_B > E_C$，$U_A > U_B > U_C$　　B. $E_A < E_B < E_C$，$U_A < U_B < U_C$

C. $E_A > E_B > E_C$，$U_A < U_B < U_C$　　D. $E_A < E_B < E_C$，$U_A > U_B > U_C$

4. 电通量

【例 1.1.64】 如图 1.12 所示，在 $E = Ej$ 的匀强电场中有一个三棱柱，取表面的法线向外，设过面 $AA'CO$、面 $BB'CO$、面 $ABB'A'$ 的电通量分别为 Φ_1、Φ_2、Φ_3，则（　　）。

A. $\Phi_1 = 0$，$\Phi_2 = Ebc$，$\Phi_3 = Ebc$

B. $\Phi_1 = -Eac$，$\Phi_2 = 0$，$\Phi_3 = Eac$

C. $\Phi_1 = -Eac$，$\Phi_2 = -Ec\sqrt{a^2 + b^2}$，$\Phi_3 = -Ebc$

D. $\Phi_1 = Eac$，$\Phi_2 = Ec\sqrt{a^2 + b^2}$，$\Phi_3 = Ebc$

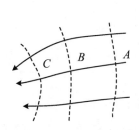

图 1.11 一电场中的电力线

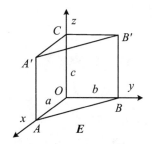

图 1.12 三棱柱

5. 高斯定理

【例 1.1.65】 在球形高斯面的球心处有一点电荷 q_1，要使通过高斯面的 E 通量发生变化，可行的方法是（　　）。

A. 使点电荷 q_1 偏离球心但仍在面内

B. 将另一点电荷 q_2 放在高斯面外

C. 使高斯面外的点电荷 q_2 不断远离

D. 将点电荷 q_2 由高斯面外移入面内

【例 1.1.66】 当一对电偶极子对称地分布在球内一条直径上时,则( )。
  A. 球面上场强 E 处处相等 B. 球面上场强 E 处处为 0
  C. 球面上总的 E 通量为 0 D. 球面内没有包围电荷

【例 1.1.67】 电场中的一个高斯面 S 内有电荷 Q_1、Q_2,S 上有 Q_3,S 外有 Q_4、Q_5,则关于高斯高理 $\oiint_S \boldsymbol{E} \cdot \mathrm{d}\boldsymbol{S} = \dfrac{1}{\varepsilon_0}\sum q_i$,正确的说法是( )。
  A. 积分号内 E 是 Q_1、Q_2 共同激发的
  B. 积分号内 E 是 Q_1、Q_2、Q_3、Q_4、Q_5 共同激发的
  C. 积分号内 E 是 Q_3、Q_4、Q_5 共同激发的
  D. 积分号内 E 是 Q_1、Q_2、Q_4、Q_5 共同激发的
  E. 以上说法都不对

【例 1.1.68】 如图 1.13 所示,在点电荷 $+q$ 和 $-q$ 的静电场中,作高斯面 S_1、S_2、S_3,那么能利用高斯定理直接计算出场强 E 的合适的高斯面是( )。
  A. S_1 B. S_2 C. S_3 D. 在这样的电场中找不到合适的高斯面

【例 1.1.69】 如图 1.14 所示,曲线表示某种球对称性静电场的场强 E 的大小随径向距离 r 变化的关系,请指出该电场 E 是由下列哪一种带电体产生的。( )
  A. 半径为 R 的均匀带电球面
  B. 半径为 R 的均匀带电球体
  C. 点电荷
  D. 外半径为 R、内半径为 $R/2$ 的均匀带电球壳体

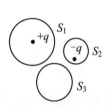
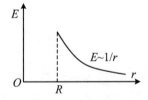

图 1.13 点电荷和高斯面 图 1.14 $E\sim r$ 关系曲线

【例 1.1.70】 图 1.15 所示的是一具有球对称性分布的静电场的 $E\sim r$ 关系曲线,则该静电场是由( )产生的。
  A. 半径为 R 的均匀带电球面
  B. 半径为 R 的均匀带电球体
  C. 半径为 R、电荷体密度为 $\rho = Ar$(A 为常数)的非均匀带电球体
  D. 半径为 R、电荷体密度为 $\rho = A/r$(A 为常数)的非均匀带电球体

【例 1.1.71】 图 1.16 所示的是一轴对称性静电场的 $E\sim r$ 曲线,该静电场是由( )产生的(E 表示电场强度,r 表示离对称轴的距离)。

A. 无限长均匀带电圆柱面 B. 无限长均匀带电圆柱体
C. 无限长均匀带电直线 D. 有限长均匀带电直线

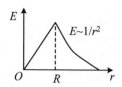

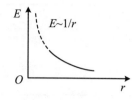

图 1.15 $E \sim r$ 关系曲线　　图 1.16 轴对称性静电场的 $E \sim r$ 曲线

6. 环路定理与电势

【例 1.1.72】 空间某处附近的正电荷越多,则(　　)。
A. 位于该处的点电荷所受的力越大
B. 该处的场强 E 越大
C. 若无限远处电位为 0,则该处电位越高
D. 若无限远处电位为 0,则该处电位能越大

【例 1.1.73】 如图 1.17 所示,曲线表示球对称性或轴对称性静电场的某一物理量随径向距离 r 变化的关系,该曲线所描述的是(E 为电场强度,U 为电势)(　　)。
A. 半径为 R 的无限长均匀带电圆柱体电场的 $E \sim r$ 关系
B. 半径为 R 的无限长均匀带电圆柱面电场的 $E \sim r$ 关系

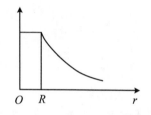

图 1.17 球对称性或轴对称性静电场的某关系曲线

C. 半径为 R 的均匀带正电球面电场的 $U \sim r$ 关系
D. 半径为 R 的均匀带正电球体电场的 $U \sim r$ 关系

【例 1.1.74】 电荷分布区域有限,则空间任意两点 P_1、P_2 的电位差 ΔU(　　)。
A. 由试验电荷 q_0(从 P_1 移到 P_2)决定　　B. 由 E_{P_1}、E_{P_2} 的值决定
C. 由 q_0 从 $P_1 \to P_2$ 的路径决定　　D. 由 $\int_{P_1}^{P_2} \boldsymbol{E} \cdot \mathrm{d}\boldsymbol{l}$ 决定

【例 1.1.75】 关于电位参考点的选取,下列说法正确的是(　　)。
A. 对于分布在有限区域的带电系统,只能选无穷远处的电位为 0
B. 对于分布在有限区域的带电系统,可以选地球的电位为 0
C. 对于无限大带电体,任何情况下都不可以选无穷远处的电位为 0
D. 对于无限大带电体,只能选地球的电位为 0

1.1.2.3 快速测试题

序号	1	2	3	4	5	6
知识点	库仑定律	电场强度	电力线	电通量	高斯定理	环路定理与电势
题号	1.1.76	1.1.77	1.1.78、1.1.79	1.1.80	1.1.81、1.1.82	1.1.83~1.1.93

1. 库仑定律

【例 1.1.76】 两个完全相同的小金属球(皆可视为点电荷),它们的带电荷量之比为 $5:1$,它们在相距一定距离时相互作用力为 F_1,若让它们接触后再放回各自原来的位置上,此时相互作用力变为 F_2,则 $F_1:F_2$ 可能为(   )。

A. $5:2$　　　　B. $5:4$　　　　C. $5:6$　　　　D. $5:9$

2. 电场强度

【例 1.1.77】 在带电量为 $+Q$ 的金属球产生的电场中,为测量某点场强 E,在该点引入一带电量为 $+Q/3$ 的点电荷,测得其受力为 F。则该点场强 E 的大小为(   )。

A. $|E|=\left|\dfrac{3F}{Q}\right|$　　B. $|E|>\left|\dfrac{3F}{Q}\right|$　　C. $|E|<\left|\dfrac{3F}{Q}\right|$　　D. 无法判断

3. 电力线

【例 1.1.78】 图 1.18 所示的是某电场的电力线分布情况,一负电荷从 M 点移到 N 点。有人根据这个图做出下列几点结论,其中正确的是(   )。

A. 电场强度 $E_M>E_N$　　　　　　B. 电势 $U_M>U_N$
C. 电势能 $W_M<W_N$　　　　　　D. 电场力做的功 $A>0$

【例 1.1.79】 如图 1.19 所示,电场中有 M、N 两点,其场强分别为 E_M 与 E_N,电位分别为 U_M 与 U_N,由图可知(   )。

A. $E_M>E_N, U_M>U_N$　　　　　　B. $E_M>E_N, U_M<U_N$
C. $E_M<E_N, U_M>U_N$　　　　　　D. $E_M<E_N, U_M<U_N$

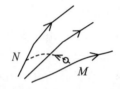

图 1.18 某电场的电力线分布

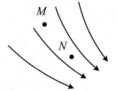

图 1.19 电场中有 M、N 两点

4. 电通量

【例 1.1.80】 一均匀带电球面,电荷面密度为 σ,面内电场强度处处为 0,则

球面上带电量为 σdS 的面元在球面内产生的场强 E(　　)。

A. 处处为 0　　B. 不一定处处为 0　　C. 一定处处不为 0　　D. 无法判断

5. 高斯定理

【例 1.1.81】 半径为 R 的无限长均匀带电圆柱体的静电场中各点的电场强度 E 的大小与距轴线的距离 r 的关系曲线为图 1.20 中的(　　)。

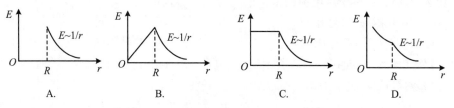

图 1.20　E 与距轴线的距离 r 的关系曲线

【例 1.1.82】 如图 1.21 所示,一个电荷为 q 的点电荷位于立方体的顶点 A 上,则通过侧面 $abcd$ 的电场强度 E 通量等于(　　)。

A. $q/(6\varepsilon_0)$　　B. $q/(12\varepsilon_0)$　　C. $q/(24\varepsilon_0)$　　D. $q/(48\varepsilon_0)$

6. 环路定理与电势

【例 1.1.83】 如图 1.22 所示,在点电荷 $+q$ 的电场中,取 P 点为电势零点,则 M 点的电势 U 为(　　)。

A. $q/(4\pi\varepsilon_0 a)$　　B. $q/(8\pi\varepsilon_0 a)$　　C. $-q/(4\pi\varepsilon_0 a)$　　D. $-q/(8\pi\varepsilon_0 a)$

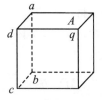
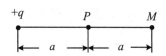

图 1.21　点电荷位于立方体的顶点 A 上　　图 1.22　点电荷电场中的电势

【例 1.1.84】 图 1.23 所示的是两个同心的均匀带电球面,半径为 R_1 的内球面带电 Q_1,半径为 R_2 的外球面带电 Q_2。设无穷远处为电势零点,则在内球面之内,距离球心为 r 处的 P 点的电势 U 为(　　)。

A. $(Q_1+Q_2)/(4\pi\varepsilon_0 r)$

B. $Q_1/(4\pi\varepsilon_0 R_1) + Q_2/(4\pi\varepsilon_0 R_2)$

C. 0

D. $Q_1/(4\pi\varepsilon_0 R_1)$

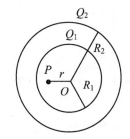

图 1.23　两个同心的均匀带电球面

【例 1.1.85】 图 1.24 所示的是真空中半径分别为 R 和 $2R$ 的两个同心球

面,其上分别均匀地带有电荷 $+q$ 和 $-3q$。今将一电荷为 $+Q$ 的带电粒子从内球面处由静止释放,则该粒子到达外球面时的动能为(   )。

  A. $Qq/(4\pi\varepsilon_0 R)$ B. $Qq/(2\pi\varepsilon_0 R)$

  C. $Qq/(8\pi\varepsilon_0 R)$ D. $3Qq/(8\pi\varepsilon_0 R)$

【例 1.1.86】 两个点电荷相距一定距离,若在这两个点电荷连线的中垂线上电位为 0,那么这两个点电荷的带电情况为(   )。

  A. 电量相等,符号相同   B. 电量相等,符号不同

  C. 电量不等,符号相同   D. 电量不等,符号不同

【例 1.1.87】 如图 1.25 所示,在点电荷 $+q$ 的电场中,作三个等位面 A、B、C,相邻两等位面的间距相等,那么相邻两等位面的电位差为(   )。

  A. $U_A - U_B > U_B - U_C$ B. $U_A - U_B < U_B - U_C$

  C. $U_A - U_B = U_B - U_C$ D. 难以判断

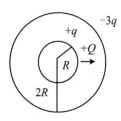
图 1.24 两个同心球面

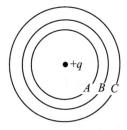
图 1.25 三个等位面

【例 1.1.88】 如图 1.26 所示,在一无限长的均匀带电细棒旁垂直放置一均匀带电的细棒 MN,且二细棒共面,若二棒的电荷线密度均为 λ,细棒 MN 长为 l,且 M 端距长直细棒也为 l,那么细棒 MN 受到的电场力 F 为(   )。

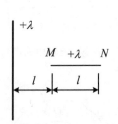
图 1.26 无限长的均匀带电细棒

  A. $\dfrac{\lambda^2}{2\pi\varepsilon_0}\ln 2$,沿 MN 方向

  B. $\dfrac{\lambda^2}{2\pi\varepsilon_0}\ln 2$,垂直于纸面向里

  C. $\dfrac{\lambda^2}{\pi\varepsilon_0}$,沿 MN 方向

  D. $\dfrac{\lambda^2}{\pi\varepsilon_0}$,垂直于纸面向里

【例 1.1.89】 根据场强与电位梯度的关系式,可判得以下结论中正确的是(   )。

  A. 场强为 0 处,电位一定为 0

  B. 电位为 0 处,场强一定为 0

  C. 场强处处为 0 的区域,电位一定处处相等

  D. 电位处处相等的面上,场强一定处处为 0

【例1.1.90】 $-q$ 位于 $(-a,0)$，$+q$ 位于 $(+a,0)$，则 y 轴上任一点（　　）。

A. $U=0$，E 沿 x 轴正向　　　　B. $U=0$，E 沿 x 轴负向

C. $U\neq 0$，E 沿 x 轴正向　　　D. $U\neq 0$，E 沿 x 轴负向

【例1.1.91】 如图1.27所示，在匀强电场中，将一负电荷从 A 移到 B，则（　　）。

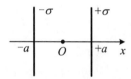

图1.27　匀强电场

A. 电场力做正功，负电荷的电势能减少

B. 电场力做正功，负电荷的电势能增加

C. 电场力做负功，负电荷的电势能减少

D. 电场力做负功，负电荷的电势能增加

【例1.1.92】 如图1.28所示，电荷面密度为 $+\sigma$ 和 $-\sigma$ 的两块"无限大"均匀带电的平行平板，分别放在与平面相垂直的 x 轴上的 $+a$ 和 $-a$ 位置上。设坐标原点 O 处电势为0，则在 $-a<x<+a$ 区域，电势分布曲线为（　　）。

图1.28　平行平板

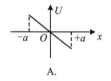 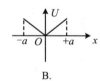 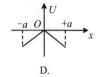

A.　　　　　　B.　　　　　　C.　　　　　　D.

【例1.1.93】 有一均匀静电场，电场强度 $E=400i+600j(\text{V}\cdot\text{m}^{-1})$，则点 $a(3,2)$ 与点 $b(1,0)$（点的坐标 x，y 以 m 计）之间的电势差 U_{ab} 为（　　）。

A. -2000 V　　　B. 2000 V　　　C. $-1000\sqrt{8}\text{ V}$　　　D. $1000\sqrt{8}\text{ V}$

1.1.2.4　定量测试题

序号	1	2	3	4	5	6
知识点	库仑定律	电场强度	电力线	电通量	高斯定理	环路定理与电势
题号	1.1.94～1.1.96	1.1.97、1.1.98	1.1.99	1.1.100	1.1.101	1.1.102～1.1.107

1. 库仑定律

【例1.1.94】 如图1.29所示，在直角三角形 ABC 的点 A 处，有点电荷

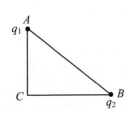

图 1.29 直角三角形 ABC

$q_1 = 1.8 \times 10^{-9}$ C,点 B 处有点电荷 $q_2 = -4.8 \times 10^{-9}$ C,$AC = 3$ cm,$BC = 4$ cm,则点 C 处场强的大小为( )。

A. 4.5×10^4 N·C^{-1}

B. 3.25×10^4 N·C^{-1}

C. 0 N·C^{-1}

D. 无法确定

【例 1.1.95】 真空中两个点电荷 Q_1、Q_2 距离为 R,当 Q_1 增大到原来的 3 倍,Q_2 增大到原来的 3 倍,距离 R 增大到原来的 3 倍时,电荷间的库仑力变为原来的( )。

A. 相当   B. 3 倍   C. 6 倍   D. 9 倍

【例 1.1.96】 电子的质量为 m_e,电量为 $-e$,绕静止的氢原子核(即质子)做半径为 r 的匀速率圆周运动,则电子的速率为( )。

A. $e\sqrt{\dfrac{m_e r}{k}}$ B. $e\sqrt{\dfrac{k}{m_e r}}$ C. $e\sqrt{\dfrac{k}{2 m_e r}}$ D. $e\sqrt{\dfrac{2k}{m_e r}}$

2. 电场强度

【例 1.1.97】 两个同心的均匀带电球面,半径分别为 R_a 和 R_b($R_a < R_b$),所带电量分别为 Q_a 和 Q_b。设某点与球心相距 r,当 $R_a < r < R_b$ 时,该点的电场强度的大小为( )。

A. $\dfrac{1}{4\pi\varepsilon_0} \dfrac{Q_a + Q_b}{r^2}$ B. $\dfrac{1}{4\pi\varepsilon_0} \dfrac{Q_a - Q_b}{r^2}$

C. $\dfrac{1}{4\pi\varepsilon_0} \left(\dfrac{Q_a}{r^2} + \dfrac{Q_b}{R_b^2} \right)$ D. $\dfrac{1}{4\pi\varepsilon_0} \dfrac{Q_a}{r^2}$

【例 1.1.98】 图 1.30 所示的是一沿 x 轴放置的"无限长"分段均匀带电直导线,电荷线密度分别为 $+\lambda$ ($x<0$) 和 $-\lambda$ ($x>0$),则 Oxy 坐标平面上点 $(0, a)$ 处的场强 E 为( )。

A. 0   B. $\dfrac{\lambda \boldsymbol{i}}{2\pi\varepsilon_0 a}$ C. $\dfrac{\lambda \boldsymbol{i}}{4\pi\varepsilon_0 a}$ D. $\dfrac{\lambda(\boldsymbol{i}+\boldsymbol{j})}{4\pi\varepsilon_0 a}$

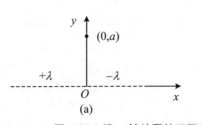
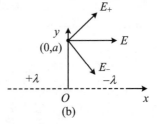

图 1.30 沿 x 轴放置的无限长分段均匀带电直导线

3. 电力线

【例1.1.99】 在空间有一非均匀电场，其电力线分布如图1.31所示，在电场中作一半径为 R 的闭合球面 S，已知通过球面上某一面元 ΔS 的电场线通量为 $\Delta \Phi_E$，则通过该球面其余部分的电场强度 E 通量为(　　)。

A. $-\Delta \Phi_E$　　　B. $\Delta \Phi_E$　　　C. $\Delta \Phi_E/2$　　　D. 0

4. 电通量

【例1.1.100】 如图1.32所示，均匀电场的场强为 E，其方向平行于半径为 R 的半球面的轴，则通过此半球面的电通量 Φ_E 为(　　)。

A. $\pi R^2 E$　　B. $2\pi R^2 E$　　C. $\frac{1}{2}\pi R^2 E$　　D. $\frac{\pi R^2 E}{\sqrt{2}}$　　E. $\sqrt{2}\pi R^2 E$

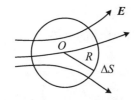

图1.31 非均匀电场的电力线分布

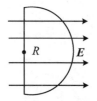

图1.32 均匀电场的场强

5. 高斯定理

【例1.1.101】 图1.33所示的是两个"无限长"的共轴圆柱面，半径分别为 R_1、R_2，其上均匀带电，沿轴线方向单位长度上的带电量分别为 λ_1、λ_2，则在两圆柱面之间、距离轴线为 r 的 P 点处场强 E 的大小为(　　)。

A. $\dfrac{\lambda_1}{2\pi\varepsilon_0 r}$　　　B. $\dfrac{\lambda_1+\lambda_2}{2\pi\varepsilon_0 r}$

C. $\dfrac{\lambda_2}{2\pi\varepsilon_0 (R_2-r)}$　　D. $\dfrac{\lambda_1}{2\pi\varepsilon_0 (r-R_1)}$

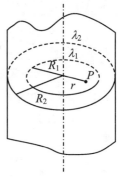

图1.33 两个"无限长"的共轴圆柱面

6. 环路定理与电势

【例1.1.102】 图1.34所示的是一个未带电的空腔导体球壳，内半径为 R。在腔内离球心的距离为 d 处$(d<R)$，固定一点电荷 $+q$。用导线把球壳接地后，再把地线撤去。选无穷远处为电势零点，则球心 O 处的电势为(　　)。

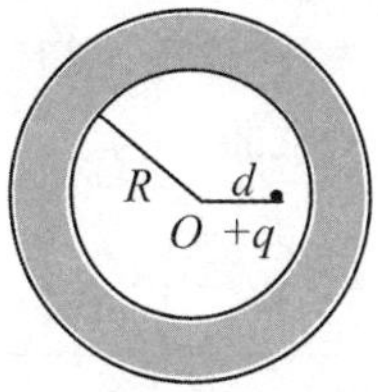

A. 0　　　　　　　　B. $\dfrac{q}{4\pi\varepsilon_0 d}$

C. $-\dfrac{q}{4\pi\varepsilon_0 R}$　　D. $\dfrac{q}{4\pi\varepsilon_0}\left(\dfrac{1}{d}-\dfrac{1}{R}\right)$

图1.34 空腔导体球壳

【例1.1.103】 在边长为 a 的正方体中心处放置一

点电荷Q,设无穷远处为电势零点,则在正方体顶点处的电势为(   )。

A. $\dfrac{Q}{4\sqrt{3}\pi\varepsilon_0 a}$ B. $\dfrac{Q}{2\sqrt{3}\pi\varepsilon_0 a}$ C. $\dfrac{Q}{6\pi\varepsilon_0 a}$ D. $\dfrac{Q}{12\pi\varepsilon_0 a}$

【例1.1.104】 如图1.35所示,电量为Q,半径为R_A的金属球A,放在内、外半径分别为R_B和R_C的金属球壳B内,若用导线连接A、B,设无穷远处$U_\infty=0$,则A球电势为(   )。

A. $\dfrac{Q}{4\pi\varepsilon_0 R_C}$ B. $\dfrac{Q}{4\pi\varepsilon_0 R_A}$ C. $\dfrac{Q}{4\pi\varepsilon_0 R_B}$ D. $\dfrac{Q}{4\pi\varepsilon_0}\left(\dfrac{1}{R_B}-\dfrac{1}{R_C}\right)$

【例1.1.105】 如图1.36所示,设有一带电油滴处在带电的水平放置的大平行金属板之间,并保持稳定。若油滴获得了附加的负电荷,为了继续使油滴保持稳定,应采取下面哪个措施?(   )

A. 使两金属板相互靠近些   B. 改变两极板上电荷的正负极性
C. 使油滴离正极板远一些   D. 减小两板间的电势差

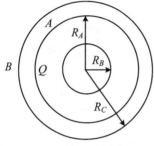

图1.35 金属球壳

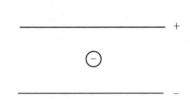

图1.36 平行金属板

【例1.1.106】 如图1.37所示,一电量为q的点电荷位于圆心O处,A是圆内一点,B、C、D为同一圆周上的三点。现将一试验电荷从A点分别移动到B、C、D各点,则(   )。

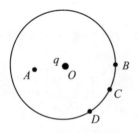

A. 从A到B,电场力做功最大
B. 从A到C,电场力做功最大
C. 从A到D,电场力做功最大
D. 从A到各点,电场力做功相等

【例1.1.107】 图1.38所示的是一"无限大"带负电荷的平面,若设平面所在处为电势零点,取x轴垂直带电平面,原点在带电平面处,则其周围空间各点电势U随坐标x的关系曲线为(   )。

图1.37 点电荷位于圆心O处

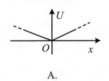   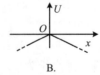   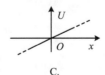   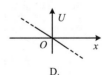

A.   B.   C.   D.

图1.38 U随坐标x的关系曲线

1.1.3 真空中静电场的情景探究题

序号	1	2	3	4	5
应用点	静电蜜蜂	静电火花	静电除尘	静电喷漆	法拉第圆筒
题号	1.1.108~1.1.113	1.1.114~1.1.116	1.1.117~1.1.123	1.1.124	1.1.125~1.1.127

1. 静电蜜蜂

【例 1.1.108】 中央电视台的《三星智力快车》节目介绍，如图 1.39 所示，蜜蜂飞行与空气摩擦产生静电，因此蜜蜂在飞行中就可吸引带正电的花粉，以下说法正确的是（　　）。

图 1.39　蜜蜂飞行

A．蜜蜂带负电　　　　　　　B．蜜蜂带正电
C．空气不带电　　　　　　　D．空气带负电

【例 1.1.109】 请思考，如图 1.40 所示，对为什么花粉粒跳往蜜蜂，在蜜蜂飞行期间黏附在它上面，然后又从蜜蜂跳离到接地的柱头上，给出合理的说明。（　　）

图 1.40　花粉粒黏附在蜜蜂身上

A．花的繁殖依赖昆虫把花粉粒从一朵花传送到另一朵花上，其中蜜蜂在传授花粉的过程中扮演着特殊的角色

B．为了收集花粉、花蜜，蜜蜂在身体上也演化出许多特别的构造，在身体上有密密的细毛以吸附花粉，在后足上有特化的花粉梳，将附在身上的花粉集中到后肢

的花粉篮内

C. 静电在蜜蜂收集花粉的工作中扮演了相当重要的角色:当蜜蜂飞行时,由于翅膀与空气摩擦而产生静电

D. 花粉粒通常带有负电荷(它们在一定程度上导电),当蜜蜂飞到花朵上时,花粉粒即受到静电的吸引被吸附到蜜蜂身上,蜜蜂的收集能力大为增加

【例 1.1.110】 请思考,如图 1.41 所示,蜜蜂如何辨认那些有"糖水"的花?(   )

A. 蜜蜂在活动时,翅膀等部位由于和空气摩擦会带上电荷,这与人们日常生活中穿、脱毛衣时摩擦起静电现象类似,蜜蜂体表有一层蜡质起到绝缘层的作用,使这些累积的电荷不易消失,于是蜜蜂的身体上就形成了一个电场

B. 实验显示,蜜蜂的触角能感受到电场,若用一根带电小棒模拟电场,蜜蜂的触角靠近电场时会弯曲

C. 实验显示,蜜蜂可认知与电场相应的信息,如在人工假花中放入糖水并同时使其拥有特殊电场,蜜蜂很快就能认识到其间的关系,通过探测电场辨认出那些确有糖水的假花

D. 蜜蜂可通过感知彼此身体上电场的特征来进行交流,与我们用电话交谈相比,也可算是另一种形式的"打电话"

图 1.41 花儿"暗送秋波",蜜蜂为"电"而来

【例 1.1.111】 为静电授粉设计了一套涂粉装置,对该装置进行了实验室和田间检验,被试树种包括扁桃等。则下列叙述正确的是(   )。

A. 涂粉方法是离子场颗粒带电或花粉粒电晕带电,即用 50 kV 高压发生器产生电晕放电,使空气电离,在离子枪出口附近用离子轰击出现的花粉使之带电,再利用空气动力与静电力将带电花粉送到开花植株上

B. 当带电花粉粒接近植株时,会在植株内产生电流,保持接地植株处于零电位,诱导花粉带电,于是受试植株表面带上相反电荷,从而产生电场,进而使带电花粉粒被拉向带电植株的花器官上

C. 树木及树枝所涂的花粉量等于每秒钟花粉输出量乘以涂敷时间

【例 1.1.112】 如图 1.42 所示,带电花信号为大黄蜂发现和区分花的电信号,原理是(   )。

A. 花通常产生明亮的颜色、图案和诱人的香味以吸引传粉昆虫

B. 花儿也有自己的一个霓虹灯等效物——能向传粉昆虫传达交流信息的电信号模式

C. 这些电子信号可以与花的其他信号合作,提高花的"宣传"力度

D. 植物通常带负电荷,产生微弱的电场,而蜜蜂在空中飞翔时则产生正电荷,带正电的蜜蜂接近带负电的花时不会产生火花,却建立起一个能传达信息的小型电磁场

图 1.42 大黄蜂发现和区分花的电信号

【例 1.1.113】 如图 1.43 所示,滚筒式静电分选器由料斗 A、导板 B、导体滚筒 C、刮板 D、料槽 E、F 和放电针 G 等部件组成,C 与 G 分别接在直流高压电源的

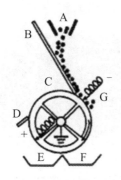

图 1.43 静电分选

正、负极,并令 C 接地。电源电压很高,足以使放电针 G 附近的空气发生电离而产生大量离子,现有导电性能不同的两种物质粉粒 a、b 的混合物从料斗 A 下落,沿导板 B 到达转动的滚筒 C 上,粉粒 a 具有良好的导电性,粉料 b 具有良好的绝缘性。下列说法正确的是(　　)。

① 粉粒 a 落入料槽 F,粉粒 b 落入料槽 E;
② 粉粒 b 落入料槽 F,粉粒 a 落入料槽 E;
③ 若滚筒 C 不接地而放电针 G 接地,从工作原理上看,这是不允许的;
④ 若滚筒 C 不接地而放电针 G 接地,从工作实用角度看,这也是允许的。

A. ①③④　　　B. ②③④　　　C. ①③　　　D. ②④

2. 静电火花

【例 1.1.114】 若你使自己的眼睛在黑暗中适应 15 min,然后碰到一位朋友在嚼冬青味救生圈糖,你将看到你朋友每嚼一下都会从他口中发出蓝色闪光(为了避免损耗牙齿,可像图 1.44 所示的照片那样,用钳子把这种糖块夹碎)。

什么引起了这种通常叫作"火花"的光的显示?(　　)

图 1.44 钳子把这种糖块夹碎

A. 冬青味救生圈糖被夹碎时,电荷的颗粒性是造成它发射蓝色闪光的原因。

B. 当糖块中的蔗糖晶体断裂时,每个断裂晶体的一部分具有过量的电子,而另一部分具有过量的正离子,电子和正离子路过断裂的间隙时两边中和。

C. 在跳跃期间电子和正离子与当时流入空隙空气中的氮分子碰撞,导致发射蓝光(电致发光),照亮嘴和钳子。

D. 若糖块由于唾液变湿,则该演示将失灵,因为导电的唾液在火花出现前已使断裂晶体的两部分电荷中和了。

【例1.1.115】 如图1.45所示,日本樱花岛火山频繁爆发期间,多重的放电(火花)掠过火山的喷火口,照亮了天空并发出了类似于响雷的声波。然而这并不是雷暴中带电的水滴云团向地面放电的闪电显示,这是某些不同的东西。那么,火山上方区域是如何带电的? 又如何知道火花是由喷火口向上或向下传播的?(   )

图1.45 日本樱花岛火山喷发

A. 火山爆发时把火山灰喷入空气,从液体到蒸汽转变和岩石爆破,导致正电荷与负电荷分离,形成一些含有正电带与负电荷带的云团。

B. 当电场达到3×10^6 N·C^{-1}时,空气就发生电击穿并开始导通电流,出现局部瞬时导电通路,被释放的电子受电场推进,与空气分子碰撞,导致那些分子发光。

C. 通过火花路径上任一断头分支是如何叉开可看出火花的方向:分支向下叉开,则火花路径向下延伸;分支向上叉开,则火花路径向上延伸。

D. 火山上方火花的电荷带向下到火山口壁或相反方向形成弯弯曲曲的路径,向下延伸的火花与向上延伸的火花彼此相遇。

【例1.1.116】 如图1.46所示,闪电以壮观景象轰击着合肥市,每次轰击从云底到地面传送10^{20}个电子,一次闪电有多宽? 像汽车一样宽吗?

如图1.47所示,闪电的一根电子柱从浮云向下延伸到地面。这些电子来自于浮云和在该柱内被电离的空气分子。沿该柱的线电荷密度一般为-1×10^{-3} C·m^{-1}。一旦电子柱到达地面,柱内的电子将迅速地倾泻到地面,在倾泻期间,运动电子与柱内空气的碰撞导致明亮的闪光。若空气分子在超过3×10^6 N·C^{-1}的电场中被击穿,则电子柱的半径为(   )。

A. 6 m   B. 7 m   C. 0 m   D. 无法确定

图 1.46　闪电以壮观景象轰击着合肥市

图 1.47　像汽车一样宽的闪电

3. 静电除尘

【例 1.1.117】　图 1.48 所示的是静电除尘器除尘机理的示意图。尘埃在电场中通过某种机制带电,在电场力作用下向集尘极迁移并沉积,以达到除尘的目的。下列表述中正确的是(　　)。

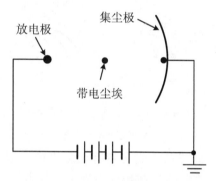

图 1.48　静电除尘器除尘机理的示意图

A. 到达集尘极的尘埃带正电荷
B. 电场方向由集尘板指向放电极
C. 带电尘埃所受电场力的方向与电场方向相同
D. 同一位置带电荷量越多的尘埃所受电场力越大

【例 1.1.118】　静电除尘器是目前普遍采用的一种高效除尘器,如图 1.49 所示,实线为除尘器内电场的电场线,虚线为带负电粉尘的运动轨迹,P、Q 为运动轨迹上的两点,下列关于带电粉尘在 P、Q 两点所受电场力 F 的大小关系正确的是(　　)。

A. $F_P = F_Q$　　　　B. $F_P > F_Q$
C. $F_P < F_Q$　　　　D. 无法比较

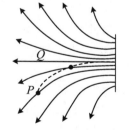

图 1.49　带电粉尘在 P、Q 两点所受电场力

【例 1.1.119】　静电除尘器是目前普遍采用的一种高效除尘器。某除尘器模型的收尘板是很长的条形金属板,如图 1.50 所示,直线 ab 为该收尘板的横截面。工作时收尘板带正

电,其左侧的电场线分布如图 1.50 所示;粉尘带负电,在电场力作用下向收尘板运动,最后落在收尘板上。若用粗黑曲线表示原来静止于 P 点的带电粉尘颗粒的运动轨迹,则下列 4 幅图中可能正确的是(忽略重力和空气阻力)(　　)。

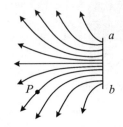

图 1.50　收尘板的横截面

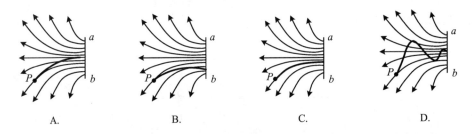

A.　　　　　　B.　　　　　　C.　　　　　　D.

【例 1.1.120】　图 1.51 为静电除尘器的原理示意图,它是由金属管 A 和悬在管中的金属丝 B 组成的,A 接高压电源的正极,B 接负极,A、B 间有很强的非匀强电场,距 B 越近场强越大。燃烧不充分带有很多煤粉的烟气从下面入口 C 进入,经过静电除尘后从上面的出口 D 排出。下面关于静电除尘器工作原理的说法中正确的是(　　)。

A. 烟气上升时,煤粉接触负极 B 而带负电,带负电的煤粉吸附到正极 A 上,在重力作用下,最后从下边漏斗落下

B. 负极 B 附近空气分子被电离,电子向正极运动过程中,遇到煤粉使其带负电,带负电的煤粉吸附到正极 A 上,在重力作用下,最后从下边漏斗落下

C. 烟气上升时,煤粉在负极 B 附近被静电感应,使靠近正极的一端带负电,它受电场引力较大,被吸附到正极 A 上,在重力作用下,最后从下边漏斗落下

D. 以上三种说法都不正确

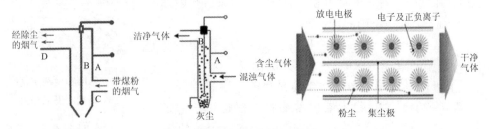

图 1.51　静电除尘器的原理示意图

【例1.1.121】 图1.51是静电除尘器的示意图。关于静电除尘的原理,下列说法不正确的是(　　)。

A. 除尘器圆筒的外壁A接高压电源的正极,中间的金属丝B接负极

B. B附近的空气分子被强电场电离为电子和正离子

C. 正离子向A运动过程中,被烟气中的煤粉俘获使煤粉带正电,吸附到A上,排出烟就清洁了

D. 电子向A极运动过程中,遇到烟气中的煤粉使煤粉带负电,吸附到A上,排出烟就清洁了

【例1.1.122】 图1.52为静电除尘的截面示意图,在 M、N 两点间加高压电源时,金属管内空气电离,电离的电子在电场力的作用下运动,当遇到烟气中的煤粉时,使煤粉带负电,因而煤粉被吸附到管上,排出的烟就清洁了。就此示意图,下列说法正确的是(　　)。

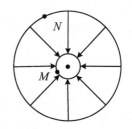

图1.52　静电除尘的截面示意图

A. N 接电源的正极

B. M 接电源的正极

C. 电场强度 $E_M > E_N$

D. 电场强度 $E_M < E_N$

【例1.1.123】 如图1.53所示,圆筒形静电除尘器是由一个金属筒和沿其轴线的金属丝构成的,两者分别接到高压电源的正负极上。若金属丝的直径为2.0 mm,圆筒内的半径为20 cm,两者的电势差为15000 V,则离金属丝表面0.010 mm处的电场强度 E 的大小约为(　　)。

A. 2.8×10^6 V·m^{-1}　　　　B. 1.5×10^4 V·m^{-1}　　　　C. 0

D. 无法确定　　　　E. 圆筒和金属丝不可看作无限长

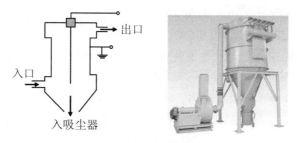

图1.53　圆筒形静电除尘器

4. 静电喷漆

【例1.1.124】 如图1.54所示,对于静电喷漆的说法,下列正确的是(　　)。

A. 当油漆从喷枪喷出时,油漆微粒带正电,物体也带正电,相互排斥而扩散开来

B. 当油漆从喷枪喷出时,油漆微粒带负电,物体带正电,相互吸引而被物体

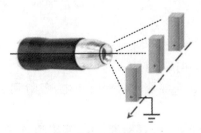

图 1.54 静电喷漆

吸附

C. 喷枪喷出的油漆微粒带正电,因相互排斥而扩散开来,被吸附在带负电的物体上

D. 因为油漆微粒相互排斥而扩散开来,所以静电喷漆虽喷漆均匀但浪费油漆

5. 法拉第圆筒

【例 1.1.125】 图 1.55 为法拉第圆筒实验装置的示意图,验电器 A 原来不带电,验电器 B 带有电荷;金属小球 e 直接固定在绝缘手柄上;金属小球 f 用一较长的导体棒相连后固定在绝缘手柄上。则在下列操作中,能使验电器 A 带电的是(   )。

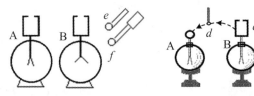

图 1.55 法拉第圆筒实验装置的示意图

A. 使 e 与 B 的圆筒外壁接触后再与 A 的圆筒内壁接触

B. 使 e 与 B 的圆筒内壁接触后再与 A 的圆筒外壁接触

C. 使 f 与 B 的圆筒外壁接触后再与 A 的圆筒内壁接触

D. 使 f 与 B 的圆筒内壁接触后再与 A 的圆筒外壁接触

【例 1.1.126】 图 1.56 为电容式话筒的示意图,它是利用电容制作的传感器,话筒的振动膜前面镀有薄薄的金属层,膜后距膜几十微米处有一金属板,振动膜上的金属层和这个金属板构成电容器的两极,在两极间加一电压 U,人对着话筒说话时,振动膜前后振动,使电容发生变化,导

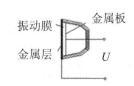

图 1.56 电容式话筒的示意图

致话筒所在的电路中其他量发生变化,使声音信号通过话筒转化为电信号,其中导致电容变化的原因可能是电容器两板间的(   )。

A. 距离变化   B. 正对面积变化   C. 介质变化   D. 电压变化

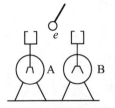

图 1.57 两个验电器的顶端各安装一个金属圆筒

【例 1.1.127】 如图 1.57 所示,两个验电器 A 与 B 的顶端各安装了一个金属圆筒,验电器 B 带有电荷。问:带有绝缘柄的金属小球 e 如何把 B 上的电荷尽量多地搬移至 A 上?(   )

A. 把 e 与 B 的圆筒内壁接触后再与 A 的圆筒内壁接触,重复多次

B. 把 e 与 B 的圆筒外壁接触后再与 A 的圆筒

外壁接触,重复多次

C. 把 e 与 B 的圆筒内壁接触后再与 A 的圆筒外壁接触,重复多次

D. 把 e 与 B 的圆筒外壁接触后再与 A 的圆筒内壁接触,重复多次

1.2 静电场中导体和电介质的分层进阶探究题

1.2.1 静电场中导体和电介质的趣味思考题

序号	1	2	3	4	5	6
知识点	导体	电容	电介质	高斯定理	环路定理与 U	边值关系与唯一性定理
题号	1.2.1~1.2.19	1.2.20~1.2.24	1.2.25、1.2.26	1.2.27、1.2.28	1.2.29、1.2.30	1.2.31

1. 导体

【例 1.2.1】 如图 1.58 所示,试想放在匀强外电场 E_0 中的不带电导体单独产生的电场 E' 电力线是什么样子(包括导体内和导体外的空间)?若撤去外电场 E_0,E' 电力线还会维持这个样子吗?

【例 1.2.2】 无限大带电面两侧的场强 $E = \sigma/2\varepsilon_0$,这个公式对于靠近有限大小带电面的地方也适用。这就是说,根据这个结果,导体表面元 ΔS 上的电荷在紧靠它的地方产生的场强也应是 $\sigma/2\varepsilon_0$,它比导体表面处的场强小一半,为什么?

图 1.58 导体内和导体外的空间

【例 1.2.3】 根据式 $E = \sigma/2\varepsilon_0$,若一带电导体面上某点附近的电荷面密度为 σ,则这时该点外侧附近场强为 $E = \sigma/2\varepsilon_0$,如果将另一带电体移近,该点的场强 E 是否改变?公式 $E = \sigma/2\varepsilon_0$ 是否仍成立?

【例 1.2.4】 将一个带电物体移近一个导体壳,则带电体单独在导体空腔内产生的电场是否等于 0?静电屏蔽效应是怎样体现的?

【例 1.2.5】 万有引力和静电力都服从平方反比定律,都存在高斯定理。有人幻想把引力场屏蔽起来,这能否做到?引力场和静电场有什么重要差别?

【例 1.2.6】 (1) 将一个带正电的导体 A 移近一个不带电的绝缘导体 B 时,

导体 B 的电位是升高还是降低？为什么？(2) 试说明：导体 B 上每种符号感应电荷的数量不多于 A 上的电量。

【例 1.2.7】 将一个带正电导体 A 移近一个接地导体 B，导体 B 是否维持 0 电位？其上是否带电？

【例 1.2.8】 一封闭的金属壳内有一个带电量为 q 的金属物体。试说明：要想使金属物体的电位与金属壳的电位相等，唯一的办法是使 $q=0$。这个结论与金属壳是否带电有没有关系？

【例 1.2.9】 有若干个互相绝缘的不带电导体 $A,B,C,\cdots$，它们的电位都是 0。如果把其中任一个（如导体 A）带上正电，试说明：(1) 所有这些导体的电位都高于 0；(2) 其他导体的电位都低于导体 A 的电位。

【例 1.2.10】 两导体上分别带有电量 $-q$ 和 $2q$，都放在同一个封闭的金属壳内。试说明：电荷为 $+2q$ 的导体的电位高于金属壳的电位。

【例 1.2.11】 一封闭导体壳 C 内有一些带电体，所带电量分别为 $q_1,q_2,\cdots$，C 外也有一些带电体，所带电量分别为 $Q_1,Q_2,\cdots$。问：

(1) $q_1,q_2,\cdots$ 的大小对 C 外电场强度 E 和电位有无影响？

(2) 当 $q_1,q_2,\cdots$ 的大小不变时，它们的分布形状对 C 外的电场强度 E 和电位影响如何？

(3) $Q_1,Q_2,\cdots$ 的大小对 C 内的电场强度 E 和电位有无影响？

(4) 当 $Q_1,Q_2,\cdots$ 的大小不变时，它们的分布形状对 C 内的电场强度 E 和电位影响如何？

【例 1.2.12】 若上题中 C 接地，情况又如何？

【例 1.2.13】 (1) 一个孤立导体球带电 Q，其表面场强 E 沿什么方向？Q 在其表面上的分布是否均匀？其表面是否等电位？电位有没有变化？导体内任一点 P 的场强 E 是多少？为什么？

(2) 当把另一带电体移向这个导体球时，球表面场强 E 沿什么方向？其上的电荷分布是否均匀？其表面是否等电位？电位有没有变化？导体内任一点 P 的场强 E 有无变化？为什么？

【例 1.2.14】 (1) 在两个同心导体球 B、C 的内球上带电 Q，Q 在其表面上的分布是否均匀？为什么？

(2) 当从外边把另一带电体 A 移近这一对同心球时，内球 C 上的电荷分布是否均匀？为什么？

【例 1.2.15】 两个同心球状导体，内球带电 Q，外球不带电，试问：(1) 外球内表面电量 Q_1 是多少？外球外表面电量 Q_2 是多少？(2) 球外 P 点总场强 E 是多少？(3) Q_2 在 P 点产生的场强 E 是多少？Q 是否在 P 点产生场强？Q_1 是否在 P 点产生电场？如果外面球壳接地，情况有何变化？

【例 1.2.16】 在上题中，当外球接地时，从远处移来一个带负电的物体，内、外两球的电位是增高还是降低？两球间的电场 E 分布有无变化？

【例 1.2.17】 在上题中，若外球不接地，从远处移来一个带负电的物体，内、外两球的电位是增高还是降低？两球间的电场 E 分布有无变化？两球间的电位差有无变化？

【例 1.2.18】 如图 1.59 所示，在金属球 A 内有两个球形空腔。此金属球整体不带电。在两空腔中心各放置一点电荷 q_1 和 q_2。此外在金属球 A 之外的远处放置一点电荷 q（q 至 A 的中心距离 $r \gg$ 球 A 的半径 R）。作用在 A、q_1、q_2 和 q 四物体上的静电力各是多大？

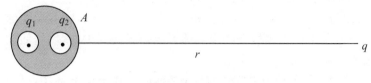

图 1.59　金属球 A 内有两个球形空腔

【例 1.2.19】 在上题中取消 $r \gg R$ 的条件，并设两空腔中心的间距为 a，试写出：(1) q 给 q_1 的力；(2) q_2 给 q 的力；(3) q_1 给 A 的力；(4) q_1 受到的合力。

2. 电容

【例 1.2.20】 如图 1.60 所示，(1) 若将一个带正电的金属小球移向一个绝缘不带电导体，小球受到吸引力还是排斥力？(2) 若小球带负电，情况将如何？(3) 若小球在导体近旁（但未接触），将导体远端接地，情况如何？(4) 若将导体近端接地，情况如何？(5) 若导体在未接地前与小球接触一下，将发生何变化？(6) 若将导体接地，小球与导体接触一下后，将发生何变化？

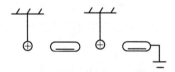

图 1.60　带正电的金属小球移向一个绝缘的不带电导体

【例 1.2.21】 如图 1.61 所示，(1) 将一个带正电的金属小球 B 放在一个开有小孔的绝缘金属壳内，但不与其内部接触。将另一带正电的试探电荷 A 移近时，A 将受到吸引力还是排斥力？若将小球 B 从壳内移去后，A 将受到什么力？

(2) 若使小球 B 与金属壳内部接触，A 受什么力？这时再将小球 B 从壳内移去，情况如何？

(3) 使小球不与壳接触，但金属壳接地，A 将受什么力？将接地线拆掉后，又将小球 B 从壳内移去，情况如何？

(4) 如情形(3)，但先将小球从壳内移去后再拆除接地线，与(3)相比情况有何不同？

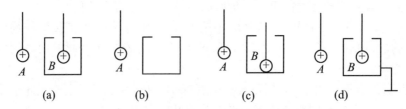

图 1.61 金属小球、开有小孔的绝缘金属壳

【例 1.2.22】 在一个孤立导体球壳的中心放一点电荷,球壳内、外表面上的电荷分布是否均匀?如果点电荷偏离球心,情况如何?

【例 1.2.23】 金属球置于两金属板间,板间加以高压,则可看到球与板间放电的火花。若再在下面金属板上的金属球旁放一等高度尖端金属,问放电火花将如何变化?想一想此现象有何应用?

【例 1.2.24】 将平行板电容器的一个极板置于液态电介质中,极板平面与液面平行,当电容器与电源连接时会产生什么现象?为什么?

3. 电介质

【例 1.2.25】 电介质的极化和导体的静电感应,两者的微观过程有何不同?

【例 1.2.26】 为什么要引入电位移矢量 D? E 与 D 哪个更基本?

4. 高斯定理

【例 1.2.27】 试说明:处于静电平衡状态的导体(空腔内没有其他带电体)内表面上各处都没有静电荷。

【例 1.2.28】 试分别讨论下列 5 种情况:

(1) 高斯面内若不包围自由电荷,则面上各点的 D 必为 0。

(2) 高斯面上各点 D 为 0,则面内不存在自由电荷。

(3) 高斯面上各点 E 为 0,则面内自由电荷的代数和为 0。极化电荷的代数和亦为 0。

(4) 高斯面的 D 通量仅与面内电荷的电量有关。

(5) D 仅与自由电荷有关。

5. 环路定理与 U

【例 1.2.29】 对于处在静电平衡、带电量 Q 的导体腔,试说明导体内空腔为一等势区。

【例 1.2.30】 试用电介质的边界条件说明介质中空腔的有关结论。

6. 边值关系与唯一性定理

【例 1.2.31】 电缆芯线截面为 $2b$ 的正方形,铅皮半径为 a,所加电压为 U,介质的电荷容率均为 ε。写出该电场的边值问题。

1.2.2 静电场中导体和电介质的分层进阶题

1.2.2.1 概念测试题

序号	1	2	3	4	5	6
知识点	导体	电容	极化强度	高斯定理	环路定理与 U	边值关系与唯一性定理
题号	1.2.32~1.2.35	1.2.36、1.2.37	1.2.38~1.2.40	1.2.41~1.2.44	1.2.45~1.2.47	1.2.48、1.2.49

1. 导体

【例 1.2.32】 当一个带电导体达到静电平衡时,则(　　)。

A. 表面上电荷密度较大处电势较高

B. 表面曲率较大处电势较高

C. 导体内部的电势比导体表面的电势高

D. 导体内任一点与其表面上任一点电势差等于 0

【例 1.2.33】 如图 1.62 所示,有一带正电荷的大导体,欲测其附近点 P 处的场强,将一电荷量为 q_0 ($q_0 > 0$)的点电荷放在点 P,测得它所受的电场力为 F。若电荷量 q_0 不是足够小,则(　　)。

图 1.62　带正电荷的大导体

A. $E = F/q_0$ 比点 P 处场强的数值大

B. $E = F/q_0$ 比点 P 处场强的数值小

C. $E = F/q_0$ 与点 P 处场强的数值相等

D. $E = F/q_0$ 与点 P 处场强的数值哪个大无法确定

【例 1.2.34】 关于导体有以下几种说法,正确的是(　　)。

A. 接地的导体都不带电

B. 接地的导体可带正电,也可带负电

C. 一导体的电势为 0,则该导体不带电

D. 任何导体,只要它所带的电量不变,则其电势也是不变的

【例 1.2.35】 一接地金属球用弹簧吊起,金属球原来不带电。在其下方放置电量为 q 的点电荷,则(　　)。

A. 只有当 $q > 0$ 时,金属球才下移

B. 只有当 $q < 0$ 时,金属球才下移

C. 无论 q 是正是负,金属球都下移

D. 无论 q 是正是负,金属球都不动

2. 电容

【例1.2.36】 关于电容器和电容的概念,下列说法正确的是( )。

A. 任何两个彼此绝缘又互相靠得很近的导体均可以看成是一个电容器

B. 电源对平行板电容器充电后,两极板一定带有等量异种电荷,所以说电容器带电荷为0

C. 某一电容器带电量越多,它的电容就越大

D. 某一电容器两极板间的电压越高,它的电容就越大

【例1.2.37】 如果增大电容器两极板间的电压,以下说法不正确的是( )。

A. 电容器的电量增加,电容增大　　B. 电容器的电量不变,电容增大

C. 电容器的电量增加,电容不变　　D. 电容器的电量不变,电容不变

3. 极化强度

【例1.2.38】 极化强度与电场强度成正比的电介质称为( )介质。

A. 各向同性　　B. 均匀　　C. 线性　　D. 可极化

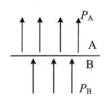

图1.63 两种介质的分界面

【例1.2.39】 图1.63为A、B两种介质的分界面,设两种介质A、B的极化强度都是与界面垂直的,且$P_A > P_B$,当取$\hat{e}_n$由A指向B时,或当$\hat{e}_n$由B指向A时,界面上极化电荷的极性分别为( )。

A. 正、负　　B. 负、正

C. 正、正　　D. 负、负

【例1.2.40】 就有极分子电介质和无极分子电介质的极化现象而论,( )。

A. 两类电介质极化的微观过程不同,宏观结果也不同

B. 两类电介质极化的微观过程相同,宏观结果也相同

C. 两类电介质极化的微观过程相同,宏观结果也不同

D. 两类电介质极化的微观过程不同,宏观结果也相同

4. 高斯定理

【例1.2.41】 关于高斯定理,下列哪一个说法是正确的?( )

A. 高斯面内不包围自由电荷,则面上各点电位移矢量D为0

B. 高斯面上D处处为0,则面内必不存在自由电荷

C. 高斯面的D通量仅与面内自由电荷有关

D. 以上说法都不正确

【例1.2.42】 $D = \varepsilon_0 E + P$成立的条件是( )。

A. 各向同性介质　　B. 线性介质　　C. 任何介质　　D. 均匀介质

【例1.2.43】 在静电场中,作闭合曲面S,若有$\oint_S D \cdot dS = 0$(式中D为电场

强矢量),则 S 面内必定( )。

A. 既无自由电荷,也无束缚电荷

B. 没有自由电荷

C. 自由电荷和束缚电荷的代数和为 0

D. 自由电荷的代数和为 0

【例 1.2.44】 如图 1.64 所示,在一点电荷 q 产生的静电场中放置一块电介质,以点电荷所在处为球心作一球形闭合面 S,则对此球形闭合面有( )。

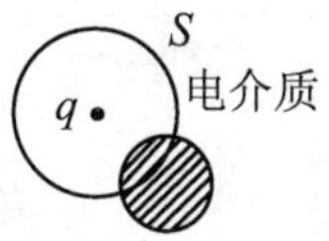

A. 高斯定理成立,且可用它求出闭合面上各点的场强

图 1.64 在静电场中放置一块电介质

B. 高斯定理成立,但不能用它求出闭合面上各点的场强

C. 由于电介质不对称分布,高斯定理不成立

D. 即使电介质对称分布,高斯定理也不成立

5. 介质中环路定理与 U

【例 1.2.45】 将一个带正电的导体 A 移近一个不带电的绝缘导体 B 时,将有( )。

A. A 的电位不变,B 的电位相对于无穷远处升高

B. A 的电位不变,B 的电位相对于无穷远处降低

C. A 的电位降低,B 的电位相对于无穷远处升高

D. A 的电位、B 的电位相对于无穷远处都升高

【例 1.2.46】 两个绝缘导体 A、B 带等量异号电荷。现将第三个不带电的导体 C 插入 A、B 之间,但不与 A、B 接触,则 A、B 间的电势差 U_{AB} 将( )。

A. 增大 B. 减小 C. 不变 D. 无法确定

【例 1.2.47】 当一个带电导体达到静电平衡时,则( )。

A. 表面上电荷密度较大处电势较高

B. 表面曲率较大处电势较高

C. 导体内部电势比导体表面的电势高

D. 导体内任一点与其表面上任一点的电势差等于 0

6. 边值关系与唯一性定理

【例 1.2.48】 用镜像法求解电场边值问题时,判断镜像电荷的选取是否正确的根据是( )。

A. 镜像电荷是否对称 B. 电位所满足的方程是否未改变

C. 边界条件是否保持不变 D. 同时选择 B 和 C

【例 1.2.49】 在边界形状完全相同的两个区域内的静电场,满足相同边界条件,则两个区域场分布( )。

A. 一定相同 B. 一定不相同
C. 不能断定相同或不相同 D. 无法确定

1.2.2.2 定性测试题

序号	1	2	3	4	5	6
知识点	导体	电容	极化强度	高斯定理	环路定理与 U	边值关系
题号	1.2.50～1.2.54	1.2.55～1.2.59	1.2.60、1.2.61	1.2.62、1.2.63	1.2.64～1.2.67	1.2.68

1. 导体

【例 1.2.50】 一个闭合的导体空腔,假设导体有无限大电导率,导体空腔本身不带电,腔内有一电荷 Q_i 及观察者 A,导体外有一电荷 Q_0 及观察者 B,下述的哪一条陈述最能精确地描述不同观察者观察的结果?（　　）

A. 观察者 A 只观察到 Q_i 的场,B 观察者只观察到 Q_0 的场

B. 观察者 A 观察到 Q_i 和 Q_0 的场,B 观察者只观察到 Q_0 的场

C. 观察者 A 只观察到 Q_i 的场,B 观察者观察到 Q_i 和 Q_0 的场

D. 观察者 A、B 都观察到 Q_i 和 Q_0 的场

【例 1.2.51】 真空中有一组带电导体,其中某一导体表面某处的电荷面密度为 σ,该处表面附近的场强为 E,则 E 是(　　)。

A. 该处无穷小面元上电荷产生的场

B. 该导体上全部电荷在该处产生的场

C. 所有的导体表面的电荷在该处产生的场

D. 以上说法都不对

【例 1.2.52】 有一点电荷 q 及金属导体 A,且 A 处于静电平衡状态,下列说法中正确的是(　　)。

A. 导体内 $E = 0$,q 不在导体内产生电场

B. 导体内 $E \neq 0$,q 在导体内产生电场

C. 导体内 $E = 0$,q 在导体内产生电场

D. 导体内 $E \neq 0$,q 不在导体内产生电场

【例 1.2.53】 真空中有一组带电导体,某一导体表面电荷面密度为 σ 处,其表面附近的场强 $E = \sigma/\varepsilon_0$,该场强 E 是由(　　)。

A. 该处无穷小面元上的电荷产生的

B. 该面元以外的电荷产生的

C. 该导体上的全部电荷产生的

D. 所有导体表面上的电荷产生的

【例 1.2.54】 设一带电导体表面上某点附近电荷面密度为 σ_0，则紧靠该表面外侧的场强为 $E_0 = \sigma_0/\varepsilon_0$。若将另一带电体移近：(1) 该处场强 E 改变，公式 $E = \sigma_0/\varepsilon$ 仍能用；(2) 该处场强 E 改变，公式 $E = \sigma_0/\varepsilon$ 不能用。上述两种表述正确的是（　　）。

A. (1)　　　B. (2)　　　C. (1)(2)　　　D. 无法确定

2. 电容

【例 1.2.55】 大平板电容器 A、B 带等量异号电荷，现将第三个不带电导体板 C 插入 A、B 间，则（　　）。

A. 电容增加，电压增加　　　B. 电容减少，电压减少
C. 电容增加，电压减少　　　D. 电容减少，电压增加

【例 1.2.56】 如图 1.65 所示，平行板电容器中充满三种介质，板面积为 S，板间距离为 d，左半部分充满 ε_1，右边上、下部分分别充满 ε_2、ε_3 电介质（已知 $\varepsilon_1 < \varepsilon_2 < \varepsilon_3$），则三部分电容的关系为（　　）。

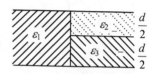

图 1.65　平行板电容器

A. $C_1 > C_2 > C_3$　　　B. $C_1 > C_2, C_2 < C_3$
C. $C_1 < C_2, C_2 < C_3$　　　D. $C_1 < C_2, C_2 = C_3$

【例 1.2.57】 如图 1.66 所示，两个同心球电容器的连接法是（　　）。

A. (a)串联、(b)并联　　　B. (a)并联、(b)串联
C. (a)(b)均并联　　　　　D. (a)(b)均串联

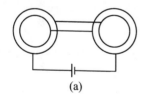 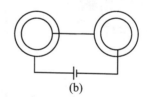

图 1.66　两个同心球电容器的连接

【例 1.2.58】 将一接地的导体 B 移向一带正电的孤立导体 A 时，A 的电势 U_A（　　）。

A. 升高　　　B. 降低　　　C. 不变　　　D. 无法判断

【例 1.2.59】 如图 1.67 所示，a、b、c 为带电导体表面上的三点，当静电平衡时，比较三点的电荷密度、电势及面外附近的场强 E，下述说法中错误的是（　　）。

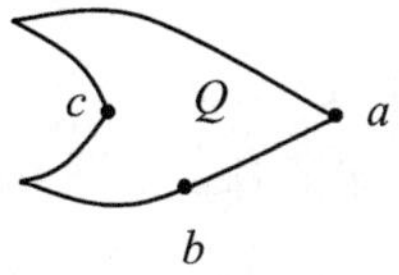

图 1.67　带电导体表面上的三点 a、b、c

A. $\sigma_a > \sigma_b > \sigma_c$　　　B. $\sigma_a < \sigma_b < \sigma_c$
C. $E_a > E_b > E_c$　　　　　D. $E_a = E_b > E_c$

3. 极化强度

【例 1.2.60】 下列关于各向同性电介质极化的说法,正确的是(　　)。
A. 电介质极化平衡后变为等位体
B. 电介质中 P 与 E 的方向处处相同
C. 介质中同一大小的场强引起的极化强度一定相同
D. 在各向同性介质中,极化强度大的宏观点上,极化净电荷多

【例 1.2.61】 一平行板电容器中充满相对电容率为 ε_r 的各向同性的均匀电介质。已知电介质表面的极化电荷面密度为 $\pm\sigma'$,则极化电荷在电容器中产生的电场强度 E 的大小为(　　)。
A. σ'/ε_r　　B. $\sigma'/(2\varepsilon_0)$　　C. $\sigma'/(\varepsilon_0\varepsilon_r)$　　D. σ'/ε_0

4. 高斯定理

【例 1.2.62】 关于高斯定理,下列说法中哪一个是正确的?(　　)
A. 高斯面内不包围自由电荷,则面上各点电位移矢量 D 为 0
B. 高斯面上处处 D 为 0,则面内必不存在自由电荷
C. 高斯面的 D 通量仅与面内自由电荷有关
D. 以上说法都不正确

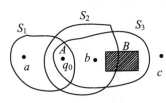

图 1.68　封闭曲面

【例 1.2.63】 如图 1.68 所示,A 是电量为 q_0 的点电荷,B 是一小块均匀的电介质,S_1、S_2、S_3 都是封闭曲面,下列说法中不正确的是(　　)。

A. $\oiint\limits_{S_3} \boldsymbol{E} \cdot \mathrm{d}\boldsymbol{S} = \oiint\limits_{S_1} \boldsymbol{D} \cdot \mathrm{d}\boldsymbol{S}$

B. $\oiint\limits_{S_1} \boldsymbol{D} \cdot \mathrm{d}\boldsymbol{S} = \oiint\limits_{S_2} \boldsymbol{D} \cdot \mathrm{d}\boldsymbol{S} = \oiint\limits_{S_3} \boldsymbol{D} \cdot \mathrm{d}\boldsymbol{S}$

C. $\oiint\limits_{S_1} \boldsymbol{E}_f \cdot \mathrm{d}\boldsymbol{S} = \oiint\limits_{S_2} \boldsymbol{E}_f \cdot \mathrm{d}\boldsymbol{S} = \oiint\limits_{S_3} \boldsymbol{E}_f \cdot \mathrm{d}\boldsymbol{S}$

D. $E_a > E_f, E_b < E_f, E_c < E_f$

5. 介质中环路定理与 U

【例 1.2.64】 平行板电容器的极板面积为 S,两极板间的间距为 d,极板间介质电容率为 ε。现对极板充电 Q,则两极间的电势差为(　　)。
A. 0　　B. $Qd/(4\varepsilon S)$　　C. $Qd/(2\varepsilon S)$　　D. $Qd/(\varepsilon S)$

【例 1.2.65】 如图 1.69 所示,一半径为 R 的孤立导体球带有正电荷 q,其电势分布曲线 $U\text{-}r$ 是(　　)。

【例 1.2.66】 平行板电容器接入电源,并保持其两极板间的电压不变。现将两极板间的距离拉大,则电容器各量的变化为(　　)。
A. 电容增大　　　　　　　B. 带电量增大

C. 电场强度增大　　　　　　D. 电量、电容、场强都减小

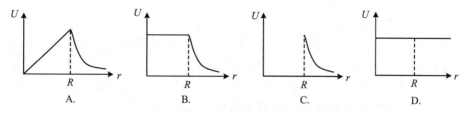

图1.69　半径为 R 的孤立导体球的电势分布曲线

【例1.2.67】 把 A、B 两块不带电的导体放在一带正电导体的电场中，设无限远处为电势零点，A 的电势为 U_A，B 的电势为 U_B，则(　　)。

A. $U_B > U_A > 0$　　　　　　B. $U_B > U_A \neq 0$
C. $U_B = U_A$　　　　　　　　D. $U_B < U_A$

6. 边值关系

【例1.2.68】 用电像法求解静电场时，所用到的像电荷(　　)。

A. 确实存在　　　　　　B. 会产生电力线
C. 会产生电势　　　　　D. 是一种虚拟的假想电荷

1.2.2.3　快速测试题

序号	1	2	3	4	5	6
知识点	导体	电容	极化强度	高斯定理	环路定理与 U	边值关系
题号	1.2.69~1.2.74	1.2.75~1.2.77	1.2.78、1.2.79	1.2.80	1.2.81~1.2.83	1.2.84、1.2.85

1. 导体

【例1.2.69】 两个半径相同的金属球，一个为空心，一个为实心，得两者各自孤立时的电容值加以比较，则(　　)。

A. 空心球电容值大　　　　　　B. 实心球电容值大
C. 两球电容值相等　　　　　　D. 大小关系无法确定

【例1.2.70】 平行板电容器充电后与电源断开，然后在两极板间插入一个导体平板，则电容 C、极板间电压 U、极板空间(不含插入的导体板)的电场强度 E 及电场能量 W 将(　　)。("↑"表示增，"↓"表示减)

A. $C\downarrow, U\uparrow, W\uparrow, E\uparrow$　　　　　　B. $C\uparrow, U\downarrow, W\downarrow, E$ 不变
C. $C\uparrow, U\uparrow, W\uparrow, E\uparrow$　　　　　　D. $C\downarrow, U\downarrow, W\downarrow, E\downarrow$

【例1.2.71】 一个中性空腔导体，腔内有一个带正电的带电体，当另一个中性导体接近空腔导体时，

(1) 腔内各点的场强 E（　　）。
A. 变化　　　B. 不变　　　C. 不能确定
(2) 腔内各点的电位 U（　　）。
A. 升高　　　B. 降低　　　C. 不变　　　D. 不能确定

【例1.2.72】 对于带电的孤立导体球，则（　　）。
A. 导体内的场强 E 与电势大小均为 0
B. 导体内的场强 E 为 0，而电势为恒量
C. 导体内的电势比导体表面高
D. 导体内的电势与导体表面的电势高低无法确定

【例1.2.73】 在一不带电荷的导体球壳的球心处放一点电荷，并测量球壳内、外的场强分布。如果将此点电荷从球心移到球壳内的其他位置，重新测量球壳内、外的场强分布，则（　　）。
A. 球壳内、外场强分布均无变化
B. 球壳内场强分布改变，球壳外不变
C. 球壳外场强分布改变，球壳内不变
D. 球壳内、外场强分布均改变

【例1.2.74】 两个电子在库仑力作用下从静止开始运动，由相距 r_1 到相距 r_2，在此期间，忽略重力作用。由两个电子组成的系统中，以下哪个物理量保持不变？（　　）
A. 动能总和　　B. 电势能总和　　C. 动量总和　　D. 电相互作用力

2. 电容

【例1.2.75】 一平行板电容器始终与端电压一定的电源相连。当电容器两极板间为真空时，电场强度为 E_0，电位移为 D_0；而当两极板间充满相对介电常量为 ε_r 的各向同性的均匀电介质时，电场强度为 E，电位移为 D，则（　　）。
A. $E = E_0/\varepsilon_r$，$D = D_0$
B. $E = E_0$，$D = \varepsilon_r D_0$
C. $E = E_0/\varepsilon_r$，$D = D_0/\varepsilon_r$
D. $E = E_0/\varepsilon_0\varepsilon_r$，$D = D_0$

【例1.2.76】 如图1.70所示，两个平行放置的带电大金属板 A 和 B，四个表面电荷面密度分别为 σ_1、σ_2、σ_3、σ_4，则有（　　）。
A. $\sigma_1 = \sigma_4$，$\sigma_2 = -\sigma_3$
B. $\sigma_1 = \sigma_4$，$\sigma_2 = \sigma_3$
C. $\sigma_1 = -\sigma_4$，$\sigma_2 = -\sigma_3$
D. $\sigma_1 = -\sigma_4$，$\sigma_2 = \sigma_3$

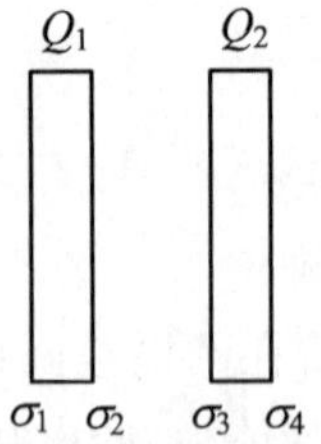

图1.70 两个平行放置的带电大金属板

【例1.2.77】 如图1.71所示，球形电容器由半径为 R_1 的导体球和与它同心的导体球壳构成，球壳内径为 R_2，其间一半充满相对介电常数为 ε_r 的均匀电介质，另一半为空气，则该电容器的电容为（　　）。

A. $C = \dfrac{4\pi\varepsilon_0\varepsilon_r R_1 R_2}{R_2 - R_1}$ B. $C = \dfrac{2\pi\varepsilon_0 R_1 R_2}{R_2 - R_1}$

C. $C = \dfrac{2\pi\varepsilon_0\varepsilon_r R_1 R_2}{R_2 - R_1}$ D. $C = \dfrac{2\pi\varepsilon_0 (1+\varepsilon_r) R_1 R_2}{R_2 - R_1}$

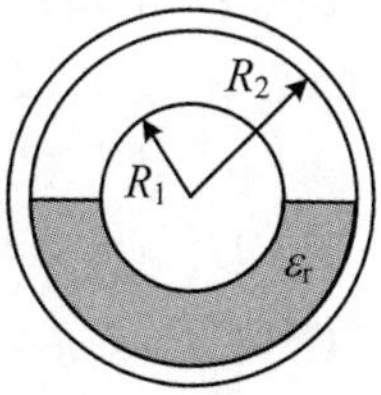

3. 极化强度

【例 1.2.78】 一导体球外充满相对介电常量为 ε_r 的均匀电介质,若测得导体表面附近场强为 E,则导体球面上的自由电荷面密度 σ 为( )。

图 1.71 球形电容器

A. $\varepsilon_0 E$ B. $\varepsilon_0\varepsilon_r E$ C. $\varepsilon_r E$ D. $(\varepsilon_0\varepsilon_r - \varepsilon_0)E$

【例 1.2.79】 一个介质球其内半径为 R,外半径为 $R+a$,在球心有一电量为 q_0 的点电荷,对于 $R<r<R+a$,电场强度 E 的大小为( )。

A. $\dfrac{q_0}{4\pi\varepsilon_0\varepsilon_r r^2}$ B. $\dfrac{q_0}{4\pi\varepsilon_0 r^2}$ C. $\dfrac{q_0}{4\pi r^2}$ D. $\dfrac{(\varepsilon_r - 1)q_0}{4\pi\varepsilon_0\varepsilon_r r^2}$

4. 高斯定理

【例 1.2.80】 如图 1.72 所示,在均匀极化的电介质中挖出一半径为 r、高度为 h 的圆柱形空腔,圆柱轴平行于极化强度 P,底面与 P 垂直。当 $h \gg r$ 时,空腔中心 E_0、D_0 与介质中的 E、D 的关系为( )。

A. $E_0 = \varepsilon_r E$ B. $E_0 = \dfrac{D}{\varepsilon_0}$ C. $D_0 = \varepsilon_0 E_0$ D. $D_0 = D$

5. 环路定理与 U

【例 1.2.81】 图 1.73 为一厚度为 d 的无限大均匀带电导体板,电荷面密度为 σ,则板的两侧离板面距离均为 h 的两点 a、b 之间的电势差 U_{ab} 为( )。

A. 0   B. $\dfrac{\sigma}{2\varepsilon_0}$ C. $\dfrac{\sigma h}{\varepsilon_0}$ D. $\dfrac{2\sigma h}{\varepsilon_0}$

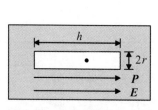

图 1.72 均匀极化的电介质

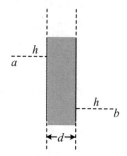

图 1.73 无限大均匀带电导体板

【例 1.2.82】 图 1.74 为一个未带电的空腔导体球壳,内半径为 R。在腔内离球心的距离为 d 处($d<R$),固定一点电荷 $+q$。用导线把球壳接地后,再把地线撤去。选无穷远处为电势零点,则球心 O 处的电势为( )。

A. 0   B. $\dfrac{q}{4\pi\varepsilon_0 d}$ C. $-\dfrac{q}{4\pi\varepsilon_0 R}$ D. $\dfrac{q}{4\pi\varepsilon_0}\left(\dfrac{1}{d} - \dfrac{1}{R}\right)$

【例 1.2.83】 如图 1.75 所示,一个封闭的导体壳 A 内有两个导体 B 和 C,A、C 不带电,B 带正电,A、B、C 三个导体的电势 U_A、U_B、U_C 的大小关系是( )。

A. $U_A = U_B = U_C$
B. $U_B > U_A = U_C$
C. $U_B > U_C > U_A$
D. $U_B > U_A > U_C$

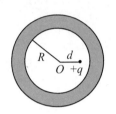

图 1.74 一个未带电的空腔导体球壳

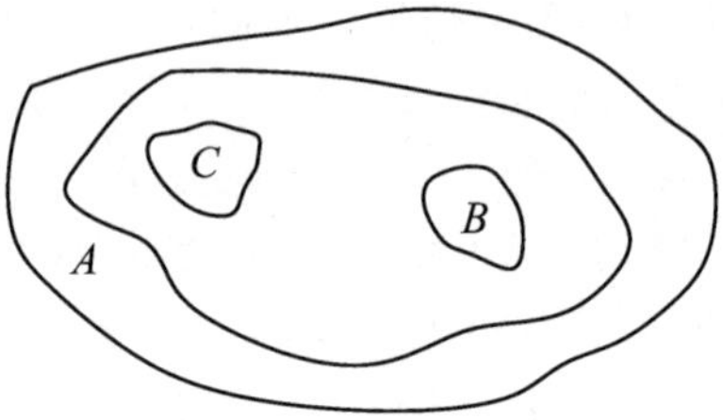

图 1.75 封闭的导体壳

6. 边值关系

【例 1.2.84】 设区域 U 内给定自由电荷分布 $\rho(x)$,在 U 的边界 S 上给定电势 $\Phi|_S$ 或电势的法向导数 $\frac{\partial \Phi}{\partial n}\big|_S$,则 U 内的电场( )。

A. 唯一确定
B. 可确定但不唯一
C. 不能确定
D. 以上都不对

【例 1.2.85】 两相交并接地的导体平板夹角为 α,则两板之间区域的静电场( )。

A. 总可用镜像法求出
B. 不能用镜像法求出
C. 当 $\alpha = \pi/n$,且 n 为正整数时,可用镜像法求出
D. 当 $\alpha = 2\pi/n$,且 n 为正整数时,可用镜像法求出

1.2.2.4 定量测试题

序号	1	2	3	4	5	6
知识点	导体	电容	极化强度	高斯定理	环路定理与 U	边值关系
题号	1.2.86	1.2.87~1.2.94	1.2.95~1.2.97	1.2.98~1.2.100	1.2.101~1.2.104	1.2.105

1. 导体

【例 1.2.86】 如图 1.76 所示,一点电荷 $+q$ 位于不带电的金属球外,q 到球心的距离为 a,球半径为 R,若 P 为金属球内的一点,其坐标是 (b, θ),则金属球内的感应电荷在 P 点产生的场强 E 的大小是( )。

A. $E = \dfrac{q}{4\pi\varepsilon_0(a^2 + b^2 - 2ab\cos\theta)}$

B. $E = 0$

C. $E = \dfrac{q}{4\pi\varepsilon_0 a^2}$

D. $E = \dfrac{q}{4\pi\varepsilon_0 R^2}$

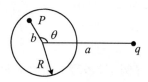

图 1.76　一点电荷位于不带电的金属球外

2. 电容

【例 1.2.87】 半径分别为 a 和 b 的两个金属球,球心间距为 $r(r \gg a, r \gg b)$。今用一根电容可忽略的细线将两球相连,则该系统的电容是(　　)。

A. $4\pi\varepsilon_0 r(a+b)$　　B. $\dfrac{4\pi\varepsilon_0 ab}{a+b}$　　C. 0　　D. $4\pi\varepsilon_0 r$

【例 1.2.88】 如图 1.77 所示,一面积为 S 的很大的金属平板 A 带有正电荷,电量为 Q,把另一面积亦为 S 的不带电的金属平板 B 平行放在 A 板附近,若将 A 板接地,则 A、B 两板表面上的电荷面密度(　　)。

A. $\sigma_1 = \sigma_2 = \sigma_3 = \sigma_4 = 0$　　B. $\sigma_1 = \dfrac{Q}{2S} = \sigma_2, \sigma_3 = -\dfrac{Q}{2S} = -\sigma_4$

C. $\sigma_1 = \sigma_4 = 0, \sigma_2 = \dfrac{Q}{S} = -\sigma_3$　　D. $\sigma_1 = \sigma_2 = 0, \sigma_3 = \dfrac{Q}{S} = -\sigma_4$

【例 1.2.89】 如图 1.78 所示,C_1 和 C_2 两空气电容器串联成电容器组。若在 C_1 中插入一电介质板,则(　　)。

A. C_1 的电容增大,电容器组总电容减小

B. C_1 的电容增大,电容器组总电容增大

C. C_1 的电容减小,电容器组总电容减小

D. C_1 的电容减小,电容器组总电容增大

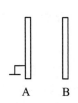

图 1.77　带有正电荷的很大的金属平板

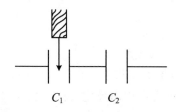

图 1.78　两空气电容器串联成的电容器组

【例 1.2.90】 C_1 和 C_2 两个电容器,其上分别标明 200 pF（电容量）、500 V（耐压值）和 300 pF、900 V。把它们串联起来,并在两端加上 1000 V 电压,则(　　)。

A. C_1 被击穿,C_2 不被击穿　　B. C_2 被击穿,C_1 不被击穿

C. 两者都被击穿　　D. 两者都不被击穿

【例 1.2.91】 如图 1.79 所示,一球形导体带有电荷 q,置于一任意形状的空

腔导体中。当用导线将两者连接后,与未连接前相比,系统静电场能量将(　　)。

　　A. 增大　　　　　B. 减小
　　C. 不变　　　　　D. 如何变化无法确定

【例1.2.92】 如图1.80所示,将一空气平行板电容器接到电源上充电,到一定电压后,断开电源。之后,再将一块与极板面积相同的各向同性的均匀电介质板平行地插入两极板之间。由于介质板的插入及其所放位置的不同,对电容器储能的影响为(　　)。

　　A. 储能减少,与介质板相对极板的位置无关
　　B. 储能减少且与介质板相对极板的位置有关
　　C. 储能增加,与介质板相对极板的位置无关
　　D. 储能增加且与介质板相对极板的位置有关

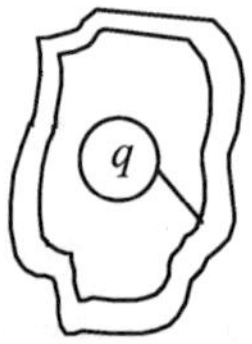

图1.79　球形导体

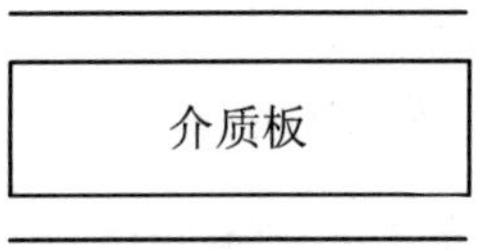

图1.80　平行板电容器

【例1.2.93】 极板间为真空的平行板电容器,充电后与电源断开。现将两极板用绝缘工具拉开一些距离,则下列说法中正确的是(　　)。

　　A. 电容器极板上的电荷面密度增加
　　B. 电容器极板间的电场强度 E 增加
　　C. 电容器的电容不变
　　D. 电容器极板间的电势差增大

【例1.2.94】 平行板电容器两极板的面积都是 S,相距为 d,其间有一厚度为 t 的金属板与极板平行放置,面积亦是 S,则系统电容是(　　)。

　　A. $\dfrac{\varepsilon_0 S}{d}$　　　　B. $\dfrac{\varepsilon_0 S}{d-t}$　　　　C. $\dfrac{\varepsilon_0 S}{t}$　　　　D. $\varepsilon_0 S\left(\dfrac{1}{d}-\dfrac{1}{t}\right)$

3. 极化强度

【例1.2.95】 如图1.81所示,一内半径为 a,外半径为 b 的驻体半球壳,被沿 $+z$ 轴方向均匀极化,设极化强度为 $P=Pk$,则球心 O 处的场强 E_0 是(　　)。

　　A. $E=-\dfrac{P}{6\varepsilon_0}k$　　B. $E_0=\dfrac{P}{6\varepsilon_0}k$　　C. $E=-\dfrac{P}{3\varepsilon_0}k$　　D. $E_0=0$

【例1.2.96】 内、外半径分别为 R_1 和 R_2 的驻体球壳被均匀极化,极化强度为 P,若 P 的方向平行于球壳直径,则壳内空腔中任一点的电场强度 E 是(　　)。

　　A. $E=\dfrac{P}{3\varepsilon_0}$　　B. $E=0$　　C. $E=-\dfrac{P}{3\varepsilon_0}$　　D. $E=\dfrac{2P}{3\varepsilon_0}$

【例1.2.97】 如图1.82所示,有一均匀极化的介质球,半径为 R,极化强度

为 P，则极化电荷在球心处产生的场强和在球外 z 轴上任一点产生的场强 E 分别是（　　）。

A. $\dfrac{P}{3\varepsilon_0}, 0$ B. $-\dfrac{P}{3\varepsilon_0}, \dfrac{2R^3 P}{3\varepsilon_0 Z^3}$ C. $-\dfrac{P}{3\varepsilon_0}, 0$ D. $\dfrac{P}{3\varepsilon_0}, \dfrac{2R^3 P}{3\varepsilon_0 Z^3}$

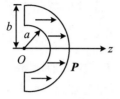
图 1.81　驻体半球壳

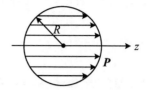
图 1.82　均匀极化的介质球

4. 高斯定理

【例 1.2.98】　在带电量为 $+Q$ 的金属球产生的电场中，为测量某点场强 E，在该点引入一带电量为 $+Q/3$ 的点电荷，测得其受力为 F，则该点场强 E 的大小为（　　）。

A. $E = \left|\dfrac{3F}{Q}\right|$ B. $E > \left|\dfrac{3F}{Q}\right|$ C. $E < \left|\dfrac{3F}{Q}\right|$ D. 无法判断

【例 1.2.99】　图 1.83 为同心导体球与导体球壳周围的电力线分布，可知球壳所带总电量为（　　）。

A. $q > 0$ B. $q = 0$ C. $q < 0$ D. 无法确定

【例 1.2.100】　如图 1.84 所示，在相对介电常数为 ε_r 的电介质中挖去一个细长的圆柱形空腔，直径为 d、高为 $h(h \gg d)$，外电场 E 垂直穿过圆柱底面，则空腔中心 P 点的场强 E_P 为（　　）。

A. $(\varepsilon_r - 1)E$ B. $\dfrac{E}{\varepsilon_r - 1}$ C. $\dfrac{d}{h}\varepsilon_r E$ D. E

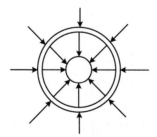
图 1.83　同心导体球与导体球壳周围的电场力线分布

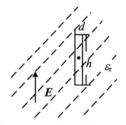
图 1.84　细长的圆柱形空腔

5. 环路定理与 U

【例 1.2.101】　一半径为 R 的薄金属球壳，带电量为 $-Q$，设无穷远处电势为 0，则在球壳内各点的电势 U_i 可表示为（　　）。

A. $U_i < -K\dfrac{Q}{R}$ B. $U_i = -K\dfrac{Q}{R}$

C. $U_i > -K\dfrac{Q}{R}$ D. $-K\dfrac{Q}{R} < U_i < 0$

【例 1.2.102】 设有一个带正电的导体球壳,当球壳内充满电介质,球壳外是真空时,球壳外的场强大小和电势分别用 E_1 和 U_1 表示,球壳内的场强大小和电势分别用 E_2 和 U_2 表示,则两种情况下壳外同一点处的场强大小和电势大小的关系为(　　)。

A. $E_1 = E_2, U_1 = U_2$ B. $E_1 = E_2, U_1 > U_2$
C. $E_1 > E_2, U_1 > U_2$ D. $E_1 < E_2, U_1 < U_2$

【例 1.2.103】 金属球 A 与同心金属壳 B 组成电容器,金属球 A 上带电荷 q,金属壳 B 上带电荷 Q,测得金属球与金属壳间电势差为 U_{AB},则该电容器的电容值为(　　)。

A. $\dfrac{q}{U_{AB}}$ B. $\dfrac{Q}{U_{AB}}$ C. $\dfrac{q+Q}{U_{AB}}$ D. $\dfrac{q}{2U_{AB}}$

【例 1.2.104】 半径为 R、相对介电常数为 ε_r 的均匀电介质球中心放置一点电荷 q,则球内电势 U 的分布规律为(　　)。

A. $U = \dfrac{q}{4\pi\varepsilon_0 r}$ B. $U = \dfrac{q}{4\pi\varepsilon_0\varepsilon_r r}$

C. $U = \dfrac{q}{4\pi\varepsilon_0\varepsilon_r}\left(\dfrac{1}{r}-\dfrac{1}{R}\right) + \dfrac{q}{4\pi\varepsilon_0 R}$ D. $U = \dfrac{q}{4\pi\varepsilon_0\varepsilon_r}\left(\dfrac{1}{r}-\dfrac{1}{R}\right)$

6. 边值关系

【例 1.2.105】 如图 1.85 所示,平行板电容器的极板间距离为 d,所加电压 U_0 已知,平行板电容器内一半空间均匀分布体电荷,另一半空间充满空气电荷密度为 ρ,介质的相对介电常数均为 ε_0。若忽略边缘效应,则电场分布为(　　)。

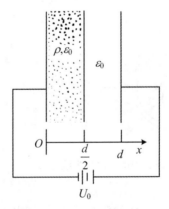

图 1.85 平行板电容器

A. $U_1(x) = -\dfrac{\rho}{2\varepsilon_0}x^2 + \left(\dfrac{U_0}{d}+\dfrac{3\rho d}{8\varepsilon_0}\right)x \quad \left(0 \leqslant x \leqslant \dfrac{d}{2}\right)$,

$$U_2(x) = \left(\frac{U_0}{d} - \frac{\rho d}{8\varepsilon_0}\right)x + \frac{\rho d^2}{8\varepsilon_0} \quad \left(\frac{d}{2} \leqslant x \leqslant d\right)$$

B. $U_1\big|_{x=0} = 0, U_2\big|_{x=d} = U_0$

C. $\nabla^2 U_1 = \dfrac{\mathrm{d}^2 U_1}{\mathrm{d}x^2} = -\dfrac{\rho}{\varepsilon}, \nabla^2 U_2 = \dfrac{\mathrm{d}^2 U_2}{\mathrm{d}x^2} = 0$

D. $U_1\big|_{x=\frac{d}{2}} = U_2\big|_{x=\frac{d}{2}}, \varepsilon_0 \dfrac{\partial U_1}{\partial x}\bigg|_{x=\frac{d}{2}} = \varepsilon_0 \dfrac{\partial U_2}{\partial x}\bigg|_{x=\frac{d}{2}}$

1.2.3 静电场中导体与电介质的情景探究题

序号	1	2	3	4	5
应用点	雷电现象	静电检测	地球大气	静电透镜	压电陶瓷
题号	1.2.106~1.2.110	1.2.111~1.2.113	1.2.114、1.2.115	1.2.116、1.2.117	1.2.118、1.2.119

1. 雷电现象

【例1.2.106】 以下说法正确的是(　　)。

A. 无回击闪电 $\dfrac{3}{4}$ 是只沿着先导方向发生中和,而没有逆先导方向的放电的闪电

B. 有回击闪电 $\dfrac{3}{4}$ 是发生先导放电后,还出现逆先导方向的放电的闪电

C. 正地闪 $\dfrac{3}{4}$ 闪电电流向下,云是正电荷,地面是负电荷

D. 负地闪 $\dfrac{3}{4}$ 闪电电流向上,云是负电荷,地面是正电荷

E. 地闪实际上就是雷雨云中的电荷向大地突然释放的过程

【例1.2.107】 从"积雨云"密布到发生闪电的过程中,同时出现的物理现象是(　　)。

A. 高电压　　B. 高电流　　C. 静电感应

D. 电磁感应　　E. 电磁波辐射

【例1.2.108】 地闪过程释放的电荷量最有可能是(　　)。

A. 几十库仑　　B. 几百库仑　　C. 几千库仑　　D. 几万库仑

【例1.2.109】 假设一朵"积雨云"飘来,其上半部带正电荷,下半部带负电荷,离地1 km,和地面的电势差是 3×10^9 V,中间的电场强度是 3×10^6 V·m^{-1},这就是一个很好的电子行踪的量子测量"仪器",如图1.86所示。为什么?(　　)

图1.86　电子行踪的量子测量"仪器"

A. 电子处于量子纯态的时候也许其波函数分布在和这朵云一样大的区域,霍金说此时的量子处于"虚时间",因为此时的电子是完全"非定域"的,只有完全定域的"事件",才能经典地"排序",才能定义"实的"时间,且满足光速不变原理和经典因果律。

B. 作为"积雨云"下面的空气中的分子,由于其温度已经和周围的分子的量子态有了足够多的缠绕,所以任何有限区域的大量分子,都可以通过它们的密度算符对区域外量子态"求迹"(Trace),而得到一个纯经典的定域的"密度矩阵"(熵不为0),并用其来得到未来电子"位置"。

C. 电场是个保守力场,电子在其中运动,只有电势能的变化,无法给我们"定域"信息,只有靠"摩擦力"引起系统"熵"的变化——发热、发光,才能有电子"定域"的信息。

D. 电子本来是"非定域"的,但是"偶然地"(偶然性的概率和其波函数的平方成正比)和某一区域的分子发生了碰撞(摩擦的开始),由于此时整个区域上电场强度极强(3×10^6 V·m^{-1}),所以电子已被加速到足以把这个分子打出一个电子,并生成一个离子。

【例1.2.110】 当从观景台欣赏赤杉公园时,一位女士发现她的头发从头上竖了起来。如图1.87所示,她的兄弟觉得有趣而拍下了照片。在他们离去5 min后,雷电轰击了观景台,造成一死七伤,其原因是(　　)。

(a) 真实照片　　(b) 等势面图

图1.87　观景台的女士

A. 因为她站在连接到山腰的平台上,处于约与山腰相同的电势;在头上,强烈带电的云系已向她移动,并围绕她和山腰生成一强电场,电场 E 从她和山腰指向外部

B. 由于电场造成的静电力驱动该女士身上的某些传导电子通过她的身体向下传入地,因此她的头发带正电,E 的值虽然很大,但仍小于导致空气分子击穿的电场强度值约 3×10^6 V·m^{-1}

C. 围绕在山腰平台上女士的等势面能从她的头发被推知:头发是沿着电场 E 的方向延伸的,因而垂直于等势面,所以等势面应该像图中所画的那样;电场的大小 E 显然在她的头顶正上方处最大(各等势面显然排得最密集),因为那里的头发

D. 若电场引起头发从你的头上竖起,比起摆姿势拍照,你还是躲避跑掉更好

2. 静电检测

【例 1.2.111】 为了实时检测纺织品、纸张等材料的厚度(待测材料可视作相对介电常数为 ε_r 的电介质),通常在生产流水线上设置如图 1.88 所示的传感装置,其中 A、B 为平板电容器的导体极板,$S(m^2)$ 为极板面积,$d_0(m)$ 为两极板间的距离。由此可推出直接测量电容 C 与间接测量厚度 d 之间的函数关系。如果待测材料是钢板等金属材料,则其厚度 d 为( )。

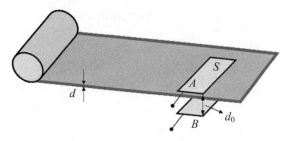

图 1.88 传感装置

A. $d_0 - \dfrac{\varepsilon_0 S}{C}$ B. $\dfrac{\varepsilon_r}{\varepsilon_r - 1} d_0 - \dfrac{\varepsilon_0 \varepsilon_r S}{(\varepsilon_r - 1) C}$ C. 0 D. 无法确定

【例 1.2.112】 图 1.89 为一种油箱内油面高度检测装置的示意图。图中油量表由电流表改装而成,金属杠杆的一端连接浮标,另一端触点 O 连接滑动变阻器 R。当油箱内油面下降时,下列分析正确的是( )。

A. 触点 O 向下滑动

B. 触点 O 向上滑动

C. 电路中电流增大

D. 电路中电流减小

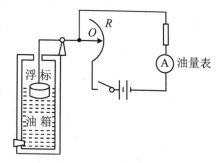

图 1.89 油面高度检测装置示意图

【例 1.2.113】 食品加工厂利用电容传感器测量油料液面高度,其原理如图 1.90 所示,导体圆管 A 与储油罐 B 相连,圆罐的内径为 D,管中心同轴插入一根外径为 d 的导体棒 C,d 和 D 均远小于管长 L 并且相互绝缘,则当导体圆管与导体棒之间接上电压为 U 的电源时,圆管上的电荷与液面高度的关系为(油料的相对介电常数为 ε_r)( )。

A. 线性关系 B. 非线性关系

C. 二次曲线关系 D. 无法确定的关系

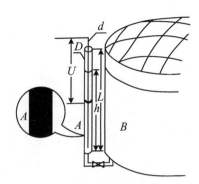

图1.90 电容传感器原理图

3. 地球大气

【例1.2.114】 空气中的负氧离子对人的健康极为有益。人工产生负氧离子的方法最常见的是电晕放电法。一排针状负极和环形正极之间加上直流高压电,电压达5000 V左右,使空气发生电离,从而产生负氧离子(O^{3-}),使空气清新化。针状负极与环形正极间距为5 mm,且视为匀强电场,电场强度为E,电场对负氧离子的作用力为F,则( )。

A. $E = 10^3$ N·C^{-1}, $F = 1.6 \times 10^{-16}$ N

B. $E = 10^6$ N·C^{-1}, $F = 1.6 \times 10^{-16}$ N

C. $E = 10^3$ N·C^{-1}, $F = 1.6 \times 10^{-13}$ N

D. $E = 10^6$ N·C^{-1}, $F = 1.6 \times 10^{-13}$ N

【例1.2.115】 大气中通常存在一个垂直向下的电场。这一点可通过一个简单的实验予以证明。图1.91(a)为一导体球,由一绝缘体固定,如果加一电场E,则产生静电感应。现在把这个导体球接地,如图1.91(b)所示,感应静电荷流入地面。然后再把导体球的接地断开,并将导体球装进接静电计的法拉第罩中,如图1.91(c)所示。结果,这个静电计显示出导体球是带电的,而且还可测定导体球带有负电荷。因此这个实验表明( )。

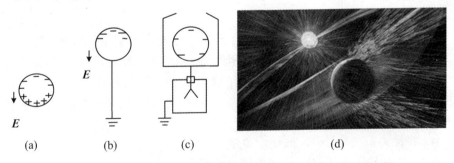

图1.91 验证大气中通常存在一个垂直向下的电场的实验原理图

A. 大气中确实存在一个垂直向下的电场 E,可利用它刺激农作物生长

B. 由于大气中同时有一个电场和自由移动带电粒子存在,意味着大气具有某一导电率。该导电率是随着高度而变化的,高度增加,大气的导电率增强

C. 地球和电离层,在这两导体间有一具有导电率的大气层,就好像是一个漏电的球形电导器

D. 图 1.91(d)表示大气是一部忙碌工作着的电机

4. 静电透镜

【例 1.2.116】 静电透镜是利用静电场使电子束汇聚或发散的一种装置,其中某部分静电场 E 的分布如图 1.92 所示。虚线表示这个静电场在 xOy 平面内的一簇等势线,等势线形状相对于 Ox 轴、Oy 轴对称。等势线的电势沿 x 轴正向增加,且相邻两等势线的电势差相等。一个电子经过 P 点(其横坐标为 $-x_0$)时,速度与 Ox 轴平行。适当控制实验条件,使该电子通过电场区域时仅在 Ox 轴上方运动。在通过电场区域过程中,该电子沿 y 方向的分速度 v_y 随位置坐标 x 变化的示意图是图 1.93 中的( )。

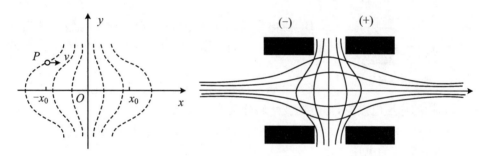

图 1.92 静电透镜

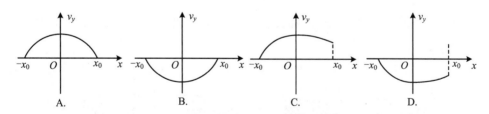

图 1.93 【例 1.2.116】的示意图

【例 1.2.117】 如图 1.94 所示,电子束穿过单孔电极形成静电透镜,则其静电透镜的焦距为( )。

A. $\dfrac{4E_k}{e(E_1-E_2)}$ B. $\dfrac{mv_z^2}{e(E_1-E_2)}$ C. ∞

D. 无法确定 E. 电子束通过圆孔无法聚焦

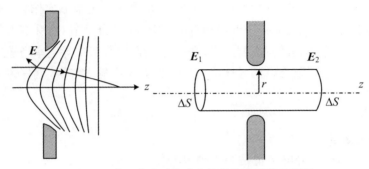

图 1.94 电子束穿过单孔电极的静电透镜示意图

5. 压电陶瓷

【例1.2.118】 如图1.95所示,在声速测定实验中,超声波的产生和接收分别是利用了(　　)。

图 1.95 压电陶瓷

A. 压电陶瓷的逆压电效应,把电压变化转化为声压变化;压电陶瓷的正压电效应,把声压变化转化为电压变化

B. 压电陶瓷的逆压电效应,把声压变化转化为电压变化;压电陶瓷的正压电效应,把电压变化转化为声压变化

C. 金属铝的正压电效应,把声压变化转化为电压变化;金属铝的逆压电效应,把电压变化转化为声压变化

D. 金属铝的正压电效应,把电压变化转化为声压变化;金属铝的逆压电效应,把声压变化转化为电压变化

【例1.2.119】 如图1.96所示,x^0切型的压电片上电荷极性相同的是(　　)。

A. (a)和(b)　　B. (a)和(c)　　C. (a)和(d)　　D. (c)和(d)

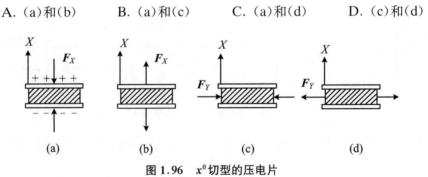

图 1.96 x^0切型的压电片

1.3 静电能的分层进阶探究题

1.3.1 静电能的趣味思考题

序号	1	2	3	4	5
知识点	电容器	相互作用能	电场力做功	能量密度	综合题
题号	1.3.1、1.3.2	1.3.3、1.3.4	1.3.5、1.3.6	1.3.7~1.3.9	1.3.10~1.3.12

1. 电容器

【例 1.3.1】 如图 1.97 所示,将两个完全相同的电容器串联起来,在与电源保持连接时,将一个电介质板无摩擦地插入电容器 C_2 的两板之间,试定性地描述 C_1、C_2 上的电量、电容、电压及电场强度的变化。

【例 1.3.2】 将一个空气电容器充电后切断电源,然后灌入煤油,电容器的能量有何变化? 如果在灌煤油时,电容器一直与电源相连,能量又如何变化?

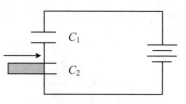

图 1.97 两个电容器串联

2. 相互作用能

【例 1.3.3】 为什么在点电荷组相互作用能的公式中有因子 $\frac{1}{2}$,而点电荷在外电场中的电位能公式 $W(P) = qU(P)$ 中没有这个因子?

【例 1.3.4】 在电偶极子的位能公式 $W = -\boldsymbol{P} \cdot \boldsymbol{E}$ 中是否包括偶极子的正、负电荷间的相互作用能?

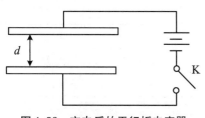

图 1.98 充电后的平行板电容器

3. 电场力做功

【例 1.3.5】 如图 1.98 所示,用电源将平行板电容器充电后即将电键 K 断开,然后移近两极板。在此过程中,外力做正功还是做负功? 电容器储能增加还是减少?

【例 1.3.6】 在上题中,如果充电后不断开 K,情况怎样? 能量是否守恒?

【例 1.3.7】 用力 F 把电容器中的电介质板拉出,在充电后断开电源和维持电源不断开这两种情况下,电容器中储存的静电能量是增加、减少还是不变?

4. 能量密度

【例 1.3.8】 当电场强度相同时,电介质内电场能量密度比真空中大,这是为什么?

【例 1.3.9】 电势能、电容器存贮的能量、电场的能量三者之间有什么区别和联系?

5. 综合题

【例 1.3.10】 一均匀带电球面和一均匀带电球体,如果它们的半径相同且总电荷相等,问哪一种情况的电场能量较大?为什么?

【例 1.3.11】 如图 1.99 所示,当电荷连续分布时,静电能量有如下三个公式:
(1) $W = \int u \mathrm{d}q$,(2) $W = \frac{1}{2}\iiint_V U \mathrm{d}q$,(3) $W = \frac{1}{2}\iiint \boldsymbol{E} \cdot \boldsymbol{D} \mathrm{d}V$。分别说明这三个公式的物理意义,并以平行板电容器为例,分别用上列三个公式计算它在电容为 C、蓄有电荷量为 Q 时的静电能。

【例 1.3.12】 如图 1.100 所示,以球形电容器为例,分别用上列三个公式计算它在电容为 C、蓄有电荷量为 Q 时的静电能。

图 1.99 平行板电容器

图 1.100 球形电容器

1.3.2 静电能的分层进阶题

1.3.2.1 概念测试题

序号	1	2	3	4	5
知识点	电容器	静电能	电场力做功	电势能	能量密度
题号	1.3.13	1.3.14	1.3.15	1.3.16	1.3.17

1. 电容器

【例 1.3.13】 如图 1.101 所示,关于电容器的储能,下列说法正确的是(　　)。

A. 电容器的能量是储存在极板上的
B. 电容器的能量是两个极板带电产生的自能
C. 电容器的能量是两个极板的相互作用能
D. 电容器的能量中既有自能部分又有相互作用能部分

图 1.101　电容器的储能

2. 静电能

【例 1.3.14】　如图 1.102 所示,真空中有一均匀带电球体和一均匀带电球面,如果它们的半径和所带的电量都相等,用 $W_{实心}$ 和 $W_{空心}$ 来表示它们的静电能,则(　　)。

A. $W_{实心} = W_{空心}$
B. $W_{实心} > W_{空心}$
C. $W_{实心} < W_{空心}$
D. 无法确定

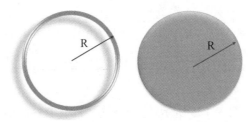

图 1.102　一均匀带电球体和一均匀带电球面

3. 电场力做功

【例 1.3.15】　如图 1.103 所示,点电荷 $-q$ 位于圆心 O 处,A、B、C、D 为同一圆周上的四点。现将一试验电荷从 A 点分别移动到 B、C、D 各点,则(　　)。

A. 从 A 到 B,电场力做功最大
B. 从 A 到 C,电场力做功最大
C. 从 A 到 D,电场力做功最大
D. 从 A 到各点,电场力做功相等

4. 电势能

【例 1.3.16】　如图 1.104 所示,一个平行板电容器充电后与电源断开,当用绝

缘手柄将电容器两极板的距离拉大时,两极板间的电势差 U_{12}、电场强度 E 的大小将发生怎样的变化?（　　）

A. U_{12} 减小,E 减小
B. U_{12} 增大,E 增大
C. U_{12} 增大,E 不变
D. U_{12} 减小,E 不变

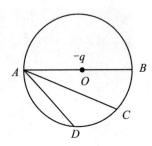
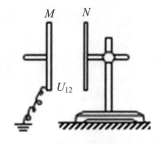

图 1.103　A、B、C、D 为同一圆周上的四点　　　图 1.104　绝缘手柄拉开平行板

5. 能量密度

【例 1.3.17】　在电场强度相同的情况下,电介质中的电场与真空中的电场相比较,下面正确的表述是(　　)。

A. 电介质中的电场能量密度大于真空中的电场能量密度
B. 电介质中的电场能量密度小于真空中的电场能量密度
C. 电介质中的电场能量密度等于真空中的电场能量密度
D. 电介质中的电场能量密度大于或小于真空中的电场能量密度

1.3.2.2　定性测试题

序号	1	2	3	4	5
知识点	电容器	静电能	电场力做功	电势能	能量密度
题号	1.3.18	1.3.19	1.3.20	1.3.21	1.3.22

1. 电容器

【例 1.3.18】　如图 1.105 所示,将一空气平行板电容器接到电源上充电,到一定电压后,断开电源,再将一块与极板面积相同的金属板平行地插入两极板之间,则由于金属板的插入及其所放位置的不同,对电容器储能的影响为(　　)。

图 1.105　充电的平行板电容器

A. 储能减少,但与金属板位置无关
B. 储能减少,但与金属板位置有关
C. 储能增加,但与金属板位置无关
D. 储能增加,但与金属板位置有关

2. 静电能

【例1.3.19】 一个平行板电容器充电后与电源断开,当用绝缘手柄将电容器两极板间距离拉大时,两极板间的电势差 U_{12}、电场强度 E、电场能量 W 将发生怎样的变化?（　　）

A. U_{12}减小,E减小,W减小　　　　B. U_{12}增大,E增大,W增大

C. U_{12}增大,E不变,W增大　　　　D. U_{12}减小,E不变,W不变

3. 电场力做功

【例1.3.20】 如图1.106所示,用力 F 把电容器中的电介质板拉出,在(a)和(b)两种情况下,电容器中储存的静电能将(　　)。

A. 都增加　　B. 都减小　　C. (a)增加,(b)减小　　D. (a)减少,(b)增大

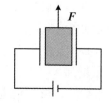
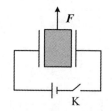

(a) 充电后仍与电源连接　　(b) 充电后仍与电源断开

图1.106　用力 F 把电容器中的电介质板拉出

4. 电势能

【例1.3.21】 平行板电容器两极板间的相互作用力 F 的数值与两极板间的电压 U 的关系是(　　)。

A. $F \propto U$　　B. $F \propto \dfrac{1}{U}$　　C. $F \propto \dfrac{1}{U^2}$　　D. $F \propto U^2$

5. 能量密度

【例1.3.22】 如图1.107所示,对于电容器充电后不断开电源和充电后断开电源的两种情况,分别用力 F 将电容器的介质拉出,则电容器中储存的静电能密度的变化为(　　)。

A. 都增加

B. 都减小

C. 前者增加,后者减小

D. 前者减小,后者增加

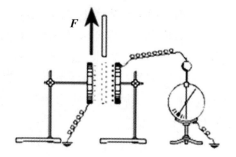

图1.107　将电容器的介质拉出

1.3.2.3 快速测试题

序号	1	2	3	4	5
知识点	电容器	静电能	电场力做功	电势能	能量密度
题号	1.3.23	1.3.24、1.3.25	1.3.26、1.3.27	1.3.28	1.3.29

1. 电容器

【例 1.3.23】 如图 1.108 所示，C_1 和 C_2 两空气电容器并联以后接电源充电，在电源保持连接的情况下，在 C_1 中插入一电介质板，则（　　）。

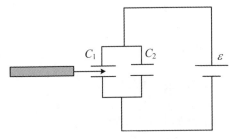

图 1.108　并联的两空气电容器

A. C_1 极板上电量增加，C_2 极板上电量减少

B. C_1 极板上电量减少，C_2 极板上电量增加

C. C_1 极板上电量增加，C_2 极板上电量不变

D. C_1 极板上电量减少，C_2 极板上电量不变

2. 静电能

【例 1.3.24】 真空中有一均匀带电球体和一均匀带电球面，如果它们的半径和所带的电量都相等，则它们静电能之间的关系是（　　）。

A. 均匀带电球体产生电场的静电能等于均匀带电球面所产生电场的静电能

B. 均匀带电球体产生电场的静电能大于均匀带电球面所产生电场的静电能

C. 均匀带电球体产生电场的静电能小于均匀带电球面所产生电场的静电能

D. 球体内的静电能大于球面内的静电能，球体外的静电能小于球面外的静电能

【例 1.3.25】 用电池将平板电容器充电后断开电源，这时在电容器中储存的能量为 W_0，然后将相对介电常数为 ε_r 的均匀电介质插入两极板之间，这时电容器储存的能量 W 为（　　）。

A. $W = \varepsilon_r W_0$　　B. $W = W_0$　　C. $W = W_0/\varepsilon_r$　　D. $W = (1+\varepsilon_r)W_0$

3. 电场力做功

【例 1.3.26】 如图 1.109 所示，在点电荷 Q 所形成的电场中，已知 a、b 两点在同一等势面上，c、d 两点在同一等势面上。甲、乙两个带电粒子的运动轨迹分别为 acb 和 adb，两个粒子经过 a 点时具有相同的功能。由此可判断（　　）。

A. 甲粒子经过 c 点时与乙粒子经过 d 点时具有相同的功能

B. 甲、乙两粒子带异号电荷

C. 若取无穷远处为零电势点,则甲粒子经过 c 点时的电势能小于乙粒子经过 d 点时的电势能

D. 两粒子经过 b 点时具有相同的动能

【例 1.3.27】 一个电容量为 C 的平行板电容器,两极板的面积都是 S,相距为 d,当两极板加上电压 U 时(忽略边缘效应),则两极板间的作用力为( )。

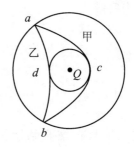

图 1.109 点电荷 Q 所形成的电场

A. $F = \dfrac{CU^2}{2d}$,排斥力

B. $F = \dfrac{CU^2}{d}$,排斥力

C. $F = \dfrac{CU^2}{2d}$,吸引力

D. $F = \dfrac{2CU^2}{d}$,吸引力

4. 电势能

【例 1.3.28】 图 1.110 为电场中某区域内的电力线分布,现将一负点电荷从 M 点移到 N 点,则必有( )。

A. 电场力做的功 $A_{MN} > 0$

B. 电位能 $W_M > W_N$

C. 电位 $U_M > U_N$

D. 电位 $U_M < U_N$

图 1.110 电场中某区域内的电力线分布

5. 能量密度

【例 1.3.29】 半径为 R_1 的导体圆柱外套有一个半径为 R_2 的同轴导体圆筒,长度都是 L,其间充满介电常数为 ε 的均匀介质,圆柱带电为 Q,圆筒带电为 $-Q$,忽略边缘效应。其在半径为 $r(R_1 < r < R_2)$ 处,电场能量密度为( )。

A. $\dfrac{Q}{4\pi\varepsilon L}\ln\left(\dfrac{R_2}{R_1}\right)$

B. $\dfrac{2\pi\varepsilon L}{\ln\left(\dfrac{R_2}{R_1}\right)}$

C. $\dfrac{Q^2}{8\pi^2\varepsilon r^2 L^2}$

D. $\dfrac{Q}{2\pi\varepsilon L}\ln\left(\dfrac{R_2}{R_1}\right)$

1.3.2.4 定量测试题

序号	1	2	3	4	5
知识点	电容器	静电能	电场力做功	电势能	能量密度
题号	1.3.30	1.3.31~1.3.34	1.3.35	1.3.36	1.3.37~1.3.39

1. 电容器

【例1.3.30】 一孤立金属球带有电量 1.2×10^{-8} C,当电场强度的大小为 3×10^6 V·m^{-1} 时,空气将被击穿。若要空气不被击穿,则金属球的半径至少大于( )。

A. 3.6×10^{-2} m   B. 6.0×10^{-6} m   C. 3.6×10^{-5} m   D. 6.0×10^{-3} m

2. 静电能

【例1.3.31】 如果某带电体电荷分布的体电荷密度 ρ 增大为原来的2倍,则电场的能量变为原来的( )。

A. 2倍   B. $\dfrac{1}{2}$倍   C. $\dfrac{1}{4}$倍   D. 4倍

【例1.3.32】 空气平行板电容器接通电源充电后,电容器中储存的能量为 W_0,在保持电源接通的条件下,在两极间充满相对介电常数为 ε_r 的各向同性的均匀电介质,则该电容器中储存的能量 W 为( )。

A. $W=W_0/\varepsilon_r$ B. $W=\varepsilon_r W_0$ C. $W=(1+\varepsilon_r)W_0$ D. $W=W_0$

【例1.3.33】 如图1.111所示,在一边长为 a 的立方体的每个顶点上放一个点电荷 $-e$,在中心放一个点电荷 $+2e$,则此带电体的相互作用能为( )。

A. $\dfrac{0.344e^2}{\varepsilon_0 a}$ B. $\dfrac{0.688e^2}{\varepsilon_0 a}$ C. $\dfrac{5-7e^2}{\varepsilon_0 a}$ D. $-\dfrac{4.62}{\varepsilon_0 a}$

【例1.3.34】 如图1.112所示,一半径为 R_c 的导体球,带电量为 Q,在距球心为 d 处挖一半径为 R_b ($R_b<d$, $R_b<R_c-d$) 的球形空腔,在此腔内置一半径为 R_a 的同心导体球($R_a<R_b$),此球带有电量 q,则整个带电系统的静电能为( )。

A. $\dfrac{1}{4\pi\varepsilon_0}\left[\dfrac{q^2}{R_a}-\dfrac{q^2}{R_b}+\dfrac{(Q+q)^2}{R_c}\right]$ B. $\dfrac{1}{8\pi\varepsilon_0}\left[\dfrac{q^2}{R_a}-\dfrac{q^2}{R_b}+\dfrac{(Q+q)^2}{R_c}\right]$

C. $\dfrac{1}{8\pi\varepsilon_0}\left(\dfrac{1}{R_c}+\dfrac{1}{R_a}\right)$ D. $\dfrac{qQ}{8\pi\varepsilon_0}\left(\dfrac{1}{R_c}+\dfrac{1}{R_a}\right)$

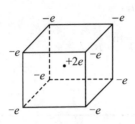

图1.111 立方体顶点和中心处的点电荷

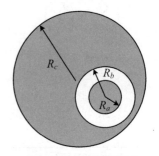

图1.112 带电导体球

3. 电场力做功

【例1.3.35】 如图1.113所示,在一无限大接地导体板前方,距离平板为 d 的位置有一点电荷 $+q$,最终由于导体板吸引力使 q 到达导体板,并与导体板上感应电荷相消。则在该过程中,电场力做的功为( )。

A. $\dfrac{q^2}{4\pi\varepsilon_0 d}$ B. $\dfrac{q^2}{8\pi\varepsilon_0 d}$ C. $\dfrac{q^2}{16\pi\varepsilon_0 d}$ D. ∞

图 1.113　无限大接地导体板前方距离平板为 d 的位置有一点电荷

4. 电势能

【例 1.3.36】 平行板电容器充电后与电源断开,然后将距离拉大,则电容 C、电压 U、电场能量 W 将发生怎样的变化?(　　)("↑"表示增,"↓"表示减)

A. $C\downarrow, U\uparrow, W\uparrow$　　　　　　　　B. $C\downarrow, U\downarrow, W\downarrow$

C. $C\uparrow, U\uparrow, W\uparrow$　　　　　　　　D. $C\downarrow, U\downarrow, W\uparrow$

5. 能量密度

【例 1.3.37】 真空中有一半径为 R 的导体球,当球上带电量为 Q 时,其电场能量为(　　)。

A. $4\pi\varepsilon_0 R Q^2$ B. $\dfrac{Q^2}{4\pi\varepsilon_0 R}$ C. $\dfrac{Q^2}{8\pi\varepsilon_0 R}$ D. $\dfrac{Q^2}{16\pi\varepsilon_0 R}$

【例 1.3.38】 把一相对介电常数为 ε_r 的均匀电介质球壳套在一半径为 a 的金属球外,金属球带有电量 q,设介质球壳的内半径为 a,外半径为 b,则系统的静电能为(　　)。

A. $W = \dfrac{q^2}{8\pi\varepsilon_0\varepsilon_r a^2}$　　　　　　B. $W = \dfrac{q^2}{8\pi\varepsilon_0\varepsilon_r a^2}\left(\dfrac{1}{a} - \dfrac{\varepsilon_r - 1}{b}\right)$

C. $W = \dfrac{q^2}{8\pi\varepsilon_0\varepsilon_r}\left(\dfrac{1}{a} - \dfrac{1}{b}\right)$　　　　D. $W = \dfrac{q^2}{8\pi\varepsilon_0}\dfrac{1-\varepsilon_r}{\varepsilon_r}\left(\dfrac{1}{a} - \dfrac{1}{b}\right)$

【例 1.3.39】 同轴电缆由半径为 a 的长直导线和与它共轴的半径为 b 的导体薄圆筒构成,导线与圆筒间充满介电常数为 ε、磁导率为 μ 的均匀介质,电缆一端接上负载电阻 R,另一端接上电源,使导线与筒间保持一定电位差。当导线与筒间的电场能量密度等于磁场能量密度时,电阻为(　　)。

A. $R = \dfrac{1}{2\pi}\sqrt{\dfrac{\varepsilon\varepsilon_0}{\mu\mu_0}}\ln\dfrac{b}{a}$　　　　B. $R = \dfrac{1}{2\pi}\sqrt{\dfrac{\mu\mu_0}{\varepsilon\varepsilon_0}}\ln\dfrac{b}{a}$

C. $R = \dfrac{1}{2}\sqrt{\dfrac{\mu\mu_0}{\varepsilon\varepsilon_0}}\ln\dfrac{b}{a}$　　　　D. $R = \dfrac{1}{\sqrt{2\pi}}\sqrt{\dfrac{\mu\mu_0}{\varepsilon\varepsilon_0}}\ln\dfrac{b}{a}$

1.3.3 静电能的情景探究题

序号	1	2	3	4	5
应用点	离子晶体	电容传感器	电子隧穿	单电子存贮	核外电子云
题号	1.3.40	1.3.41	1.3.42	1.3.43	1.3.44

1. 离子晶体

【例 1.3.40】 氯化钠晶体是离子晶体,由正离子 Na^+ 和负离子 Cl^- 组成,分别带电 $+e$ 和 $-e$。实际上它不是点电荷,而是近似于一个带电球体,其中 Cl^- 的半径比 Na^+ 大,但可将其近似为电荷集中在球心的点电荷,如图 1.114 所示。在氯化钠晶体中,正、负离子相间地排列成整齐的立方点阵,正、负离子之间的最近距离为 a,晶体中每种离子的总数为 N,则晶体的静电相互作用能为(   )。

A. $\dfrac{0.8738Ne^2}{4\pi\varepsilon_0 a}$ B. $-\dfrac{0.8738Ne^2}{4\pi\varepsilon_0 a}$ C. $-\dfrac{0.344Ne^2}{\varepsilon_0 a}$ D. 0

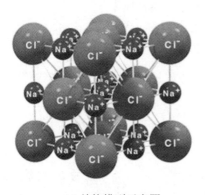
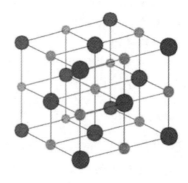

(a) 结构模型示意图   (b) 把离子看成点电荷的示意图

图 1.114 氯化钠晶体示意图

2. 电容传感器

【例 1.3.41】 一平行板空气电容传感器垂直插入介电常数为 ε、密度为 ρ 的油体介质中。如图 1.115 所示,其板面积为 S,间距为 d,维持电容的电压 U 不变,则油体在电容器中上升的高度为(   )。

A. $\dfrac{[b\varepsilon_0 + b_1(\varepsilon - \varepsilon_0)]a}{d}$ B. $\dfrac{(\varepsilon - \varepsilon_0)aU^2}{2d}$ C. 0   D. $\dfrac{(\varepsilon - \varepsilon_0)U^2}{2d^2\rho g}$

3. 电子隧穿

【例 1.3.42】 库仑阻塞是前一个电子对后一个电子的库仑排斥能,它会导致在一个小体系的充放电过程中电子不能集体传输,而是一个一个单电子的传输,通常把该小体系的这种单电子的输运行为称为库仑阻塞效应。图 1.116 为一个电容

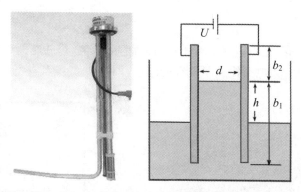

图 1.115 油体在空气电容传感器中上升的高度

器两个极板之间的电子隧穿现象,则隧穿前、后的能量改变的条件为( )。

A. $\dfrac{e\left(Q-\dfrac{e}{2}\right)}{C}$ 大于 0

B. $\dfrac{e\left(Q-\dfrac{e}{2}\right)}{C}$ 不可以小于 0,所以单电子效应在室温下不被观测到

C. $Q>\dfrac{e}{2}$ 或 $U>\dfrac{e}{2C}$,$Q<-\dfrac{e}{2}$ 或 $U<-\dfrac{e}{2C}$,发生隧穿

D. $0<Q<\dfrac{e}{2}$,不发生隧穿

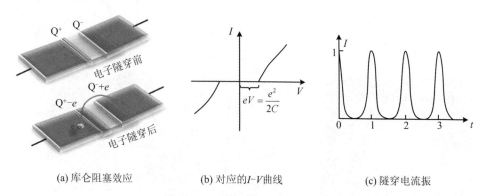

(a) 库仑阻塞效应   (b) 对应的 I-V 曲线   (c) 隧穿电流振

图 1.116 库仑阻塞效应示意图

4. 单电子存贮

【例 1.3.43】 如图 1.117 所示,单电子晶体管一般由五部分组成:库仑岛,隧道势垒,势垒区,栅氧化层,源、漏、栅极。通过控制栅的偏压调节量子点中的静电能,则栅极电容和隧穿电容中储存的能量为( )。

A. $\dfrac{C_0 C_g U_0^2 + Q^2}{2C}$

B. $\dfrac{Q_0^2}{2C_0} + \dfrac{Q_g^2}{2C_g}$

C. 隧穿结的存在不能保证量子点可以储存一定数目的电荷

D. Q_p 随机背景电荷掩盖了储存的能量,即为 0

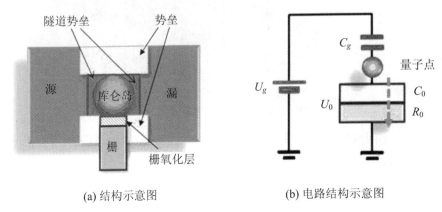

(a) 结构示意图　　　　　　(b) 电路结构示意图

图 1.117　单电子晶体管示意图

5. 核外电子云

【例 1.3.44】 设氢原子处于基态时,核外电子云的电荷分布为 $\rho = -\dfrac{q}{\pi a^3} e^{-\frac{2r}{a}}$,如图 1.118 所示。式中,$q$ 为电子的电荷量,a 为玻尔半径,r 为核心距离,则电子分布的自能为(　　)。

A. $\dfrac{q^2}{4\pi\varepsilon_0 a}$　　　B. $\dfrac{q^2}{8\pi\varepsilon_0 a}$　　　C. $\dfrac{5q^2}{64\pi\varepsilon_0 a}$　　　D. ∞

 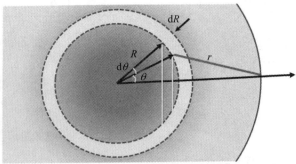

图 1.118　核外电子云

第 2 章 静 磁 部 分

2.1 稳恒磁场的分层进阶探究题

2.1.1 稳恒磁场的趣味思考题

序号	1	2	3	4	5	6	7
知识点	磁荷	基本实验	两个定律	磁感强度	高斯定理	环路定理	洛伦兹力
题号	2.1.1、2.1.2	2.1.3~2.1.5	2.1.6~2.1.10	2.1.11、2.1.12	2.1.13、2.1.14	2.1.15~2.1.18	2.1.19~2.1.28

1. 磁荷

【例 2.1.1】 如图 2.1 所示,地磁场的主要分量是从南到北的,还是从北到南的?

【例 2.1.2】 如图 2.2 所示,磁单极子是什么?为什么要研究它?

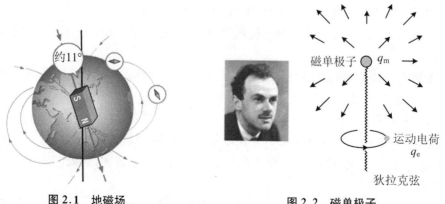

图 2.1 地磁场　　图 2.2 磁单极子

2. 基本实验

【例 2.1.3】 试讲述奥斯特(Oersted)实验的内容,实验发现了什么?意义何在?横向力对毕-萨-拉(Biot-Savart-Laplace)定律、安培(Ampere)定律的建立起何作用?

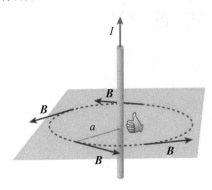

图 2.3 Biot-Savart 实验

【例 2.1.4】 如图 2.3 所示,毕-萨(Biot-Savart)实验得出了什么结论?弯折载流导线对磁极作用力的实验巧妙在哪?如何从特殊实验的结果中得出普遍规律?

【例 2.1.5】 安培的四个示零实验得出了什么结论?

3. 两个定律

【例 2.1.6】 毕-萨-拉定律的建立,包括实验工作和理论分析,从中可以得到什么启示?

【例 2.1.7】 为了得出安培试图寻找的定量规律,需要克服什么困难?

【例 2.1.8】 试述毕-萨-拉定律、安培定律的成立条件。为什么两者的成立条件明显不同?

【例 2.1.9】 如图 2.4 所示,取直角坐标系 $O\text{-}xyz$,电流元 $I_1 d l_1$ 放在 x 轴上,指向原点 O,电流元 $I_2 d l_2$ 放在原点 O 处,指向 z 轴。试根据安培定律回答,在下列各情形里,电流元 $I_1 d l_1$ 给电流元 $I_2 d l_2$ 的力 $d F_{12}$ 以及电流元 $I_2 d l_2$ 给电流元 $I_1 d l_1$ 的力 $d F_{21}$,大小和方向各有何变化?

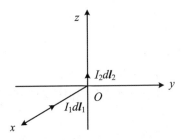

图 2.4 直角坐标系下的电流元

(1) 电流元 $I_2 d l_2$ 在 zx 平面内转过角度 θ;
(2) 电流元 $I_2 d l_2$ 在 yz 平面内转过角度 θ;
(3) 电流元 $I_1 d l_1$ 在 xy 平面内转过角度 θ;(4) 电流元 $I_2 d l_2$ 在 zx 平面内转过角度 θ。

【例 2.1.10】 根据安培定律说明:任意两个闭合载流回路 L_1 和 L_2 间的相互作用力满足牛顿第三定律。

4. 磁感强度

【例 2.1.11】 试探电流元 $I d l$ 在磁场中某处沿直角坐标系的 x 轴方向放置时不受力,把这电流元转到 $+y$ 轴方向时受到的力沿 $-z$ 方向,此处的磁感应强度 B 指向何方?

【例 2.1.12】 如图 2.5 所示,在没有电流的空间区域里,(1) 若磁感应线是平行直线,磁感强度 B 的大小在沿磁感应线和垂直它的方向上是否可能变化(即磁场是否一定是均匀的)?(2)若存在电流,上述结论是否仍正确?

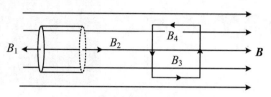

图 2.5 磁感应线是平行直线

5. 高斯(Gauss)定理

【例 2.1.13】 如图 2.5 所示,试说明:在无电流的空间区域里,若磁感应线是平行直线,则磁场一定是均匀的。

【例 2.1.14】 如图 2.6 所示,在磁感应强度为 B 的均匀磁场中,有一半径为 R 的半球面,其磁感强度 B 与半球面轴线的夹角为 α,则通过该半球面的磁通量是多少?

6. 安培环路定理

【例 2.1.15】 根据安培环路定理,沿围绕载流导线一周的环路积分为 $\oint_L \boldsymbol{B} \cdot \mathrm{d}\boldsymbol{l} = \mu_0 I$。现利用圆形电流轴线上一点磁场的公式 $B = \dfrac{\mu_0 R^2 I}{2(R^2 + r_0^2)^{3/2}}$,验算一下沿圆形载流线圈轴线的积分 $\int_{-\infty}^{+\infty} \boldsymbol{B} \cdot \mathrm{d}\boldsymbol{l} = \int_{-\infty}^{+\infty} B \mathrm{d}x = \mu_0 I$。为什么积分虽未绕电流一周,但与闭合环路积分的结果一样?

【例 2.1.16】 如图 2.7 所示,试利用 $B = \mu_0 n I$ 和安培环路定理,说明无限长螺线管外部磁场处处为 0。这个结论成立的近似条件是什么?仅仅"密绕"够不够?

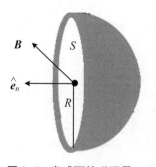

图 2.6 半球面的磁通量

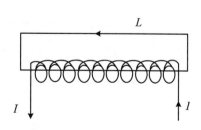

图 2.7 无限长螺线管

【例 2.1.17】 如图 2.8 所示,在一个可视为无穷长密绕的载流螺线管外面环绕一周,环路积分等于多少?

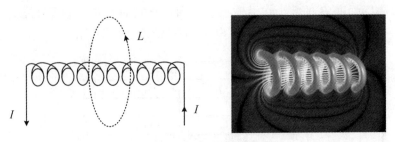

图 2.8 无穷长密绕的载流螺线管

【例 2.1.18】 设有一非均匀磁场呈轴对称分布,磁感应线由左至右逐渐收缩。如图 2.9 所示,将一圆形载流线圈共轴放置其中,线圈的磁矩方向与磁场方向相反。试定性分析此线圈受力的方向。

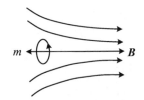

图 2.9 圆形载流线圈共轴放置

7. 洛伦兹(Lorentz)力

【例 2.1.19】 指出图 2.10 各情形中带电粒子受力的方向。

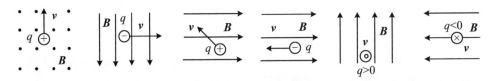

图 2.10 带电粒子受力

【例 2.1.20】 在阴极射线管上平行放置一根载流直导线,电流方向如图 2.11 所示。射线向什么方向偏转?电流反向后情况又如何?

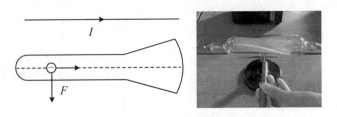

图 2.11 阴极射线管

【例 2.1.21】 如图 2.12 所示,两个电子同时由电子枪射出,它们的初速度与匀磁场垂直,速率分别是 v 和 $2v$。经磁场偏转后,哪个电子先回到出发点?

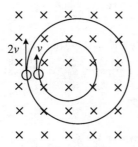

图 2.12 两个电子同时由电子枪射出

【例 2.1.22】 如图 2.13 所示,云室是借助于过饱和水蒸气在离子上凝结,来显示通过它的带电粒子径迹的装置。右图是一张云室中拍摄的照片,云室中加了垂直纸面向里的磁场,左图中 a、b、c、d、e 是从 O 出发的一些正电子或负电子的径迹。

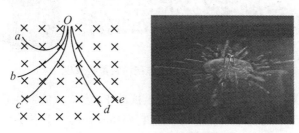

图 2.13 一张云室中拍摄的照片

(1) 哪些径迹属于正电子的?哪些属于负电子的?
(2) a、b、c 三条径迹中哪个粒子的能量(速率)最大?哪个最小?

【例 2.1.23】 图 2.14 是磁流体发电机的示意图。将气体加热很高的温度(譬如 2500 K 以上)使之电离(这样一种高度电离的气体叫作等离子体),并让它通过平行板电极 1、2 之间,在这里有一垂直于纸面向里的磁场 B。试说明:这时两电极间会产生一个大小为 vBd 的电压(v 为气体流速,d 为电极间距),并指出哪个电极是正极。

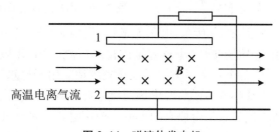

图 2.14 磁流体发电机

【例 2.1.24】 如图 2.15 所示,试定性说明:磁镜两端对做回旋运动的带电粒子起反射作用。

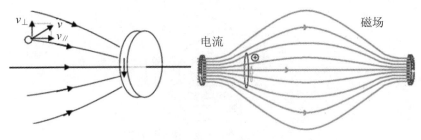

图 2.15 磁镜

【例 2.1.25】 解释等离子体电流的箍缩效应,即等离子柱中通以电流时,它会受到自身电流的磁场作用而向轴心收缩的现象,如图 2.16 所示。

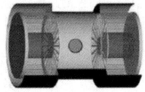

图 2.16 等离子体电流的箍缩效应

【例 2.1.26】 如图 2.17 所示,在电子仪器中,为了减弱与电源相连的双绞导线(Twisted Pair,TP)的磁场,通常总是把它们扭在一起。为什么?

【例 2.1.27】 如图 2.18 所示,把一根柔软导线接在 a、b 两个接线柱上,通入电流后,柔软导线的形状将有什么变化?

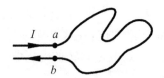

图 2.17 双绞导线　　　　图 2.18 两端通入电流的柔软导线

【例 2.1.28】 如图 2.19 所示,电磁流量计(简称 EMF)是一种场效应型传感器,已有 50 多年的应用历史,在全球范围内得到广泛应用,领域涉及水/污水、化工、医药、造纸、食品等各个行业。大口径仪表较多地应用于排水工程,中小口径仪表常用于固液双相等难测流体或高要求场所,小口径、微小口径仪表常用于医药工业、食品工业、生物工程等有卫生要求的场所。使用电磁流量计的前提是被测液体必须是导电的,试分析其工作原理。

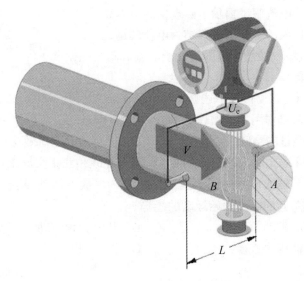

图 2.19 电磁流量计示意图

2.1.2 稳恒磁场的分层进阶题

2.1.2.1 概念测试题

序号	1	2	3	4	5	6
知识点	磁现象与基本实验	磁感强度	两个定律	高斯定理	环路定理	洛伦兹力
题号	2.1.29~2.1.31	2.1.32、2.1.33	2.1.34~2.1.37	2.1.38、2.1.39	2.1.40~2.1.42	2.1.43~2.1.46

1. 磁现象与基本实验

【例 2.1.29】 奥斯特实验证明了(　　)。
A. 磁极之间的相互作用规律　　B. 地球是一个巨大的磁体
C. 电流周围存在着磁场　　　　D. 电流周围存在着磁感应线

【例 2.1.30】 以下哪个情况比较正确地反映了奥斯特实验?(　　)
A. 电流由南向北时,其下方的小磁针 N 极偏向东边
B. 电流由东向西时,其下方的小磁针 N 极偏向南边
C. 电流由南向北时,其下方的小磁针 N 极偏向西边
D. 电流由西向东时,其下方的小磁针 N 极偏向北边

【例 2.1.31】 关于磁现象的电本质,下列说法错误的是(　　)。
A. 磁体随温度升高磁性增强

B. 安培分子电流假说揭示了磁现象的电本质
C. 所有磁现象的本质都可归结为电荷的运动
D. 一根软铁不显磁性,是因为分子电流取向杂乱无章

2. 磁感强度

【例 2.1.32】 磁场可用下述哪一种说法来定义?(   )
A. 只给电荷以作用力的物理量   B. 只给运动电荷以作用力的物理量
C. 贮存有能量的空间   D. 能对运动电荷做功的物理量

【例 2.1.33】 如图 2.20 所示,两根载流直导线相互正交放置,I_1 沿 y 轴的正方向流动,I_2 沿 z 轴的负方向流动。若载流 I_1 的导线不能动,载流 I_2 的导线可以自由运动,则载流 I_2 的导线开始运动的趋势是(   )。
A. 沿 x 方向平动   B. 以 x 为轴转动
C. 以 y 为轴转动   D. 无法判断

3. 两个定律

【例 2.1.34】 如图 2.21 所示,在电流元 Idl 激发的磁场中,若在距离电流元为 r 处的磁感应强度为 $d\boldsymbol{B}$,则下列叙述正确的是(   )。
A. $d\boldsymbol{B}$ 的方向与 $d\boldsymbol{r}$ 的方向相同   B. $d\boldsymbol{B}$ 的方向与 $Id\boldsymbol{l}$ 的方向相同
C. $d\boldsymbol{B}$ 的方向垂直于 $Id\boldsymbol{l}$ 与 $\boldsymbol{r}$ 组成的平面   D. $d\boldsymbol{B}$ 的方向为 $-\boldsymbol{r}$ 的方向

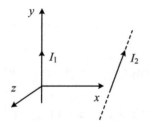

图 2.20 两根载流直导线相互正交放置   图 2.21 电流元 Idl 激发的磁场

【例 2.1.35】 根据安培假设的思想,认为磁场是由于运动电荷产生的,该思想若对地磁场适用,则目前在地球上并没有发现相对地球定向移动的电荷,由此可断定地球应(   )。
A. 带负电   B. 带正电   C. 不带电   D. 无法确定

【例 2.1.36】 若一平面载流线圈在磁场中既不受力,也不受力矩作用,这说明(   )。
A. 该磁场一定均匀,且线圈的磁矩方向一定与磁场方向平行
B. 该磁场一定不均匀,且线圈的磁矩方向一定与磁场方向平行
C. 该磁场一定均匀,且线圈的磁矩方向一定与磁场方向垂直
D. 该磁场一定不均匀,且线圈的磁矩方向一定与磁场方向垂直

【例 2.1.37】 把轻的正方形线圈用细线挂在载流直导线 AB 的附近,两者在

同一平面内,直导线 AB 固定,线圈可以转动,当正方形线圈通如图 2.22 所示的电流时,线圈将( )。

A. 不动
B. 发生转动,同时靠近导线 AB
C. 发生转动,同时离开导线 AB
D. 靠近导线 AB
E. 离开导线 AB

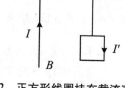

图 2.22　正方形线圈挂在载流直导线附近

4. 高斯定理

【例 2.1.38】 两圆环 A、B 同心放置且半径 $R_A > R_B$,将一条形磁铁置于两环圆心处,且与圆环平面垂直,如图 2.23 所示,则穿过 A、B 两圆环的磁通量的大小关系为( )。

A. $\Phi_A > \Phi_B$　　B. $\Phi_A = \Phi_B$　　C. $\Phi_A < \Phi_B$　　D. 无法确定

【例 2.1.39】 如图 2.24 所示,通有恒定电流的导线 MN 与闭合金属框共面,第一次将金属框由Ⅰ平移到Ⅱ,第二次将金属框绕 cd 边翻转到Ⅱ,设先后两次通过金属框的磁通量变化分别为 Φ_1 和 Φ_2,则( )。

A. $\Phi_1 > \Phi_2$　　B. $\Phi_1 = \Phi_2$　　C. $\Phi_1 < \Phi_2$　　D. 不能判断

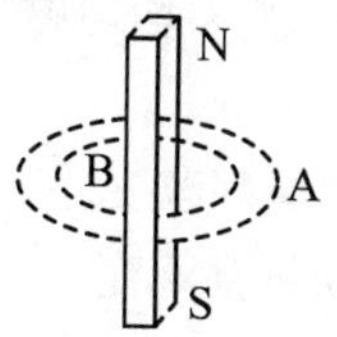

图 2.23　条形磁铁置于两环圆心处

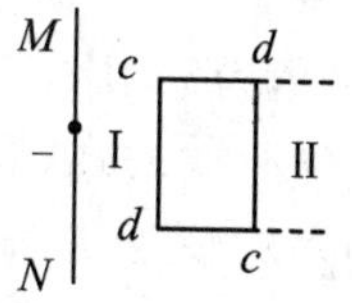

图 2.24　通有恒定电流的导线 MN 与闭合金属框共面

【例 2.1.40】 在无限长载流直导线附近有一球面,当球面向长直导线靠近时,球面上各点的磁感应强度 **B** 和球面的磁通量 Φ( )。

A. Φ 增大,**B** 增大
B. Φ 不变,**B** 不变
C. Φ 增大,**B** 不变
D. Φ 不变,**B** 增大

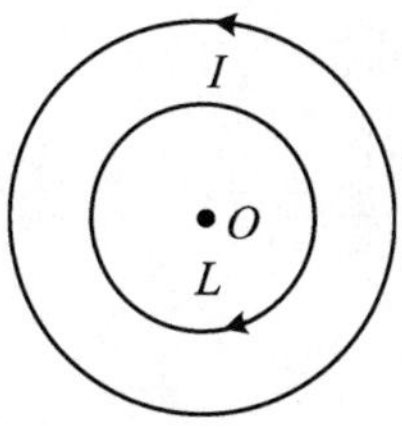

5. 安培环路定理

【例 2.1.41】 如图 2.25 所示,在一圆形电流 I 所在平面内,选取一个同心圆形闭合回路 L,由安培环路定理可知( )。

A. $\oint_L \boldsymbol{B} \cdot \mathrm{d}\boldsymbol{l} = 0$,且环路上任意点 $\boldsymbol{B} \neq 0$

B. $\oint_L \boldsymbol{B} \cdot \mathrm{d}\boldsymbol{l} = 0$,且环路上任意点 $\boldsymbol{B} = 0$

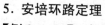

图 2.25　圆形电流 I

C. $\oint_L \boldsymbol{B} \cdot \mathrm{d}\boldsymbol{l} \neq 0$,且环路上任意点 $\boldsymbol{B} \neq 0$

D. $\oint_L \boldsymbol{B} \cdot \mathrm{d}\boldsymbol{l} \neq 0$,且环路上任意点 $\boldsymbol{B} = 0$

【例 2.1.42】 三个电流强度不同的电流 I_1、I_2 和 I_3 均穿过闭合环路 L 所包围的面,当三个电流中任意两个在环路内的位置互换,环路不变,则安培环路定理的表达式中(　　)。

A. $\boldsymbol{B}$ 变化,$\sum_S I_i$ 不变　　B. $\boldsymbol{B}$ 变化,$\sum_S I_i$ 变化

C. $\boldsymbol{B}$ 不变,$\sum_S I_i$ 变化　　D. $\boldsymbol{B}$ 不变,$\sum_S I_i$ 不变

6. 洛伦兹力

【例 2.1.43】 一电荷量为 q 的粒子在均匀磁场中运动,下列哪种说法是正确的?(　　)

A. 只要速度大小相同,粒子所受的洛伦兹力就相同

B. 在速度不变的前提下,若电荷 q 变为 $-q$,则粒子受力反向,数值不变

C. 粒子进入磁场后,其动能和动量都不变

D. 洛伦兹力与速度方向垂直,所以带电粒子运动的轨迹必定是圆

【例 2.1.44】 一运动电荷 q,质量为 m,以初速 v_0 进入均匀磁场中,若 v_0 与磁场的方向夹角为 α,则(　　)。

A. 其动能改变,动量不变　　B. 其动能和动量都改变

C. 其动能不变,动量改变　　D. 其动能和动量都不变

【例 2.4.45】 α 粒子与质子以同一速率垂直于磁场方向入射到均匀磁场中,它们各自做圆周运动的半径比 R_α/R_P 和周期比 T_α/T_P 分别为(　　)。

A. 1 和 2　　B. 1 和 1　　C. 2 和 2　　D. 2 和 1

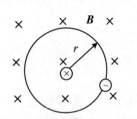

图 2.26 玻尔的氢原子放入均匀的外磁场

【例 2.1.46】 根据玻尔的氢原子理论,电子在以质子为中心、半径为 r 的圆形轨道上运动,如果把这样一个原子放入均匀的外磁场中,使电子轨道平面与 $\boldsymbol{B}$ 垂直,如图 2.26 所示,在 r 不变的情况下,电子轨道运动的角速度将(　　)。

A. 增加　　B. 减小

C. 不变　　D. 改变方向

2.1.2.2 定性测试题

序号	1	2	3	4	5	6
知识点	磁现象与基本实验	磁感强度	两个定律	高斯定理	环路定理	洛伦兹力
题号	2.1.47	2.1.48	2.1.49~2.1.54	2.1.55~2.1.57	2.1.58~2.1.62	2.1.63、2.1.64

1. 磁现象与基本实验

【**例 2.1.47**】 在真空中,电流元 $I_1 dl_1$ 与电流元 $I_2 dl_2$ 之间的相互作用是怎样进行的?(　　)

A. $I_1 dl_1$ 与 $I_2 dl_2$ 直接进行作用,且服从牛顿第三定律

B. 由 $I_1 dl_1$ 产生的磁场与 $I_2 dl_2$ 产生的磁场之间相互作用,且服从牛顿第三定律

C. 由 $I_1 dl_1$ 产生的磁场与 $I_2 dl_2$ 产生的磁场之间相互作用,但不服从牛顿第三定律

D. 由 $I_1 dl_1$ 产生的磁场与 $I_2 dl_2$ 进行作用,或由 $I_2 dl_2$ 产生的磁场与 $I_1 dl_1$ 进行作用,且不服从牛顿第三定律

2. 磁感强度

【**例 2.1.48**】 下列结论正确的是(　　)。

A. 一个点电荷在它的周围空间中任一点产生的电场强度均不为 0,一个电流元在它的周围空间中任一点产生的磁感应强度也均不为 0

B. 用安培环路定理可以求出一段有限长的直导线电流周围的磁场

C. B 的方向是运动电荷所受磁力最大的方向(或试探载流线圈所受力矩最大的方向)

D. 以上结论均不正确

3. 两个定律

【**例 2.1.49**】 如图 2.27 所示,导线框 $abcd$ 置于均匀磁场中(B 的方向竖直向上),线框可绕 AB 轴转动(导线是均匀的)。导线通电时,线框转过 α 角后,达到稳定平衡,若导线改用密度为原来 1/2 的材料制作,欲保持原来的稳定平衡位置(即 α 不变),可采用的办法是(　　)。

A. 将磁场 B 减为原来的 1/2 或线

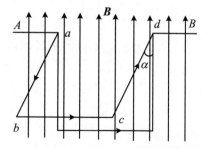

图 2.27　导线框 $abcd$ 置于均匀磁场中

框中的电流强度减为原来的 1/2

　　B. 将直导线的 bc 部分长度减为原来的 1/2

　　C. 将直导线的 ab 和 cd 部分长度减为原来的 1/2

　　D. 将磁场 B 减少 1/4,线框中电流强度减少 1/4

【例 2.1.50】 如图 2.28 所示,在匀强磁场中,有两个平面线圈,其面积 $A_1 = 2A_2$,通有电流 $I_1 = 2I_2$,它们所受的最大磁力矩之比 M_1/M_2 等于( )。

　　A. 1　　B. 2　　C. 4　　D. 1/4

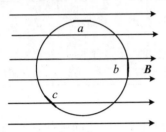

图 2.28　匀强磁场中的两个平面线圈

【例 2.1.51】 有一个由 N 匝细导线绕成的平面正三角形线圈,边长为 a,通有电流 I,置于均匀外磁场 B 中,当线圈平面的法向与外磁场同向时,该线圈所受的磁力矩 M 的值为( )。

　　A. $\dfrac{\sqrt{3}Na^2 IB}{2}$　　B. $\dfrac{\sqrt{3}Na^2 IB}{4}$　　C. $\sqrt{3}Na^2 IB\sin 60°$　　D. 0

【例 2.1.52】 一平面载流线圈置于均匀磁场中,下列说法正确的是( )。

　　A. 只有正方形的平面载流线圈,外磁场的合力才为 0

　　B. 只有圆形的平面载流线圈,外磁场的合力才为 0

　　C. 任意形状的平面载流线圈,外磁场的合力和力矩一定为 0

　　D. 任意形状的平面载流线圈,外磁场的合力一定为 0,但力矩不一定为 0

【例 2.1.53】 图 2.29 为测定水平方向匀强磁场的磁感应强度 B(方向见图)的实验装置。位于竖直面内且横边水平的矩形线框是一个多匝的线圈。线框挂在天平右盘下,线框的下端横边位于待测磁场中。线框没有通电时,将天平调节平衡;通电后,由于磁场对线框的作用力而破坏了天平的平衡,须在天平左盘中加砝码 m 才能使天平重新平衡。若待测磁场的磁感应强度增为原来的 3 倍,而通过线圈的电流减为原来的 1/2,磁场和电流方向保持不变,则要使天平重新平衡,其左盘中加的砝码质量应为( )。

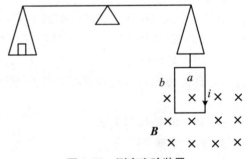

图 2.29　测定实验装置

　　A. $6m$　　B. $3m/2$　　C. $2m/3$　　D. $m/6$　　E. $9m/2$

【例 2.1.54】 如图 2.30 所示,把轻的导线圈用线挂在磁铁 N 极附近,磁铁的轴线穿过线圈中心,且与线圈在同一平面内。当线圈内通以如图所示方向的电流时,线圈将( )。

A. 不动
B. 发生转动,同时靠近磁铁
C. 发生转动,同时离开磁铁
D. 不发生转动,只靠近磁铁
E. 不发生转动,只离开磁铁

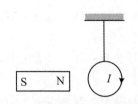

图 2.30 磁铁的轴线穿过线圈中心

4. 高斯定理

【例 2.1.55】 图 2.31 为载流铁芯螺线管,其中哪个图画得正确?(即电源的正负极、铁芯的磁性、磁力线方向相互不矛盾)(　　)

  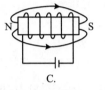 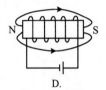
A.　　　　　　B.　　　　　　C.　　　　　　D.

图 2.31 载流铁芯螺线管

【例 2.1.56】 在一平面内,有两条垂直交叉但相互绝缘的导线,流过每条导线的电流 i 的大小相等,其方向如图 2.32 所示,问哪些区域中某些点的磁感应强度 B 可能为 0?(　　)

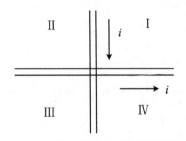

图 2.32 两条垂直交叉但相互绝缘的导线

A. 仅在象限 Ⅰ
B. 仅在象限 Ⅱ
C. 仅在象限 Ⅰ,Ⅲ
D. 仅在象限 Ⅰ,Ⅳ
E. 仅在象限 Ⅱ,Ⅳ

【例 2.1.57】 一个半径为 R、载流为 I 的圆弧,所对应的圆心角为 $\dfrac{\pi}{3}$,则它在圆心产生的磁场的磁感应强度大小为(　　)。

A. $\dfrac{\mu_0 I}{12R}$　　B. $\dfrac{\mu_0 I}{2R}$　　C. $\dfrac{\mu_0 I}{6R}$　　D. $\dfrac{\mu_0 I}{9R}$

5. 环路定理

【例 2.1.58】 在图 2.33(a)、(b)中各有两个半径相同的圆形回路 L_1 和 L_2,圆周内有电流 I_1 和 I_2,其分布相同,且均在真空中,但在图 2.33(b)中 L_2 回路外有电流 I_3,P_2、P_1 为两圆形回路上的对应点,则(　　)。

A. $\oint_{L_1} \boldsymbol{B} \cdot \mathrm{d}\boldsymbol{l} = \oint_{L_2} \boldsymbol{B} \cdot \mathrm{d}\boldsymbol{l}, B_{P_1} = B_{P_2}$

B. $\oint_{L_1} \boldsymbol{B} \cdot \mathrm{d}\boldsymbol{l} \neq \oint_{L_2} \boldsymbol{B} \cdot \mathrm{d}\boldsymbol{l}, B_{P_1} \neq B_{P_2}$

C. $\oint_{L_1} \boldsymbol{B} \cdot \mathrm{d}\boldsymbol{l} = \oint_{L_2} \boldsymbol{B} \cdot \mathrm{d}\boldsymbol{l}, B_{P_1} \neq B_{P_2}$

D. $\oint_{L_1} \boldsymbol{B} \cdot \mathrm{d}\boldsymbol{l} \neq \oint_{L_2} \boldsymbol{B} \cdot \mathrm{d}\boldsymbol{l}, B_{P_1} = B_{P_2}$

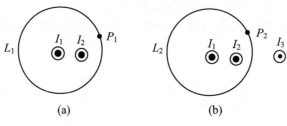

图 2.33　半径相同的圆形回路

【例 2.1.59】　内、外半径分别为 R_1 和 R_2 的空心无限长圆柱形导体，若通有电流 I 且其在导体的横截面上均匀分布，则对于空间各处 B 大小与场点到圆柱中心轴线的距离 r 的关系，在图 2.34 所示的定性分析中正确的是(　　)。

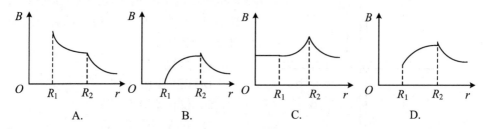

图 2.34　B 与 r 的定性分析关系图

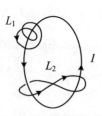

图 2.35　两闭合线圈 L_1 和 L_2 环绕稳恒电流

【例 2.1.60】　如图 2.35 所示，两闭合线圈 L_1 和 L_2 环绕稳恒电流 I，则环流量 $F_1 = \oint_{L_1} \boldsymbol{B} \cdot \mathrm{d}\boldsymbol{l}$，$F_2 = \oint_{L_2} \boldsymbol{B} \cdot \mathrm{d}\boldsymbol{l}$ 的值分别为(　　)。

A. $-2\mu_0 I, -2\mu_0 I$　　　　B. $-2\mu_0 I, 0$

C. $2\mu_0 I, 2\mu_0 I$　　　　　D. $0, -2\mu_0 I$

【例 2.1.61】　如图 2.36 所示，真空中两个直流电路中的稳恒电流分别为 I_1 和 I_2，则沿闭合回路 L 的磁感应强度 B 的环流为(　　)。

A. $\mu_0(I_1 + I_2)$　　　　　B. $\mu_0(I_1 - I_2)$

C. $-\mu_0(I_1 + I_2)$　　　　D. $\mu_0(I_2 - I_1)$

【例2.1.62】 将一长为 l 的导线弯曲成一个等边三角形,如图 2.37 所示,通过这个线圈的电流为 I,若将这个线圈放在磁感应强度为 B 的均匀磁场中,且线圈法线与 B 方向相反,则此时线圈所受的磁力矩为( )。

A. BIl B. 最大 C. 0 D. $\dfrac{\sqrt{5}BIl^2}{36}$

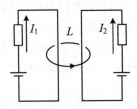

图 2.36 两个直流电路中的稳恒电流

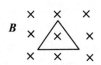

图 2.37 等边三角形

6. 洛伦兹力

【例2.1.63】 一电子在水平面内绕一质子做半径为 R、角速度为 ω 的圆周运动,该处有一水平的匀强磁场 B,则该电荷系统受到的磁力矩为( )。

A. $M = \dfrac{\omega q R^2 B}{4}$ B. $M = \dfrac{\omega q R^2 B}{2}$

C. $M = \dfrac{\omega q R^2 B}{3}$ D. $M = \dfrac{2\omega q R^2 B}{3}$

【例2.1.64】 一电荷量为 q 的粒子在均匀磁场中运动,下列哪种说法是正确的?( )

A. 只要速度大小相同,粒子所受的洛伦兹力就相同

B. 在速度不变的前提下,若电荷 q 变为 $-q$,则粒子受力反向,数值不变

C. 粒子进入磁场后,其动能和动量不变

D. 洛伦兹力与速度方向垂直,所以带电粒子运动的轨迹必定是圆

2.1.2.3 快速测试题

序号	1	2	3	4	5	6
知识点	磁现象与基本实验	磁感强度	两个定律	高斯定理	环路定理	洛伦兹力
题号	2.1.65、2.1.66	2.1.67~2.1.69	2.1.70~2.1.72	2.1.73、2.1.74	2.1.75、2.1.76	2.1.77~2.1.79

1. 磁现象与基本实验

【例2.1.65】 如图 2.38 所示,电流从 A 点分两路通过对称的环形支路汇合

于 B 点,且两支路中的电流相等,则环形支路中心 O 点的磁场方向是( )。

A. 垂直于环形支路所在平面并指向纸内

B. 垂直于环形支路所在平面并指向纸外

C. 沿着环形支路平面指向 A 点

D. 恰好没有磁场

【例 2.1.66】 如图 2.39 所示,两平行长直导线中通以方向相反的电流,导线把空间分成甲、乙、丙三个区域,则没有磁场的点可能在( )。

A. 只有出现在乙区域
B. 可能同时出现在甲和丙区域

C. 只能出现在甲、丙中的一个区域
D. 三个区域都不可能出现

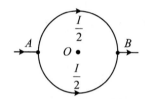

图 2.38 环形支路

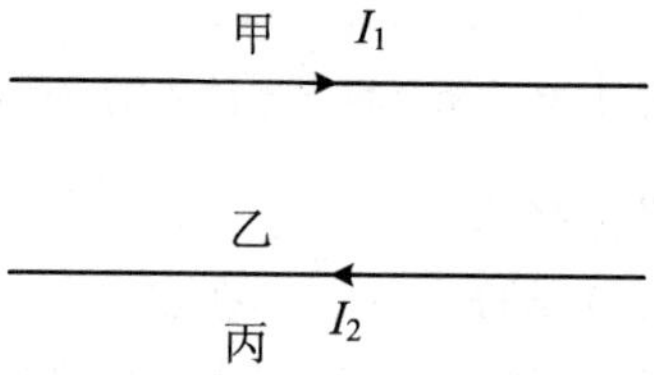

图 2.39 两平行长直导线中通以方向相反的电流

2. 磁感应强度

【例 2.1.67】 关于磁感应强度的定义式 $B = \dfrac{F}{Il}$,下列说法正确的是( )。

A. 磁感应强度与导线所受磁场力成正比

B. 磁感应强度与导线中的电流及导线的长度的乘积成反比

C. 同一小段通电导线放在甲处所受磁场力较大时,甲处磁感应强度就较大

D. 以上说法都不正确

【例 2.1.68】 有一个圆形回路 1 及一个正方形回路 2,圆直径和正方形的边长相等,两者通有大小相等的电流,它们在各自中心产生的磁感应强度的大小之比 B_1/B_2 为( )。

A. 0.90 B. 1.00 C. 1.11 D. 1.22

【例 2.1.69】 若要使半径为 4×10^{-3} m 的裸铜线表面的磁感应强度为 7.0×10^{-5} T,若 $\mu_0 = 4\pi \times 10^{-7}$ T·m·A^{-1},则铜线中需要通过的电流为( )。

A. 0.14 A B. 1.4 A C. 14 A D. 2.8 A

3. 两个定律

【例 2.1.70】 如图 2.40 所示,一个电流元 $i\mathrm{d}l$ 位于直角坐标系原点,电流沿 z 轴方向,空间点 $P(x,y,z)$ 的磁感应强度沿 x 轴的分量是( )。

A. 0

B. $-\dfrac{\mu_0 iy\mathrm{d}l}{4\pi(x^2+y^2+z^2)^{3/2}}$

C. $-\dfrac{\mu_0 ix\mathrm{d}l}{4\pi(x^2+y^2+z^2)^{3/2}}$

D. $-\dfrac{\mu_0 iy\mathrm{d}l}{4\pi(x^2+y^2+z^2)}$

【例 2.1.71】 如图 2.41 所示,电流由长直导线 1 沿 ab 边方向经 a 点流入一电阻均匀分布的正方形框,再由 c 点沿 dc 方向流出,经长直导线 2 返回电源。设载流导线 1,2 和正方形框在框中心 O 点产生的磁感应强度分别用 B_1、B_2 和 B_3 表示,则 O 点的磁感应强度大小为(   )。

A. $B = 0$,因为 $B_1 = B_2 = B_3 = 0$
B. $B = 0$,因为虽然 $B_1 \neq 0$,$B_2 \neq 0$,但 $B_1 + B_2 = 0$,$B_3 = 0$
C. $B \neq 0$,因为虽然 $B_1 + B_2 = 0$,但 $B_3 \neq 0$
D. $B \neq 0$,因为虽然 $B_3 = 0$,但 $B_1 + B_2 \neq 0$

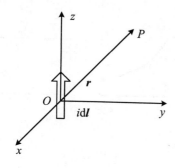

图 2.40 电流元

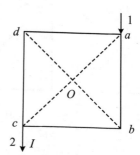

图 2.41 正方形框

【例 2.1.72】 如图 2.42 所示,一无限长通电流的扁平铜片,宽度为 a,厚度不计,电流 I 在铜片上均匀分布,在铜片外与铜片共面,离铜片右边缘为 b 处 P 点的磁感应强度 B 的大小为(   )。

A. $\dfrac{\mu_0 I}{2\pi(a+b)}$　　B. $\dfrac{\mu_0 I}{2\pi a}\ln\dfrac{a+b}{b}$　　C. $\dfrac{\mu_0 I}{2\pi b}\ln\dfrac{a+b}{a}$　　D. $\dfrac{\mu_0 I}{2\pi(12a+b)}$

4. 高斯定理

【例 2.1.73】 如图 2.43 所示,在磁感应强度为 B 的均匀磁场中作一半径为 r 的半球面 S,S 边线所在平面的法线方向单位矢量 $\hat{e}_n$ 和 B 的夹角为 α,则通过半球面 S 的磁通量为(   )。

A. $\pi r^2 B$　　B. $2\pi r^2 B$　　C. $-\pi r^2 B\sin\alpha$　　D. $-\pi r^2 B\cos\alpha$

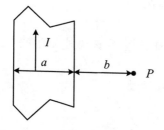

图 2.42 无限长通电流的扁平铜片

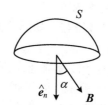

图 2.43 半球面

【例 2.1.74】 如图 2.45 所示,哪一幅曲线图(x 坐标轴垂直于圆线圈平面,原

点在圆线圈中心 O，见图 2.44）能确切描述载流圆线圈在其轴线上任意点所产生的 B 随 x 的变化关系？（　　）

5. 环路定理

【例 2.1.75】 通有电流 I 的无限长直导线有如图 2.46 所示的三种形状，则 P、Q、O 各点磁感强度的大小 B_P、B_Q、B_O 间的关系为（　　）。

A. $B_P > B_Q > B_O$　　　　B. $B_Q > B_P > B_O$
C. $B_Q > B_O > B_P$　　　　D. $B_O > B_Q > B_P$

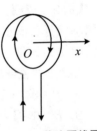

图 2.44　载流圆线圈

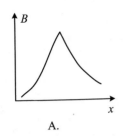
A.
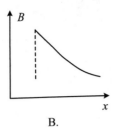
B.
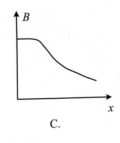
C.
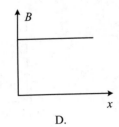
D.

图 2.45　曲线图

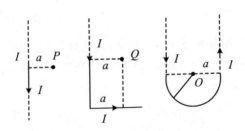

图 2.46　三种形状的无限长直导线

【例 2.1.76】 一载有电流 I 的细导线分别均匀地密绕在半径为 R 和 r 的长直圆筒上，并形成两个螺线管，两螺线管单位长度上的匝数相等。设 $R = 2r$，则两螺线管中磁感强度大小 B_R 和 B_r 应满足（　　）。

A. $B_R = 2B_r$　　　　B. $B_R = B_r$
C. $2B_R = B_r$　　　　D. $B_R = 4B_r$

6. 洛伦兹力

【例 2.1.77】 如图 2.47 所示，带负电的粒子束垂直地射入两磁铁之间的水平磁场，则（　　）。

A. 粒子以原有速度在原来的方向上继续运动

B. 粒子向 N 极移动

C. 粒子向 S 极移动

D. 粒子向上偏转

E. 粒子向下偏转

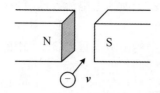

图 2.47　粒子束垂直地射入两磁铁之间的水平磁场

【例 2.1.78】　如图 2.48 所示,在阴极射线管外放置一个蹄形磁铁,则阴极射线将(　　)。

A. 向下偏　　　B. 向上偏　　　C. 向纸外偏　　　D. 向纸内偏

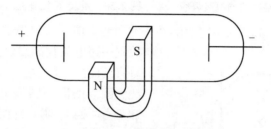

图 2.48　蹄形磁铁与阴极射线

【例 2.1.79】　从电子枪同时发射出两个初速度分别为 v 和 $2v$ 的电子,经垂直磁场偏转后,则(　　)。

A. 速度为 v 的电子先回到出发点　　B. 初速度为 $2v$ 的电子先回到出发点
C. 同时回到出发点　　　　　　　　D. 不能同时回到出发点

2.1.2.4　定量测试题

序号	1	2	3	4	5	6
知识点	磁现象与基本实验	磁感强度	两个定律	高斯定理	环路定理	洛伦兹力
题号	2.1.80~2.1.82	2.1.83~2.1.86	2.1.87~2.1.92	2.1.93~2.1.95	2.1.96~2.1.98	2.1.99

1. 磁现象与基本实验

【例 2.1.80】　如图 2.49 所示,在同一平面内有四根彼此绝缘的通电直导线,四根导线中电流大小的关系为 $I_1 = I_3 > I_2 = I_4$,要使四根导线所围矩形中心处 O 点的磁场增强,电流被切断的应是(　　)。

A. I_1　　　　B. I_2　　　　C. I_3　　　　D. I_4

【例 2.1.81】　如图 2.50 所示,甲、乙两根垂直于纸面放置的长直导线中通以大小相等的电流,两导线旁有一点 P,P 点到甲、乙两导线的距离相等,要使 P 点的磁场方向水平向右,则甲、乙中所通的电流方向应为（　　）。

A. 甲、乙中的电流都向外　　B. 甲、乙中的电流都向里
C. 甲中的电流向外,乙中的电流向里　　D. 甲中的电流向里,乙中的电流向外

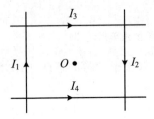

图 2.49　四根彼此绝缘的通电直导线

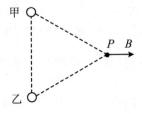

图 2.50　甲、乙两根垂直于纸面放置的长直导线

【例 2.1.82】　如图 2.51 所示,在一方向竖直向上的匀强磁场中,沿水平方向放置一通电长直导线,导线中的电流方向垂直纸面向里,a、b、c、d 分别是以通电导线为圆心的同一圆周上最高、最低、最左和最右的四点,则在这四点中（　　）。

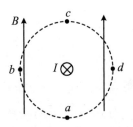

图 2.51　沿水平方向放置一通电长直导线

A. a、c 两点的磁场强弱一定相同
B. a、c 两点的磁场方向一定相同
C. b、d 两点的磁场强弱一定相同
D. b、d 两点的磁场方向一定相同

2. 磁感强度

【例 2.1.83】　如图 2.52 所示,弯成直角的长直导线通有电流 I,则图中 P 点的磁感应强度 B 的大小为（　　）

A. $B = \dfrac{\mu_0 I}{4\pi a}$　　B. $B = \dfrac{\mu_0 I}{2\pi a}$　　C. $B = \dfrac{\mu_0 I}{2a}$　　D. $B = \dfrac{\mu_0 I}{4a}$

【例 2.1.84】　如图 2.53 所示,一无限长弯成 1/4 的圆弧流入与流出的电流 I 方向成直角,则圆心 O 点的磁感应强度大小为（　　）。

A. $B = \dfrac{\mu_0 I}{8\pi a}$　　B. $B = \dfrac{\mu_0 I}{4\pi a}$　　C. $B = \dfrac{\mu_0 I}{8R}$　　D. $B = \dfrac{\mu_0 I}{4R}$

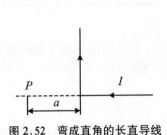

图 2.52　弯成直角的长直导线

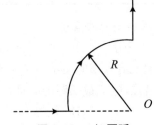

图 2.53　1/4 圆弧

【例 2.1.85】　如图 2.54 所示,由相同导线构成的立方形框架让电流 I 从顶

点 A 流入、B 流出,每边长为 a,则立方形框架的几何中心 O 处磁感应强度 B 大小为(   )。

A. $B = \dfrac{\mu_0 I}{\sqrt{2}\pi a}$ B. $B = 0$ C. $B = \dfrac{\mu_0 I}{\sqrt{2}\,a}$ D. $B = \dfrac{\mu_0 I}{\sqrt{3}\,a}$

【例 2.1.86】 如图 2.55 所示,四条平行的无限长直导线,垂直通过边长为 $a = 20\,\text{cm}$ 的正方形顶点,每条导线中的电流都是 $I = 20\,\text{A}$,这四条导线在正方形中心 O 点产生的磁感应强度 B 大小为(   )。

A. $B = 0\,\text{T}$
B. $B = 0.4 \times 10^{-4}\,\text{T}$
C. $B = 0.4 \times 10^{-4}\,\text{T}$
D. $B = 1.6 \times 10^{-4}\,\text{T}$

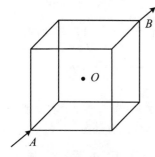

图 2.54　立方形框架

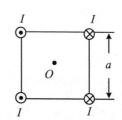

图 2.55　四条平行的无限长直导线

3. 两个定律

【例 2.1.87】 如图 2.56 所示,无限长直载流导线与正三角形载流线圈在同一平面内,若长直导线固定不动,则载流三角形线圈将(   )。

A. 向着长直导线平移　B. 离开长直导线平移　C. 转动　D. 不动

【例 2.1.88】 如图 2.57 所示,有一矩形线圈 $AOCD$,通以如图示方向的电流 I,现将它置于均匀磁场 B 中,B 的方向与 x 轴正方向一致,线圈平面与 x 轴之间的夹角 $\alpha < 90°$。若 AO 边在 Oy 轴上,且线圈可绕 Oy 轴自由转动,则线圈将(   )。

A. 做使 α 角减小的转动　　　　B. 做使 α 角增大的转动
C. 不会发生转动　　　　　　　　D. 如何转动尚不能判定

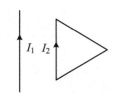

图 2.56　无限长直载流导线与正三角形载流线圈

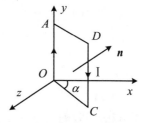

图 2.57　矩形线圈 $AOCD$

【例 2.1.89】 两个同心圆线圈，大圆半径为 R，通有电流 I_1；小圆半径为 r，通有电流 I_2，方向如图 2.58 所示。若 $r \ll R$（大线圈在小线圈处产生的磁场近似为均匀磁场），则它们处在同一平面内时，小线圈所受磁力矩的大小为（　　）。

A. $\dfrac{\mu_0 \pi I_1 I_2 r^2}{2R}$ B. $\dfrac{\mu_0 \pi I_1 I_2 r^2}{2r}$ C. $\dfrac{\mu_0 \pi I_1 I_2 R^2}{2r}$ D. 0

【例 2.1.90】 如图 2.59 所示，无限长直导线在 P 处弯成半径为 R 的圆，当通入电流 I 时，在圆心 O 点的磁感强度大小等于（　　）。

A. $\dfrac{\mu_0 I}{2\pi R}$ B. $\dfrac{\mu_0 I}{4R}\left(1+\dfrac{1}{\pi}\right)$ C. 0 D. $\dfrac{\mu_0 I}{2R}\left(1-\dfrac{1}{\pi}\right)$

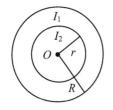

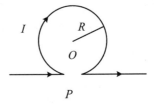

图 2.58　两个同心圆线圈

图 2.59　无限长直导线在 P 处弯成半径为 R 的圆

【例 2.1.91】 在匀强磁场中，有两个平面线圈，其面积 $A_1 = 2A_2$，通入电流 $I_1 = 2I_2$，它们所受的最大磁力矩之比 M_1/M_2 等于（　　）。

A. 1　　B. 2　　C. 4　　D. 1/4

【例 2.1.92】 如图 2.60 所示，无限长直载流导线与一个无限长薄电流板构成闭合回路，电流板宽为 a（导线与板在同一平面），则导线与电流板间单位长度内的作用力大小为（　　）。

A. $\dfrac{\mu_0 I^2}{2\pi^2 a}\ln 2$ B. $\dfrac{\mu_0 I^2}{2\pi a^2}\ln 2$

C. $\dfrac{\mu_0 I^2}{2\pi a}\ln 2$ D. $\dfrac{\mu_0 I^2}{2\pi^2 a^2}\ln 2$

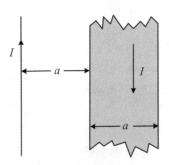

图 2.60　无限长薄电流

4. 高斯定理

【例 2.1.93】 室温下铜导线内自由电子数密度为 $n = 8.5 \times 10^{28}$ 个·m^{-3}，导线中电流密度的大小 $J = 2 \times 10^6$ A·m^{-2}，则电子定向漂移速率为（　　）。

A. 1.5×10^{-4} m·s^{-1}　　B. 1.5×10^{-2} m·s^{-1}

C. 5.4×10^{2} m·s^{-1}　　D. 1.1×10^{5} m·s^{-1}

【例 2.1.94】 均匀磁场的磁感强度垂直于半径为 r 的圆面。现以该圆周为边线，作一半球面 S，则通过 S 面的磁通量的大小为（　　）。

A. $2\pi r^2 B$　　B. $\pi r^2 B$　　C. 0　　D. 无法确定的量

【例 2.1.95】 如图 2.61 所示,载流的圆形线圈(半径 a_1)与正方形线圈(边长 a_2)通有相同电流 I。若两个线圈中心 O_1、O_2 处的磁感强度大小相同,则半径 a_1 与边长 a_2 之比 $a_1 : a_2$ 为( )。

A. $1 : 1$　　B. $2\pi : 1$　　C. $2\pi : 4$　　D. $2\pi : 8$

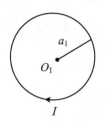
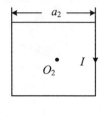

图 2.61　圆形线圈(半径 a_1)与正方形线圈(边长 a_2)

5. 环路定理

【例 2.1.96】 如图 2.62 所示,两根直导线 ab 和 cd 沿半径方向被接到一个截面处处相等的铁环上,稳恒电流 I 从 a 端流入、d 端流出,则磁感强度沿图中闭合路径 L 的积分 $\oint_L \boldsymbol{B} \cdot \mathrm{d}\boldsymbol{l}$ 等于( )。

A. $\mu_0 I$　　　　B. $\mu_0 I/3$
C. $\mu_0 I/4$　　　D. $2\mu_0 I/3$

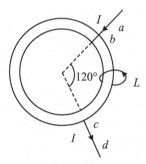

图 2.62　截面处处相等的铁环

【例 2.1.97】 一圆线圈的半径为 R,载有电流 I,置于均匀外磁场中,线圈的面积是 S,线圈的法线方向与 $\boldsymbol{B}$ 方向相同,在不考虑线圈本身所激发的磁场的情况下,线圈所受的合力 F 和力矩 L 大小分别为( )。

A. $F = 0, L = 0$　　　　　B. $F = 0, L = ISB$
C. $F = ISB, L = ISB$　　　D. $F = 0, L = -ISB$

【例 2.1.98】 如图 2.63 所示,在一固定载流大平板附近有一载流小线框,其能自由转动或平动,线框平面与大平板垂直。大平板电流与线框中的电流方向一致,则通电线框运动情况(对着大平板看)是( )。

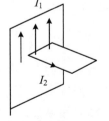

图 2.63　大平板的电流与线框中电流

A. 靠近大平板　　B. 顺时针转动
C. 逆时针转动　　D. 离开大平板向外运动

6. 洛伦兹力

【例 2.1.99】 图 2.64 为四个带电粒子在 O 点沿相同方向垂直于磁力线射入均匀磁场后的偏转轨迹。

磁场方向垂直纸面向外,轨迹所对应的四个粒子的质量相等,电量大小也相等,则其中动能最大的带负电的粒子的轨迹是(　　)。

A. Oa　　　B. Ob　　　C. Oc　　　D. Od

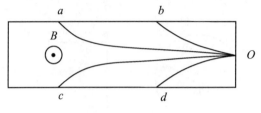

图 2.64　偏转轨迹

2.1.3　稳恒磁场的情景探究题

序号	1	2	3	4	5	6
知识点	地磁场	磁悬浮	基本测量	高斯定理	环路定理	实际应用
题号	2.1.100、2.1.101	2.1.102、2.1.103	2.1.104～2.1.106	2.1.107	2.1.108、2.1.109	2.1.110～2.1.124

1. 磁现象与基本实验

【例 2.1.100】　地球具有磁场,宇宙中的许多天体也有磁场,围绕此话题的下列说法中正确的是(　　)。

A. 地球上的潮汐现象与地磁场有关

B. 太阳表面的黑子、耀斑和太阳风与太阳磁场有关

C. 通过观察月球磁场和月岩磁性推断,月球内部全部是液态物质

D. 对火星观察显示,指南针不能在火星上工作

【例 2.1.101】　在地球赤道上空有一小磁针处于水平静止状态,现突然发现小磁针的 N 极向东偏转,由此可知(　　)。

A. 一定是小磁针正东方向有一条形磁铁的 N 极靠近小磁针

B. 一定是小磁针正东方向有一条形磁铁的 S 极靠近小磁针

C. 可能是小磁针正上方向有电子流自南向北水平通过

D. 可能是小磁针正上方向有电子流自东向西水平通过

2. 磁悬浮

【例 2.1.102】　目前许多国家都在研制磁悬浮列车。我国拥有全部自主知识产权的第一条磁悬浮列车试验线已建成,且实现了 2000 km 无故障运行。一种磁悬浮列车的车厢和铁轨上分别安放着磁体,车厢用的磁体大多是通有强大电流的电磁铁。现有下列说法:① 磁悬浮列车利用了同名磁极互相排斥的性质;② 磁悬浮列车利用了异名磁极互相排斥的性质;③ 磁悬浮列车消除了车体与轨道之间的

摩擦;④ 磁悬浮列车增大了车体与轨道之间的摩擦。其中正确的组合是(　　)。

A. ①和③　　B. ①和④　　C. ②和③　　D. ②和④

【例 2.1.103】 超导磁悬浮列车是利用超导体的抗磁作用使列车车体向上浮起,同时通过周期性地变换磁极方向而获得推进动力的新型交通工具。其推进原理可以简化为如图 2.65 所示的模型,在水平面上相距 L 的两根平行直导轨间,有竖直方向等距离分布的匀强磁场 B_1 和 B_2,且大小 $B_1 = B_2 = B$,每个磁场的宽都是 l,相间排列,所有这些磁场都以速度 v 向右匀速运动。这时跨在两导轨间的长为 L、宽为 l 的金属框 $abcd$(悬浮在导轨上方)在磁场力作用下也将会向右运动。设金属框的总电阻为 R,运动中所受到的阻力恒为 f,则金属框的最大速度可表示为(　　)。

图 2.65　超导磁悬浮列车模型

A. $v_m = fR/(2B^2L^2)$ 　　　　　B. $v_m = fR/(4B^2L^2)$

C. $v_m = (4B^2L^2v - fR)/(4B^2L^2)$ 　　D. $v_m = (2B^2L^2v + fR)/(2B^2L^2)$

3. 基本测量

【例 2.1.104】 如图 2.66 所示,用霍尔法测直流磁场的磁感应强度时,霍尔电压的大小(　　)。

A. 与霍尔材料的性质无关

B. 与外加磁场的磁感应强度的大小成正比

C. 与霍尔片上的工作电流 I_s 的大小成反比

D. 与霍尔片的厚度 d 成正比

图 2.66　霍尔法测直流磁场的磁感应强度

【例2.1.105】 利用霍尔效应测量磁感应强度,使用(　　)消除副效应。
A. 比较法　　　B. 模拟法　　　C. 对称测量法　　　D. 放大法

【例2.1.106】 1991年2月14日20时57分,"风云一号"进入我国上空时,发回的云图突然扭曲、倾斜,甚至杂乱一团。22时35分,卫星再次入境,如图2.67所示,科研人员从遥测数据中发现,"风云一号"姿态已失控,星上计算机原先存入的数据大多发生跳变,用于卫星姿态控制的陀螺和喷气口均已被接通,气瓶中保存的氮气也已损耗殆尽。更为严重的是,到2月15日凌晨7时40分卫星重新入境时,科研人员发现在旋转翻滚状态下,卫星太阳能电池阵只有部分时间对着太阳,如果卫星的电源供应再失去,那"风云一号"就真成"死星"了。

图2.67 "风云一号"

十万火急! 基地和卫星研制部门果断决策,立即起动星上大飞轮。起动大飞轮,实际上是把原作它用的大飞轮当作一个大陀螺,使卫星太阳能电池阵能稳定保持向阳面,从而保证卫星的电源供应,为抢救"风云一号"创造最基本的条件。经过紧急磋商,科研人员决定利用地球巨大的磁场对卫星通电线圈的磁力矩作用,来减缓卫星的翻滚速度,逐步把卫星调整到正常姿态。该方案实施第一天,卫星旋转速度就下降了。

4月29日,"风云一号"翻滚速度降至每分钟旋转一圈。计算机数学模型仿真实验表明,这时卫星已可以"重新捕获地球"了。5月2日,中心通过遥控指令打开了星上所有仪器系统,国家气象中心立刻重新收到了清晰如初的云图。在连续78天里,科研人员每天工作十三四个小时,共对卫星发出指令7000余条,跟踪559圈,终于使卫星起死回生,创造了世界航天史上罕见的奇迹(荣获航天部嘉奖令)。该事件说明(　　)。

A. 当外磁场存在时,载流线圈受磁场力矩的作用,线圈平面法线(即 n 的方向)会转向磁场方向

B. 地球巨大的磁场对卫星通电线圈的磁力矩无作用

C. 地球巨大的磁场对卫星通电线圈的磁力矩有作用

D. 利用地球巨大的磁场对卫星通电线圈的磁力矩作用,来减缓卫星的翻滚速度,逐步把卫星调整到正常姿态

4. 高斯定理

【例2.1.107】 如图2.68所示,在地球北半球的某区域,磁感应强度 B 的大小为 4×10^{-5} T,方向与铅直线成 $60°$ 角,则穿过面积为 $1\,\text{m}^2$ 的水平平面的磁通量为(　　)。

5. 环路定理

【例2.1.108】 载流螺线管内部的磁场 B 正比于电流 I_2,即 $B=\alpha I_2$。某同学

图 2.68　地球北半球的某区域

利用电流天平装置，测量比例常数 α。他将小重物的重量固定为 50 mg。实验时，他将螺线管电流 I_2 作为主变数，电流天平电流 I_1 作为应变数，测得在平衡时，I_1 与 I_2 的关系数据如表 2.1 所示，则比例常数 α（α 的单位为 T·A^{-1}）的数值为多少？（　　）

表 2.1　I_1 与 I_2 的关系数据

I_2(A)	1.0	1.5	2.0	3.0	4.0
I_1(A)	3.9	2.6	2.0	1.3	1.0

A. 1.3×10^{-3} T·A^{-1}　　　　B. 1.5×10^{-2} T·A^{-1}

C. 4.5×10^{-2} T·A^{-1}　　　　D. 2.4×10^{-1} T·A^{-1}

E. 8.5×10^{-1} T·A^{-1}

【例 2.1.109】　如图 2.69 所示，电流天平的主要装置包括螺线管、电流天平（U 形电路）、直流电源供应器、滑线变阻器及安培计等。令螺线管所载电流为 I_2，U 形电路上的电流为 I_1，U 形电路的宽度 $L=10.0$ cm，天平前端所挂的小重物为 mg。下列有关电流天平的叙述错误的是（　　）。

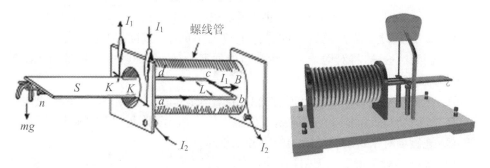

图 2.69　电流天平的构造示意图

A. 常用的电流天平是一种等臂天平
B. 利用电流天平可测量小重物的重量
C. 平衡时 U 形电路所受的磁力等于小重物的重量
D. U 形电路上的电流所受的总磁力正比于 U 形电路的总长度
E. 天平前端(挂小重物端)若一直垂下,天平无法达到平衡时,则改变 I_1 或 I_2 的电流方向可解决问题

6. 实际应用

【例 2.1.110】 如图 2.70 所示,x 为未知放射源,将强磁场移开,计数器的计数率不变,然后将薄铝片 L 移开,则计数率大幅度上升,这些现象说明 x 是（　　）。

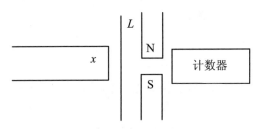

图 2.70　放射源计数器

A. 纯 β 粒子放射源　　　　　　B. 纯 γ 粒子放射源
C. α 粒子和 β 粒子混合放射源　D. α 粒子和 γ 粒子混合放射源

【例 2.1.111】 极光是由来自宇宙空间的高能带电粒子流入地极附近的大气层后,由于地磁场的作用而产生的。科学家发现并证实,这些高能带电粒子流向两极做螺旋运动,旋转半径不断减小,如图 2.71 所示。此运动形成的原因是（　　）。

图 2.71　极光

A. 可能是洛伦兹力对粒子做负功,使其动能减小
B. 可能是介质阻力对粒子做负功,使其动能减小
C. 可能是粒子的带电量减小
D. 南北两极的磁感应强度较强

【例 2.1.112】 从太阳或其他星体上放射出的宇宙射线中含有高能带电粒子,若它们到达地球,将对地球上的生命造成危害。对于地磁场宇宙射线有无阻挡作用的说法中,下列正确的是（　　）。

A. 地磁场对直射地球的宇宙射线的阻挡作用在南北两极最强,赤道附近最弱
B. 地磁场对直射地球的宇宙射线的阻挡作用在赤道附近最强,两极地区最弱
C. 地磁场对宇宙射线的阻挡作用各处相同
D. 地磁场对宇宙射线无阻挡作用

【例 2.1.113】 2005 年 9 月 25 日傍晚,中国南方航空公司一架航班在飞往青

岛途中,飞行员猛然发现在飞机正前方的夜空中,如图 2.72 左图所示,出现了一个蚊香状的奇异的发光体,正以一种内螺旋轨迹飞行!奇怪的是,在空管部门的雷达上这个物体没有丝毫显示!就在这个夜晚,我国的辽宁、吉林、黑龙江、内蒙古等多个地区,都有人目击了同一不明飞行物。

1981 年,我国西南竟然发生过一次与"9.25"事件几乎完全相同的 UFO 目击事件。一种螺旋状的 UFO,在我国反复出现(图 2.72)。该现象说明( )。

图 2.72　一种螺旋状的 UFO

A. 该现象是类彗流星体在穿经地球磁场时,由其上的等离子体(电浆)和地球磁场相互作用而形成的一种特殊天文现象

B. 与范·艾仑(Van Allen)辐射带无关

C. 与范·艾仑辐射带有关

D. 地磁场两极强,中间弱,能够捕获来自宇宙射线的带电粒子,并使它们在两极之间来回振荡

【例 2.1.114】 示波管的主要组成部分包括( )。

A. 电子枪、偏转系统、显示屏　　B. 磁聚集系统、偏转系统、显示屏
C. 控制极、偏转系统、显示屏　　D. 电聚集系统、偏转系统、显示屏

【例 2.1.115】 根据磁聚焦原理,电子在电场和磁场中做螺旋运动,改变电子的螺距,可以调节( )。

A. 聚焦电压　　B. 励磁电流　　C. 栅级电压　　D. 偏转电压

【例 2.1.116】 图 2.73 为质谱仪原理的示意图。利用这种质谱议对氢的各种同位素的原子核进行测量,让氢核从容器 A 下方的小孔 S 处无初速度地飘入电势差为 U 的加速电场,加速后垂直进入磁感应强度为 B 的匀强磁场中。氢的三种同位素的原子核最后打在照相底片 D 上,形成 a、b、c 三条"质谱线"。关于三种同位素的原子核进入磁场时速度的排列顺序和 a、b、c 三条"质谱线"的排列顺序,下列判断正确的是( )。

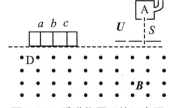

图 2.73　质谱仪原理的示意图

A. 进入磁场时速度从大到小排列的顺序是氚、氘、氕
B. 进入磁场时速度从大到小排列的顺序是氕、氘、氚
C. a、b、c 三条质谱线依次排列的顺序是氚、氘、氕
D. a、b、c 三条质谱线依次排列的顺序是氕、氘、氚

【例2.1.117】 图2.74为质谱仪原理的示意图。现有一束包括几种不同的正离子,经过加速场加速后,垂直射入速度选择器(其内有相互正交的匀强电场 E 和匀强磁场 B_1),离子束保持原运动方向未发生偏转。接着进入另一匀强磁场 B_2,发现这些离子分成几束。由此可得出( )。

A. 速度选择器中的磁场方向垂直纸面向内
B. 这些离子通过狭缝 P 的速率都等于 B_1/E
C. 这些离子的电量一定不相同

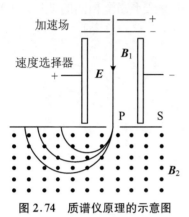

图2.74 质谱仪原理的示意图

D. 这些离子的比荷一定不相同

【例2.1.118】 磁流体发电机的示意图如图2.75所示,在间距为 d 的平行金属板 A、C 间,存在磁感应强度为 B、方向垂直纸面向外的匀强磁场,两金属板通过导线与变阻器 R 相连,等离子体以速度 v 平行于两金属板垂直射入磁场。若要增大该发电机电动势,可采取的方法是( )。

A. 增大 d　　B. 增大 B　　C. 增大 R　　D. 增大 v

【例2.1.119】 磁流体发电机的原理图如图2.76所示,将一束等离子体喷射入磁场,在磁场中有两块金属板 A、B,这时金属板上就会聚集电荷,产生电压。若射入的等离子体速度均为 v,两金属板的板长为 L,板间距离为 d,板平面的面积为 S,匀强磁场的磁感应强度为 B,方向垂直于速度方向,负载电阻为 R,等离子体充满两板间的空间。当发电机稳定发电时,电流表的示数为 I,则板间等离子体的电阻率为( )。

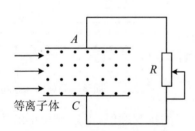

图2.75 磁流体发电机的示意图

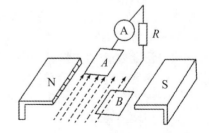

图2.76 磁流体发电机的原理图

A. $\dfrac{S}{d}\left(\dfrac{Bdv}{I}-R\right)$ B. $\dfrac{S}{d}\left(\dfrac{BLv}{I}-R\right)$

C. $\dfrac{S}{L}\left(\dfrac{Bdv}{I}-R\right)$ D. $\dfrac{S}{L}\left(\dfrac{BLv}{I}-R\right)$

【例 2.1.120】 目前,世界上正在研究一种新型发电机叫磁流体发电机,它的原理是将一束等离子体喷射入磁场,在磁场中有两块金属板 A、B,这时金属板上就会聚集电荷,产生电压。以下说法正确的是( )。

A. B 板带正电

B. A 板带正电

C. 其他条件不变,只增大射入速度,U_{AB} 增大

D. 其他条件不变,只增大磁感应强度,U_{AB} 增大

【例 2.1.121】 如图 2.77 所示,一束质量、速度和电荷量不同的正离子垂直射入匀强磁场和匀强电场正交的区域里,结果发现有些离子保持原来的运动方向,有些离子未发生任何偏转。如果让这些不偏转的离子进入另一匀强磁场中,发现这些离子又分裂成几束。对这些进入另一磁场的离子,可得出的结论是( )。

A. 它们的动能一定各不相同 B. 它们的电荷量一定各不相同

C. 它们的质量一定各不相同 D. 它们的电荷量与质量之比一定各不相同

【例 2.1.122】 目前,世界上正在研究一种新型发电机叫磁流体发电机,它可以把气体的内能直接转化为电能。图 2.78 为它的发电原理图。现将一束等离子体(即高温下电离的气体,含有大量带正电和负电的微粒,从整体上来说呈电中性)喷射入磁感应强度为 B 的匀强磁场,磁场中有两块面积为 S、相距为 d 的平行金属板与外电阻 R 相连构成一电路。设气流的速度为 v,气体的电导率(电阻率的倒数)为 g,则流过外电阻 R 的电流强度 I 及电流方向分别为( )。

A. $I=\dfrac{Bdv}{R}$,$A\to R\to B$ B. $I=\dfrac{BdvS}{SR+gd}$,$B\to R\to A$

C. $I=\dfrac{Bdv}{R}$,$B\to R\to A$ D. $I=\dfrac{BdvS}{SR+gd}$,$A\to R\to B$

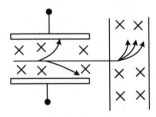 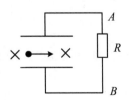

图 2.77 电子束偏转   图 2.78 磁流体发电原理图

【例 2.1.123】 电磁流量计广泛应用于测量可导电流体(如污水)在管中的流量(在单位时间内通过管内横截面的流体的体积)。为了简化,假设流量计是如图 2.79 所示的横截面为长方形的一段管道,其中空部分的长、宽、高分别为图中的 a、

b、c。流量计的两端与输送流体的管道相连接（图中虚线）。图中流量计的上、下两面是金属材料，前、后两面是绝缘材料。现于流量计所在处加一个磁感应强度为 B 的匀强磁场，磁场方向垂直于前、后两面。当导电流体稳定地流经流量计时，在管外将流量计上、下两表面分别与一串接了电阻 R 的电流表的两端连接，I 表示测得的电流值。已知流体的电阻率为 ρ，不计电流表的内阻，则可求得流量为（　　）。

A. $\dfrac{I}{B}\left(bR + \rho\dfrac{c}{a}\right)$　　　　B. $\dfrac{I}{B}\left(aR + \rho\dfrac{b}{c}\right)$

C. $\dfrac{I}{B}\left(cR + \rho\dfrac{a}{b}\right)$　　　　D. $\dfrac{I}{B}\left(R + \rho\dfrac{c}{a}\right)$

【例 2.1.124】　电磁流量计的示意图如图 2.80 所示。圆管由非磁性材料制成，空间有匀强磁场。当管中的导电液体流过磁场区域时，测出管壁上 M、N 两点的电动势 E，就可以知道管中液体的流量 Q（单位时间内流过管道横截面的液体的体积）。已知管的直径为 d，磁感应强度为 B，则下列关于 Q 的表达式正确的是（　　）。

A. $Q = \dfrac{\pi dE}{B}$　　B. $Q = \dfrac{\pi dE}{4B}$　　C. $Q = \dfrac{\pi dE}{2B}$　　D. $Q = \dfrac{\pi d2E}{B}$

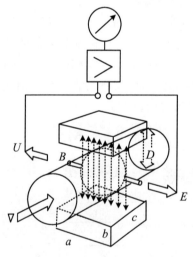

图 2.79　电磁流量计原理图

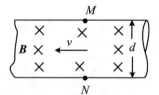

图 2.80　电磁流量计的示意图

2.2 静磁场中磁介质的分层进阶探究题

2.2.1 静磁场中磁介质的趣味思考题

序号	1	2	3	4	5
知识点	磁介质	基本定理	边值关系与唯一性定理	磁路定理	综合问答
题号	2.2.1～2.2.5	2.2.6～2.2.9	2.2.10	2.2.11～2.2.19	2.2.20、2.2.21

1. 磁介质

【例 2.2.1】 将磁介质样品装入试管中,用弹簧吊起来挂到一竖直螺线管的上端开口处,如图 2.81 所示。当螺线管通入电流后,则可发现随样品的不同,它可能受到该处不均匀磁场的向上或向下的磁力。这是一种区分样品是顺磁质还是抗磁质的精细实验。那么受到向上磁力的样品是顺磁质还是抗磁质?

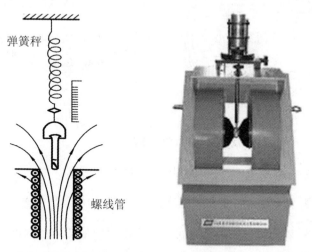

(a) 磁介质样品的测试示意图　(b) 磁介质样品的测试装置图

图 2.81　磁介质样品的测试实验

【例 2.2.2】 一块永磁铁落到地板上就可能部分退磁,为什么?把一根铁条南北放置,敲它几下,就可能磁化,又为什么?

【例 2.2.3】 为什么一块磁铁能吸引一块原来并未磁化的铁块?

【例 2.2.4】 马蹄形磁铁不用时,要用一铁片吸到两极上,条形磁铁不用时,要成对且 N、S 极方向相反地靠在一起放置,为什么?有什么作用?

【例 2.2.5】 顺磁质和铁磁质的磁导率明显依赖于温度,而抗磁质的磁导率则几乎与温度无关,为什么?

2. 基本定理

【例 2.2.6】 磁冷却:将顺磁样品(如硝酸铈镁)放在低温下磁化,其固有磁矩沿磁场排列时要放出能量,并以热量的形式向周围环境排出。然后在绝热情况下撤去外磁场,这时样品温度就要降低,实验中可降低到 10^{-3} K。如果使核自旋磁矩先排列,然后再绝热地撤去磁场,则温度可降到 10^{-6} K。试解释为什么样品绝热退磁时温度会降低。

【例 2.2.7】 北宋初年(1044 年),曾公亮主编的《枟武经总要枠》(前集)卷十五介绍了指南鱼的做法:"鱼法以薄铁叶剪裁,长二寸阔五分,首尾锐如鱼形,置炭火中烧之,候通赤,以铁钤钤[钳]鱼首出火,以尾正对子位[正北],蘸水盆中,没尾数分[鱼尾斜向下]则止。以密器[铁盒]收之。用时置水碗于无风处,平放鱼在水面令浮,其首常南向午[正南]也。"这段生动的描述(如图 2.82)包含了对铁磁性的哪些认识?又包含了对地磁场的哪些认识?

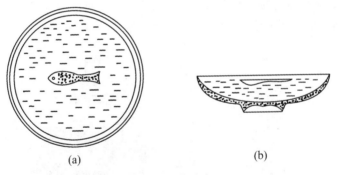

图 2.82 指南鱼

【例 2.2.8】 磁感应强度 B 和磁场强度 H 有何区别?

【例 2.2.9】 在实际问题中,用安培环路定理 $\oint_L H \cdot dl = \sum I_0$ 计算由铁磁质组成的闭合环路,在得出 H 后,如何进一步求出对应的 B 的大小?

3. 磁介质边值关系与唯一性定理

【例 2.2.10】 设一无限长的直线电流 I 位于一无限大磁介质分界面附近,该电流与分界面平行,且与分界面距离为 d,界面两侧磁介质的磁导率分别为 μ_1 和 μ_2,如图 2.83 所示,计算整个空间的磁场。由于电流 I 产生的磁场对界面两侧的磁介质均产生磁化作用,且在分界面上出现磁化电流,设想用镜像电流代替磁化电流的作用,并在界面上保持原有边界条件不变,则空间磁场就可试用电流 I 和镜像电流产生的磁场叠加来计算。

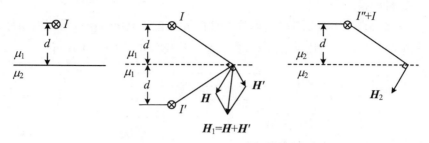

图 2.83 线电流对无限大磁介质平面的镜像

4. 磁路定理

【例 2.2.11】 (1) 如图 2.84(a)所示,电磁铁的气隙很窄,气隙中的 B 和铁心中的 B 是否相同?

(2) 如图 2.84(b)所示,电磁铁的气隙较宽,气隙中的 B 和铁心中的 B 是否相同?

(3) 比较图 2.84(a)、(b),两线圈中的安匝数(NI)相同,两个气隙中的 B 是否相同? 为什么?

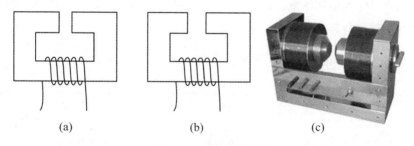

图 2.84 电磁铁的气隙

【例 2.2.12】 电机和变压器的磁路常采用什么材料制成? 这种材料有哪些主要特性?

【例 2.2.13】 磁滞损耗和涡流损耗是什么原因引起的? 它们的大小与哪些因素有关?

【例 2.2.14】 什么是软磁材料? 什么是硬磁材料?

【例 2.2.15】 磁路的磁阻如何计算? 磁阻的单位是什么?

【例 2.2.16】 说明磁路和电路的不同点。

【例 2.2.17】 说明直流磁路和交流磁路的不同点。

【例 2.2.18】 基本磁化曲线与起始磁化曲线有何区别? 磁路计算时用的是哪一种磁化曲线?

【例2.2.19】 磁路的基本定律有哪几条?当铁心磁路上有几个磁动势同时作用时,磁路计算能否用叠加原理?为什么?

5. 综合问答

【例2.2.20】 如图2.85所示,当给线圈外加正弦电压u_1时,线圈内为什么会感应出电势?当电流i_1增加和减小时,分别算出感应电势的实际方向。

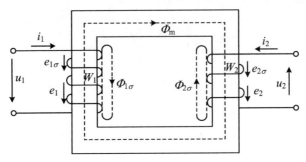

图2.85 变压器示意图

【例2.2.21】 高压容器在工业和民用领域都有着非常广泛的应用,如锅炉、储气罐、家用煤气罐等。由于高压容器长期的使用、运行,局部区域受到腐蚀、磨损或机械损害,从而会形成潜在的威胁。因此世界各国对于高压容器的运行都制定了严格的在役无损检测标准,以确保高压容器的安全运行。请根据所学的知识,探索一种利用铁磁材料实现无损探伤的方法。

2.2.2 静磁场中磁介质的分层进阶题

序号	1	2	3	4	5	6
知识点	磁介质	基本定理	磁化规律	边值关系与唯一性定理	磁路定理	综合问答
题号	2.2.22、2.2.23	2.2.24、2.2.25	2.2.26、2.2.27	2.2.28	2.2.29~2.2.32	2.2.33

2.2.2.1 概念测试题

1. 磁介质

【例2.2.22】 顺磁质的磁导率(　　)。
A. 比真空的磁导率略小　　　　B. 比真空的磁导率略大
C. 远小于真空的磁导率　　　　D. 远大于真空的磁导率

【例2.2.23】 如图2.86所示,M、P、O为软磁材料制成的棒,三者在同一平面内,当K闭合后(　　)。

A. P 的左端出现 N 极   B. M 的左端出现 N 极
C. O 的右端出现 N 极   D. P 的右端出现 N 极

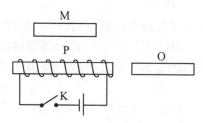

图 2.86　M、P、O 为软磁材料制成的棒

2. 基本定理

【例 2.2.24】 关于稳恒电流磁场的磁场强度 H，下列几种说法中哪个是正确的？（　　）

A. H 仅与传导电流有关

B. 若闭合曲线内没有包围传导电流，则曲线上各点的 H 必为 0

C. 若闭合曲线上各点 H 均为 0，则该曲线所包围的传导电流的代数和为 0

D. 以闭合曲线 L 为边缘的任意曲面的 H 通量均相等

【例 2.2.25】 若空间存在两根无限长直载流导线，空间的磁场分布就不具有简单的对称性，则该磁场分布（　　）。

A. 不能用安培环路定理来计算

B. 可直接用安培环路定理求出

C. 只能用毕奥-萨伐尔-拉普拉斯定律求出

D. 可以用安培环路定理和磁感应强度的叠加原理求出

3. 磁化规律

【例 2.2.26】 磁场强度表达式 $B = \mu H$（　　）。

A. 在各种磁介质中适用

B. 只在各向异性的磁介质中适用

C. 只在各向同性的、线性的均匀的磁介质中适用

D. 无法确定

【例 2.2.27】 磁感应强度表达式 $B = \mu_0 H + \mu_0 M$（　　）。

A. 在各种磁介质中适用

B. 只在各向异性的磁介质中适用

C. 只在各向同性的、线性的均匀的磁介质中适用

D. 无法确定

4. 边值关系与唯一性定理

【例 2.2.28】 镜像法的理论根据是（　　）。

A. 场的唯一性定理　　B. 库仑定律　　C. 迭加原理　　D. 安培定律

5. 磁路定理

【例 2.2.29】 若硅钢片的叠片接缝增大,则其磁阻( )。
A. 增加　　　　　　B. 减小　　　　C. 基本不变　　D. 无法确定

【例 2.2.30】 在电机和变压器铁芯材料周围的气隙中,磁场( )。
A. 存在　　　　　　B. 不存在　　　C. 不好确定

【例 2.2.31】 磁路计算时如果存在多个磁动势,则对( )磁路可应用叠加原理。
A. 线性　　　　　　B. 非线性　　　C. 所有的

【例 2.2.32】 铁芯叠片越厚,其损耗( )。
A. 越大　　　　　　B. 越小　　　　C. 不变

6. 综合问答

【例 2.2.33】 美国物理学家劳伦斯(Ernest Orlando Lawrence)于 1932 年发明回旋加速器,其应用带电粒子在磁场中做圆周运动的特点,能使粒子在较小空间范围内经过电场的多次加速获得较大的能量,使人类在获得较高能量带电粒子方面前进了一大步。图 2.87 为一种改进后的回旋加速器示意图,其中盒缝间的加速电场场强大小恒定,且被限制在 A、C 板间,带电粒子从 P_0 处以速度 v_0 沿电场线方向射入加速电场,经加速后再进入 D 形盒中的匀强磁场做匀速圆周运动。对于这种改进后的回旋加速器,下列说法中正确是( )。

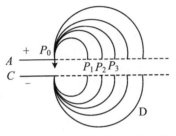

图 2.87　改进后的回旋加速器示意图

A. 带电粒子每运动一周被加速两次
B. 带电粒子每运动一周,粒子圆周运动的半径增加量都相同
C. 加速粒子的最大速度与 D 形盒的尺寸有关
D. 加速电场方向需要做周期性的变化

2.2.2.2　定性测试题

序号	1	2	3	4	5
知识点	磁介质	基本定理	边值关系与唯一性定理	磁路定理	综合问答
题号	2.2.34~2.2.36	2.2.37~2.2.39	2.2.40、2.2.41	2.2.42	2.2.43

1. 磁介质

【例 2.2.34】 磁化强度 M 为(　　)。

A. 只与磁化电流产生的磁场有关

B. 与外磁场和磁化电流产生的场有关

C. 只与外磁场有关

D. 只与介质本身的性质有关,与磁场无关

【例 2.2.35】 磁介质分为三种类型,用相对磁导率 μ_r 分别表征它们各自的特性,则(　　)。

A. 顺磁质 $\mu_r > 0$,抗磁质 $\mu_r < 0$,铁磁质 $\mu_r \gg 1$

B. 顺磁质 $\mu_r > 1$,抗磁质 $\mu_r = 1$,铁磁质 $\mu_r \gg 1$

C. 顺磁质 $\mu_r > 1$,抗磁质 $\mu_r < 1$,铁磁质 $\mu_r \gg 1$

D. 顺磁质 $\mu_r > 0$,抗磁质 $\mu_r < 0$,铁磁质 $\mu_r > 1$

【例 2.2.36】 如图 2.88 所示,通电直长螺线管内的一半空间充满磁介 μ_r,在螺线管中,介质中与空气中相等的物理量是(　　)。

A. $B_1 = B_2$ 　　　　B. $H_1 = H_2$

C. $M_1 = M_2$ 　　　　D. $\mu_2 = \mu_1$

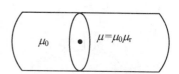

图 2.88 通电直长螺线管

2. 基本定理

【例 2.2.37】 公式(1) $H = \dfrac{B}{\mu_0} - M$,(2) $M = \chi_m H$ 和(3) $B = \mu H$ 的运用范围是(　　)。

A. 它们都适用于任何磁介质

B. 它们都只适用于各向同性磁介质

C. (1)式适用于任何磁介质,(2)式和(3)式只适用于各向同性磁介质

D. 它们都只适用于各向异性磁介质

【例 2.2.38】 关于环路 L 上的 H 及对环路 L 的积分 $\oint_L H \cdot dl$,以下说法正确的是(　　)。

A. H 与整个磁场空间所有传导电流、磁化电流有关,$\oint_L H \cdot dl$ 只与环路 L 内的传导电流有关

B. H 与 $\oint_L H \cdot dl$ 都只与环路内的传导电流有关

C. H 与 $\oint_L H \cdot dl$ 都与整个磁场空间内的所有传导电流有关

D. H 与 $\oint_L H \cdot dl$ 都与空间内的传导电流和磁化电流有关

【例 2.2.39】 用细导线均匀密绕成长为 l、半径为 $a(l \gg a)$、总匝数为 N 的螺线管,管内充满相对磁导率为 μ_r 的均匀磁介质。若线圈中载有稳恒电流 I,则管中的任意一点有( )。

A. 磁感应强度大小为 $B = \mu_0 \mu_r NI$
B. 磁感应强度大小为 $B = \mu_r NI/l$
C. 磁场强度大小为 $H = \mu_0 NI/l$
D. 磁场强度大小为 $H = NI/l$

3. 边值关系与唯一性定理

【例 2.2.40】 如图 2.89 所示,一永磁环环开了一个很窄的空隙,环内磁化强度矢量为 M,则空隙中 P 点处 H 的大小为( )。

A. $\mu_0 M$ B. M C. $\mu_0 \mu_r M$ D. 0

【例 2.2.41】 如图 2.90 所示,一根沿轴向均匀磁化的细长永磁棒,磁化强度为 M,则各点的磁感应强度 B 是( )。

A. $B_1 = B_2 = \mu_0 M, B_3 = 0$
B. $B_1 = \mu_0 M, B_2 = B_3 = \mu_0 M/2$
C. $B_1 = \mu_0 M/2, B_2 = \mu_0 M, B_3 = 0$
D. $B_1 = \mu_0 M, B_2 = \mu_0 M/2, B_3 = 0$

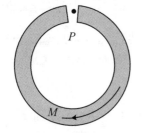

图 2.89 很窄空隙的永磁环

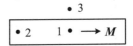

图 2.90 一根沿轴向均匀磁化的细长永磁棒

4. 磁路定理

【例 2.2.42】 如图 2.91 所示,下列哪一项不是减少电枢反应的方法?( )

A. 装设补偿绕组
B. 装设换向磁极
C. 增加电枢磁路电阻
D. 调整磁场变阻器

图 2.91 减少电枢反应

5. 综合问答

【例 2.2.43】 当磁感应强度 B 相同时,铁磁物质与非铁磁物质中的磁场能量密度相比( )。

A. 非铁磁物质中磁场能量密度较大
B. 铁磁物质中磁场能量密度较大
C. 两者相等
D. 无法判断

2.2.2.3 快速测试题

序号	1	2	3	4	5
知识点	磁介质	基本定理	边值关系与唯一性定理	磁路定理	综合问答
题号	2.2.44~2.2.46	2.2.47~2.2.49	2.2.50	2.2.51	2.2.52、2.2.53

1. 磁介质

【例 2.2.44】 如图 2.92 所示,三条线分别表示三种不同磁介质的 B-H 关系,下面四种答案正确的是( )。

A. Ⅰ 抗磁质、Ⅱ 顺磁质、Ⅲ 铁磁质
B. Ⅰ 顺磁质、Ⅱ 抗磁质、Ⅲ 铁磁质
C. Ⅰ 铁磁质、Ⅱ 顺磁质、Ⅲ 抗磁质
D. Ⅰ 抗磁质、Ⅱ 铁磁质、Ⅲ 顺磁质

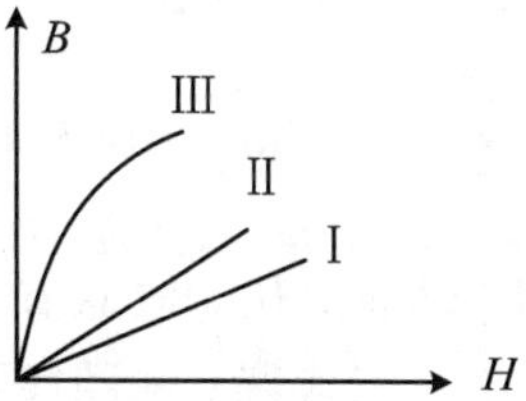

图 2.92 磁介质的 B-H 关系

【例 2.2.45】 以下说法正确的是( )。

A. 若闭曲线 L 内没有包围传导电流,则曲线 L 上各点的 H 必等于 0
B. 对于抗磁质,B 与 H 一定同向
C. H 仅与传导电流有关
D. 闭曲线 L 上各点 H 为 0,则该曲线所包围的传导电流的代数和必为 0

【例 2.2.46】 用顺磁质做成一个空心圆柱形细管,然后在管面上密绕一层细导线。当导线中通以稳恒电流时,下述四种说法中正确的是( )。

A. 管外和管内空腔处的磁感应强度均为 0
B. 介质中的磁感应强度比空腔处的磁感应强度大
C. 介质中的磁感应强度比空腔处的磁感应强度小
D. 介质中磁感应强度与空腔处磁感应强度相等

2. 基本定理

【例 2.2.47】 一长直螺旋管内充满磁介质,若在螺旋管中沿轴挖去一半径为 r 的长圆柱,此时空间中心 O_1 点的磁感应强度为 B_1,磁场强度为 H_1,如图 2.93(a)所示;另有一沿轴向均匀磁化的半径为 r 的长直永磁棒,磁化强度为 M,磁棒中心 O_2 点的磁感应强度为 B_2,磁场强度为 H_2,如图 2.93(b)所示。若永磁棒的 M 与螺旋管内磁介质的磁化强度相等,则 O_1、O_2 点处磁场之间的关系满足( )。

A. $B_1 \neq B_2$,$H_1 = H_2$
B. $B_1 = B_2$,$H_1 \neq H_2$
C. $B_1 \neq B_2$,$H_1 \neq H_2$
D. $B_1 = B_2$,$H_1 = H_2$

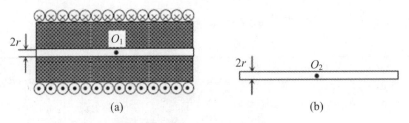

图 2.93 充满磁介质的长直螺旋管

【例 2.2.48】 圆柱形无限长载流直导线置于均匀无限大磁介质之中,若导线中流过的稳恒电流为 I,磁介质的相对磁导率为 μ_r ($\mu_r > 1$),则与导线接触的磁介质表面上的磁化电流为( )。

A. $(1-\mu_r)I$ B. $(\mu_r - 1)I$ C. $\mu_r I$ D. I/μ_r

【例 2.2.49】 如图 2.94 所示,流出纸面的电流为 $2I$,流进纸面的电流为 I,则下述各式中正确的是( )。

A. $\oint_{L_1} \boldsymbol{H} \cdot \mathrm{d}\boldsymbol{l} = 2I$ B. $\oint_{L_2} \boldsymbol{H} \cdot \mathrm{d}\boldsymbol{l} = I$

C. $\oint_{L_3} \boldsymbol{H} \cdot \mathrm{d}\boldsymbol{l} = -I$ D. $\oint_{L_4} \boldsymbol{H} \cdot \mathrm{d}\boldsymbol{l} = -I$

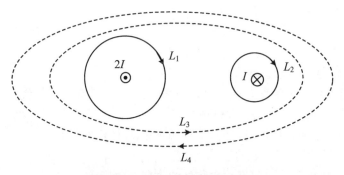

图 2.94 流进(出)纸面的电流

3. 边值关系与唯一性定理

【例 2.2.50】 一块很大的磁介质在均匀外场 H_0 的作用下均匀磁化,已知介质内磁化强度为 $\boldsymbol{M}$,$\boldsymbol{M}$ 的方向与 $\boldsymbol{H}$ 的方向相同,在此介质中有一半径为 a 的球形空腔,则磁化电流在腔中心处产生的磁感应强度是( )。

A. $\dfrac{1}{3}\mu_0 M$ B. $\dfrac{2}{3}\mu_0 M$ C. $-\dfrac{2}{3}\mu_0 M$ D. $\mu_0 M$

4. 磁路定理

【例 2.2.51】 如图 2.95 所示,若 $I_1 = 4\,\mathrm{A}$,$N_1 = 200$ 匝,$N_2 = 300$ 匝,$l = 0.5\,\mathrm{m}$,$A = 0.1\,\mathrm{m}^2$。若在磁路中产生 $\Phi = 10^{-2}\,\mathrm{Wb}$ 时,则 I_2 为( )。

A. 0.5 A   B. 2 A   C. 10 A   D. 1 A

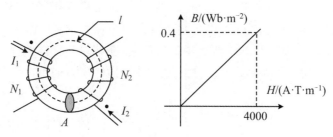

图 2.95 磁路

5. 综合问答

【例 2.2.52】 磁滞回线包围的面积和磁滞损耗的关系是（   ）。

A. 磁滞回线包围的面积越大,磁滞损耗越大

B. 磁滞回线包围的面积越大,磁滞损耗越小

C. 磁滞回线越弯曲,磁滞损耗越大

D. 磁滞回线和磁滞损耗没有必然的关系

【例 2.2.53】 长为 1 m、截面半径为 0.1 m 的均匀磁化棒的总磁矩为 3140 A·m^2,则棒中磁化强度矢量 M 的大小为（   ）。

A. 10^5 A·m^{-1} B. 10^4 A·m^{-1}

C. 98596×10^3 A·m^{-1} D. 10^3 A·m^{-1}

2.2.2.4 定量测试题

序号	1	2	3	4	5
知识点	磁介质	基本定理	边值关系与唯一性定理	磁路定理	综合问答
题号	2.2.54	2.2.55	2.2.56	2.2.57	2.2.58~2.2.63

1. 磁介质

【例 2.2.54】 下列结论中你认为正确的是（   ）。

A. 一个点电荷在它的周围空间中任意一点产生的电场强度均不为 0,一个电流元在它的周围空间中任意一点产生的磁感应强度也均不为 0

B. 用安培环路定理可以求出一段有限长直线电流周围的磁场

C. B 的方向是运动电荷所受磁力最大的方向(或试探载流线圈所受力矩最大的方向)

D. 以上结论均不正确

2. 基本定理

【例 2.2.55】 一无限长的同轴电缆线,其芯线的截面半径为 R_1,相对磁导率为 μ_{r1},其中均匀通过电流 I,在它的外面包有一半径为 R_2 的无限长同轴圆筒(其厚度可忽略不计),筒上的电流与前者等值反向,在芯线与导体圆筒之间充满相对磁导率为 μ_{r2} 的均匀不导电磁介质,则磁感应强度 B 在 $R_1 < r < R_2$ 区中的分布为( )。

A. $B = 0$ B. $B = \dfrac{\mu_0 \mu_{r1} Ir}{2\pi R_1^2}$ C. $B = \dfrac{\mu_0 \mu_{r2} I}{2\pi r}$ D. $B = \dfrac{\mu_0 I}{2\pi r}$

3. 边值关系与唯一性定理

【例 2.2.56】 如图 2.96 所示,一半径为 R、厚度为 l 的盘形介质薄片被均匀磁化,磁化强度为 M 的方向垂直于盘面,则中轴上 1、2、3 各点处的磁场强度 H 是( )。

A. $H_1 = -M, H_2 = \dfrac{l}{2R}M, H_3 = \dfrac{l}{2R}M$

B. $H_1 = 0, H_2 = \dfrac{l}{2R}M, H_3 = \dfrac{l}{2R}M$

C. $H_1 = -M, H_2 = 0, H_3 = 0$

D. $H_1 = M, H_2 = M, H_3 = M$

4. 磁路定理

【例 2.2.57】 图 2.97 所示的一细螺绕环,由表面绝缘的导线在铁环上密绕而成,每厘米绕 10 匝。当导线中的电流 I 为 2.0 A 时,测得铁环内的磁感应强度 B 的大小为 1.0 T,则可求得铁环的相对磁导率 μ_r 为( )。

A. 7.96×10^2 B. 3.98×10^2 C. 1.99×10^2 D. 63.3

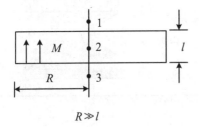

图 2.96　盘形介质薄片

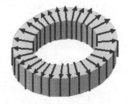

图 2.97　一细螺绕环

5. 综合问答

【例 2.2.58】 磁介质不可以采取( )措施进行信息的彻底消除。

A. 物理粉碎　　B. 强磁场消除　　C. 热消磁　　D. 冷消磁

【例 2.2.59】 用于磁粉探伤的磁粉应具备的性能是( )。

A. 无毒　B. 磁导率高　　C. 顽磁性低　　D. 以上都是

【例 2.2.60】 工件磁化后表面缺陷形成的漏磁场( )。

A. 与磁化电流的大小无关

B. 与磁化电流的大小有关

C. 当缺陷方向与磁化场方向之间的夹角为 0 时,漏磁场最大

D. 与工件的材料性质无关

【例 2.2.61】 下列不能进行磁粉探伤的材料是( )。

A. 碳钢　　B. 低合金钢　　C. 铸铁　　D. 奥氏体不锈钢

【例 2.2.62】 下列有关缺陷所形成的漏磁通的叙述正确的是( )。

A. 磁化强度一定时,缺陷高度小于 1 mm 的形状相似的表面缺陷,其漏磁通与缺陷高度无关

B. 缺陷离试件表面越近,缺陷漏磁通越小

C. 在磁化状态、缺陷种类和大小一定时,缺陷漏磁通密度受缺陷方向的影响

D. 交流磁化时,近表面缺陷的漏磁通比直流磁化时要小

E. 当磁化强度、缺陷种类和大小一定时,缺陷处的漏磁通密度受磁化方向的影响

F. C、D 和 E 都对

【例 2.2.63】 漏磁场与下列哪些因素有关?( )

A. 磁化的磁场强度与材料的磁　　B. 缺陷埋藏的深度、方向和形状尺寸

C. 缺陷内的介质　　　　　　　　D. 以上都是

2.2.3 静电场中磁介质的情景探究题

序号	1	2	3	4	5
知识点	磁介质	电流天平	磁化规律	缺陷检测	磁路应用
题号	2.2.64~2.2.66	2.1.108	2.2.67	2.2.68	2.2.69~2.2.74

1. 磁介质

【例 2.2.64】 如图 2.98 所示,地磁定向是昆虫远距离迁飞定向的重要机制之一。

图 2.98　褐飞虱长翅型和短翅型雌虫

如图 2.99 所示,褐飞虱长翅型雌成虫腹部的检测结果表明,温度退磁曲线在 $T=220$ K 处有明显拐点,磁滞回线也表现为明显的闭合现象,这说明(　　)。

A. 该部位有磁滞(即矫顽力)存在
B. 为其远距离迁飞过程中实现地磁定向提供了物质基础
C. 该磁性物质并非典型的 Fe_3O_4 性质
D. 无法确定

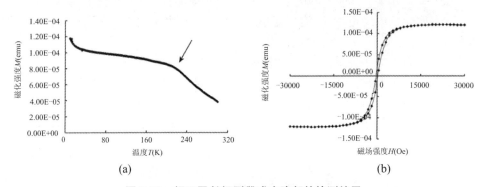

图 2.99　褐飞虱长翅型雌成虫腹部的检测结果

【例 2.2.65】下列是日常生活中常用的记录各种信息的载体,其中不是利用磁性材料记录信息的是(　　)。

A. 录音机用的录音带　　　　B. 计算机用的 U 盘
C. 打电话用的 IC 卡　　　　　D. 存取款用的银行卡

【例 2.2.66】为了解释地球的磁性,19 世纪的安培提出了假设:地球的磁场是由绕过地心的轴的环形电流 I 引起的。在图 2.100 中,正确表示安培假设中环形电流方向的是(　　)。

图 2.100　安培假设中环形电流方向

2. 电流天平

例题见第 103 页【例 2.1.108】。

3. 磁化规律

【例 2.2.67】如图 2.101 所示,磁性水雷是用一个可以绕轴转动的小磁针来控制起爆电路的,军舰被地磁场磁化后变成了一个浮动的磁体,当军舰接近磁性水雷时,就会引起水雷的爆炸,其依据是(　　)。

A. 磁体吸铁性　　　　　　　B. 磁极间相互作用规律

C. 电荷间相互作用规律　　　　D. 磁场具有方向性

图 2.101　磁性水雷

4. 缺陷检测

【例 2.2.68】 如图 2.102 所示,有一高压厚壁三通管,在支叉部产生了如图 2.103 所示的裂纹。在工件上进行绕线圈法磁化,能检出缺陷的正确绕法是图 2.102 中的(　　)。

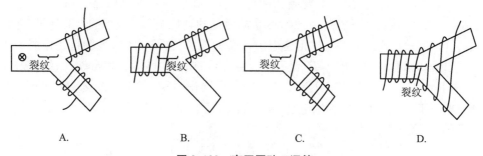

A.　　　　B.　　　　C.　　　　D.

图 2.102　高压厚壁三通管

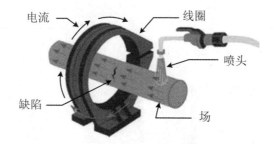

图 2.103　产生缺陷的装置

5. 磁路定理

【例 2.2.69】 图 2.104 所示为铁磁材料的磁滞回线的测量实验,铁磁性物质的磁滞损耗与磁滞回线面积的关系是(　　)。

A. 磁滞回线包围的面积越大,磁滞损耗越大
B. 磁滞回线包围的面积越小,磁滞损耗越大
C. 磁滞回线包围面积大小与磁滞损耗无关

D. 以上答案均不正确

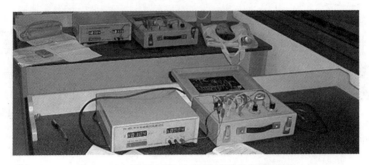

图 2.104 铁磁材料的磁滞回线的测量实验

【例 2.2.70】 1988年阿尔贝·费尔和彼得·格林贝格尔发现,在铁、铬相间的三层复合膜电阻中,微弱的磁场可以导致电阻大小的急剧变化,这种现象被命名为"巨磁电阻效应"。更多的实验发现,并非任意两种不同金属相间的三层膜都具有"巨磁电阻效应"。组成三层膜的两种金属中,只有一种是铁、钴、镍这三种容易被磁化的金属中的一种,另一种是不易被磁化的其他金属,才可能产生"巨磁电阻效应"。进一步地研究表明,"巨磁电阻效应"只发生在膜层的厚度为特定值时。用 R_0 表示未加磁场时的电阻,R 表示加入磁场后的电阻,科学家测得铁、铬组成的复合膜 R 与 R_0 之比和膜层厚度 d(三层膜厚度均相同)的关系如图 2.105(a)所示。1994年 IBM 公司根据"巨磁电阻效应"原理,研制出"新型读出磁头",将磁场对复合膜阻值的影响转换成电流的变化来读取信息。

(1) 以下两种金属组成的三层复合膜可能发生"巨磁电阻效应"的是(　　)。

A. 铜、银　　B. 铁、铜　　C. 铜、铝　　D. 铁、镍

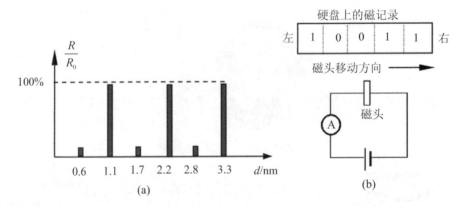

图 2.105 铁、铬组成的复合膜 R 与 R_0 之比和膜层厚度 d(三层膜厚度均相同)的关系

(2) 图 2.105(b)是硬盘某区域磁记录的分布情况,其中 1 表示有磁区域,0 表示无磁区域。将"新型读出磁头"组成如图 2.105(b)所示的电路,则在磁头从左向

右匀速经过该区域的过程中,电流表读数变化情况应是图 2.106 中的(   )。

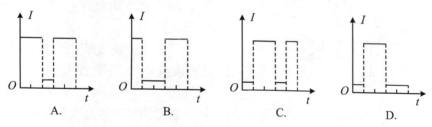

图 2.106 电流表读数变化情况

【例 2.2.71】 巨磁电阻(GMR)效应是指某些材料的电阻值随外磁场减小而增大的现象,在图 2.107 所示的电路中,当闭合开关 S_1、S_2,并使滑片 P 向右滑动时,指示灯亮度及电流表的变化情况为(   )。

A. 指示灯变亮,电流表示数增大

B. 指示灯变暗,电流表示数减小

C. 指示灯亮度不变,电流表示数增大

D. 指示灯亮度不变,电流表示数减小

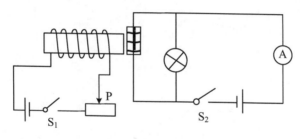

图 2.107 巨磁电阻(GMR)效应

【例 2.2.72】 在用巨磁阻传感器测电流实验中,设置偏置磁场的作用是(   )。

A. 在金属丝导线中产生感应电动势   B. 使传感器工作在线性区域

C. 使导线产生的磁场更稳定   D. 引导磁力线方向

【例 2.2.73】 一垂直升起接触器的制动器如图 2.108 所示,若在一极短的时间 dt 内,电枢有微量的位移,由电源送入的能量为 dW_e,供给磁场的能量为 dW_f,机械能的能量为 dW_m,则关于能量间的关系,下列正确的是(   )。

A. $dW_e = dW_m - dW_f$ B. $dW_m = dW_e - dW_f$

C. $dW_f = dW_e + dW_m$ D. $dW_m = dW_e + dW_f$

【例 2.2.74】 硬母线安装时,工作电流大于(   )时,每相母线固定金具或其他支持金具不应构成闭合磁路。

A. 1500 A   B. 1600 A   C. 1700 A   D. 1800 A

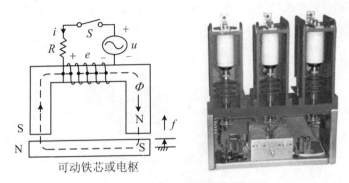

图 2.108　垂直升起接触器的制动器

第3章 电磁部分

3.1 电磁感应的分层进阶探究题

3.1.1 电磁感应的趣味思考题

序号	1	2	3	4	5	6	7
知识点	电感现象	电磁感应定律	动生电动势	感生电动势	互感	自感	暂态过程
题号	3.1.1～3.1.6	3.1.7～3.1.10	3.1.11～3.1.14	3.1.15～3.1.17	3.1.18～3.1.20	3.1.21～3.1.23	3.1.24～3.1.27

1. 电磁感应现象

【例 3.1.1】 如图 3.1 所示,为了寻找电磁感应现象,历史上曾有过什么故事？从中可得什么教训？

【例 3.1.2】 法拉第是怎样发现电磁感应现象的？又是如何逐步深入地进行研究的？

【例 3.1.3】 什么是感应电动势？法拉第是怎样用力线图像来解释感应电动势产生的原因的？法拉第对电磁作用的传播做过什么猜测？

图 3.1 寻找电磁感应现象

【例 3.1.4】 如图 3.2 所示,法拉第借助于力线或场表述的关于电磁感应现象的近距离观点有何实验依据？对以后麦克斯韦电磁场理论的建立有何指导意义？

【例 3.1.5】 一导体线圈在均匀磁场中运动,在下列几种情况中哪些会产生感应电流？为什么？

(1) 线圈沿磁场方向平移。
(2) 线圈沿垂直磁场方向平移。
(3) 线圈以自身的直径为轴转动,轴与磁场方向平行。
(4) 线圈以自身的直径为轴转动,轴与磁场方向垂直。

图 3.2 法拉第借助于力线的讲座

【例 3.1.6】 如图 3.3 所示,如何演示"在电磁感应现象中,不管电路是否闭合,只要穿过这个电路所围面积的磁通量发生变化,电路中就有感生电动势。若电路是闭合的,电路里就有感生电流;若电路是断开的,电路中就没有感生电流,但感生电动势仍然存在"?

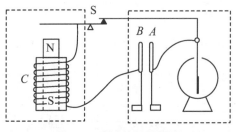

图 3.3 实验演示原理图

2. 电磁感应定律

【例 3.1.7】 感应电动势的大小是由什么因素决定的？如图 3.4 所示,一个矩形线圈在均匀磁场中以匀角速度 ω 旋转,试比较:当它转到图(a)所示的位置 a 和图(b)所示的位置 b 时,感应电动势的大小。

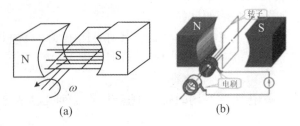

图 3.4 矩形线圈在均匀磁场中以匀角速度 ω 旋转

【例 3.1.8】 判断下列两种情况下的感应电动势的方向。
(1) 判断上题附图中感应电动势的方向；
(2) 在图 3.5 所示的变压器(一种有铁芯的互感装置)中,当原线圈的电流减少时,判断副线圈中感应电动势的方向。

【例 3.1.9】 如图 3.6 所示,下列各种情况里,是否有电流通过电阻器 R？若有,则电流方向如何？
(1) 开关 K 接通的瞬时；
(2) 开关 K 接通一些时间之后；
(3) 开关 K 断开的瞬间。
当开关 K 保持接通时,线圈的哪一端起磁北极的作用？

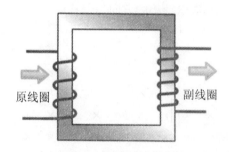

图 3.5 有铁芯的互感装置

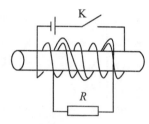

图 3.6 【例 3.1.9】的示意图

【例 3.1.10】 若使图 3.7 左边电路中的电阻 R 增加,则在右边电路中的感应电流的方向如何？

3. 动生电动势

【例 3.1.11】 如图 3.8 所示,使可移动的导线向右移动,会引起一个图 3.8 所示的感应电流。问:在区域 A 中磁感应强度 B 的方向如何？

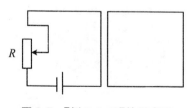

图 3.7 【例 3.1.10】的示意图

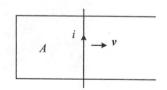

图 3.8 【例 3.1.11】的示意图

【例 3.1.12】 图 3.9 为一观察电磁感应现象的装置:左边 a 为闭合导体圆环,右边 b 为有缺口的导体圆环,两环用细杆连接并支在 O 点,且可绕 O 在水平面内自由转动；用足够强的磁铁的任何一极插入圆环,当插入环 a 时,可以观察到环向后退,插入环 b 时,环不动。试解释所观察到的现象。当用 S 极插入环 a 时,环中感应电流方向如何？

【例3.1.13】 试说明图3.10中感应电流的能量是哪里来的。

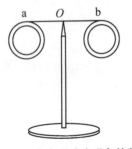

图3.9 观察电磁感应现象的装置

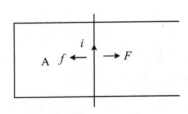

图3.10 【例3.1.13】的示意图

【例3.1.14】 一段直导线在均匀磁场中分别做图3.11中的四种运动。在哪种情况下导线中有感应电动势？为什么？感应电动势的方向是怎样的？

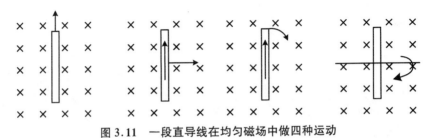

图3.11 一段直导线在均匀磁场中做四种运动

4．感生电动势

【例3.1.15】 一块金属在均匀磁场中平移，金属中是否会有涡流？

【例3.1.16】 如图3.12所示，一块金属在均匀磁场中旋转，金属中是否会有涡流？

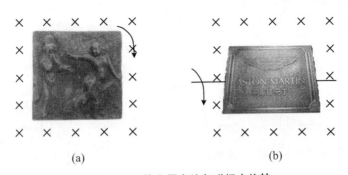

图3.12 一块金属在均匀磁场中旋转

【例3.1.17】 在电子感应加速器中，电子加速所需的能量是从哪里来的？试定性解释。

5．互感

【例3.1.18】 如何绕制才能使两个线圈之间的互感最大？

【例 3.1.19】 有两个相隔距离不太远的线圈,如何放置可使其互感系数为 0?

【例 3.1.20】 如图 3.13 所示,三个线圈中心在一条直线上,相隔的距离都不太远,如何放置可使它们两两之间的互感系数为 0?

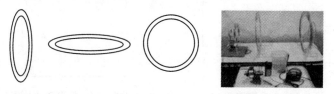

图 3.13 三个线圈中心在一条直线上

6. 自感

【例 3.1.21】 在图 3.14 所示的电路中,S_1、S_2 是两个相同的小灯泡,L 是一个自感系数相当大的线圈,其电阻数值与电阻 R 相同。由于存在自感现象,试推想开关 K 接通和断开时,灯泡 S_1、S_2 先后亮、暗的顺序。

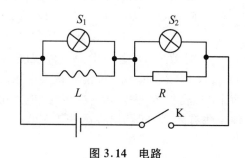

图 3.14 电路

【例 3.1.22】 一个线圈的自感系数的大小由哪些因素决定?

【例 3.1.23】 用金属丝绕制的标准电阻要求是无自感的,那么怎样绕制自感系数为 0 的线圈?

7. 暂态过程

【例 3.1.24】 写出图 3.15 所示的 LR 电路在接通电源和短路两种情况下,电感以及电阻上的电位差 u_L 和 u_R 的表达式,并定性地绘出 u_L 和 u_R 的时间变化曲线。

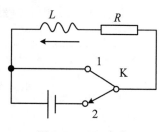

图 3.15 LR 电路

【例 3.1.25】 写出图 3.16 中的 RC 电路在充电和放电两种情况下,电流 I、电容 C 以及电阻上的电位差 u_C 和 u_R 的表达式,并定性地绘出 u_C 和 u_R 的时间变化曲线。

【例 3.1.26】 如图 3.17 所示,电路的三个电阻相等,令 i_1、i_2 和 i_3 分别为 R_1、R_2 和 R_3 上的电流,u_1、u_2、u_3 和 u_C 分别为该三个电阻与电容上的电位差。

(1) 试定性地绘出开关 K 接通后,上列各量随时间变化的曲线;

(2) K 接通较长时间后把开关 K 断开,试定性地绘出开关断开后,上列各量随时间变化的曲线。

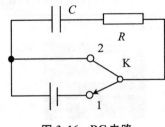

图 3.16　RC 电路

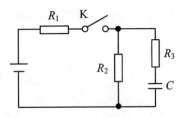

图 3.17　三个电阻相等的电路

【例 3.1.27】　如图 3.18 所示,两个理想电容器 C_1、C_2 串联起来接在电源上,电压分配 $U_1:U_2=C_2:C_1$。但实际电容都有一定的漏阻,漏阻相当于并联在理想电容器 C_1、C_2 上的电阻 R_1、R_2,漏阻趋于无穷时,电容器趋于理想电容。将两个实际电容接在电源上,根据稳恒条件,电压分配应为 $U_1:U_2=R_1:R_2$。设 $C_1:C_2=R_1:R_2=1:2$,并设想 R_1 和 R_2 按此比例趋于无穷。问此时电压分配 $U_1:U_2$ 为多少？一种说法认为这时两电容都是理想的,故 $U_1:U_2=C_2:C_1=2:1$；另一种说法认为电压的分配只与 R_1 和 R_2 的比值有关,而此比值未变,故当 $R_1\to\infty$,$R_2\to\infty$ 时,电压分配仍为 $U_1:U_2=R_1:R_2=1:2$。两种说法有矛盾,问题出在哪里？若实际去测量,将看到什么结果？

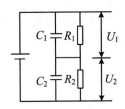

图 3.18　两个理想电容器

3.1.2　电磁感应的分层进阶题

3.1.2.1　概念测试题

序号	1	2	3	4	5	6
知识点	电感现象	电磁感应定律	动生电动势	感生电动势	互感与自感	暂态过程
题号	3.1.28~3.1.30	3.1.31~3.1.33	3.1.34~3.1.36	3.1.37~3.1.39	3.1.40~3.1.45	3.1.46

1. 电磁感应现象

【例 3.1.28】　地面上平放一根东西方向的直导线,若使直导线垂直向上运动,则一定(　　)。

A. 有感应电流

B. 有磁场感应出来

C. 会产生感应电动势,方向自东向西

D. 会产生感应电动势,方向自西向东

E. 有感应磁场阻碍导线运动

F. 会产生电流热效应

【例 3.1.29】 形状完全一样的铜环和木环,用两个完全相同的条形磁铁的同一磁极以相同的速度同时插入两环中。在开始的时刻,这两环中(　　)。

　　A. 磁通量相同　　　　　B. 感应电动势相同

　　C. 感应电流相同　　　　D. 以上三者都不是

【例 3.1.30】 某同学设计了一个电磁冲击钻,其原理示意图如图 3.19 所示,若发现钻头 M 突然向右运动,则可能是(　　)。

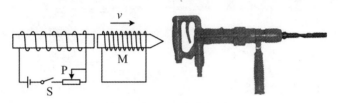

图 3.19　电磁冲击钻示意图

　　A. 开关 S 由断开到闭合的瞬间

　　B. 开关 S 由闭合到断开的瞬间

　　C. 保持开关 S 闭合,变阻器滑片 P 加速向右滑动

　　D. 保持开关 S 闭合,变阻器滑片 P 匀速向右滑动

2. 电磁感应定律

【例 3.1.31】 如图 3.20 所示,一矩形线圈在均匀磁场中匀速平动,磁感应强度方向与线圈平面垂直,则下列说法正确的是(　　)。

　　A. 线圈中有感应电动势,有感应电流

　　B. 线圈中无感应电动势,无感应电流,但 A 点电势高于 B 点电势

　　C. 线圈中无感应电动势,无感应电流,但 A 点电势低于 B 点电势

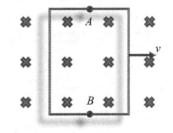

　　D. 以上说法均不正确

图 3.20　矩形线圈在均匀磁场中匀速平动

【例 3.1.32】 如图 3.21 所示,a 和 b 是两块金属板,用绝缘物隔开,仅有一点 c 是导通的,金属板两端接在一电流计上,整个回路处于均匀磁场中,磁场垂直板面。现设想用某种方法让 c 点绝缘,而同时让 c 点导通,在此过程中(　　)。

　　A. 电路周围的面积有变化　　　　B. 电路周围的面积的磁通量有变化

C. 电路中有感生电流出现　　D. 电路中无感生电流出现

【例3.1.33】 如图3.22所示,唱卡拉OK用的话筒内的传感器,有一个动圈式的弹性膜片粘接一个轻小的金属线圈,该线圈处于永磁体的磁场中。在声波使膜片前后振动时,将声音信号转变为电信号,则下列说法正确的是(　　)。

A. 该传感器是根据电流的磁效应工作的
B. 该传感器是根据电磁感应原理工作的
C. 此话筒错插在耳机插孔也能发出声音
D. 此话筒错插在耳机插孔不能发出声音

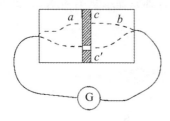
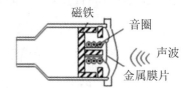

图3.21　两块金属板　　　　　　图3.22　卡拉OK话筒的示意图

3. 动生电动势

【例3.1.34】 以下说法错误的是(　　)。

A. 动生电动势是由洛伦兹力引起的,这与洛伦兹力对电荷不做功不矛盾
B. 涡旋电场不是保守力场,因而没有电势的概念
C. 变化的磁场产生的电场和变化的电场产生的磁场一定随时间变化
D. 尽管麦克斯韦引进了位移电流的概念,但原有的电荷守恒定律仍然成立

【例3.1.35】 如图3.23所示,有一个固定的超导圆环,在其右端放一条形磁铁,此时圆环中无电流,当把磁铁向右移走时,在超导圆环中产生一定的感应电流。则以下判断正确的是(　　)。

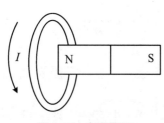

图3.23　超导圆环

A. 此时的感应电动势是动生电动势
B. 此时的感应电动势是感生电动势
C. 此感应电流的方向与箭头方向相同,磁铁移走后,电流继续维持
D. 此感应电流的方向与箭头方向相反,磁铁移走后,电流很快消失

【例3.1.36】 如图3.24所示,电流表中有a到b方向的稳恒电流,导线MN在导轨上所做的运动是(　　)。

A. MN向右做匀速运动　　　　B. MN向左做匀速运动
C. MN向右做匀速加速运动　　D. MN向左做匀速减速运动

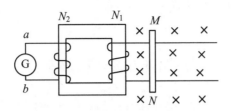

图 3.24　导线 MN 在导轨上所做的运动

4．感生电动势

【例 3.1.37】　静电场、稳恒电流的电场、运动电荷的电场与感生电场（　　）。
A．来源相同　　　　　　　　B．场方程的形式不同
C．电力线的形状相同　　　　D．场的性质相同

【例 3.1.38】　在有磁场变化着的空间里，若没有物质，则此空间中没有（　　）。
A．电场　　B．感生电动势　　C．涡电流　　D．感生电流

【例 3.1.39】　如图 3.25 所示，一个半径为 R 的铜圆盘处于均匀的稳恒磁场 B 中，盘面与磁场垂直，若盘面以角速度 ω 绕中心轴逆时针方向转动，则铜盘上（　　）。

A．无感应电动势
B．无感应电流
C．产生涡流
D．有感应电动势，边缘处电势最高
E．有感应电动势，盘心处电势最高
F．有感应电动势，任一圆环上各点电势相等

图 3.25　铜圆盘

5．互感与自感

【例 3.1.40】　两个相距不太远的平面圆线圈，怎样放置可使其互感系数近似为 0（设其中一线圈的轴线恰通过另一线圈的圆心）？（　　）
A．两线圈的轴线相互平行
B．两线圈的轴线相互垂直
C．两线圈的磁矩成反平行
D．两线圈无论如何放置，互感系数都不为零

【例 3.1.41】　关于一个螺线管的自感系数 L 的值，下列说法哪一种是错误的？（　　）
A．通以电流 I 的值愈大，L 愈大
B．单位长度的匝数愈多，L 愈大
C．螺线管的半径愈大，L 愈大

D. 充有铁磁质的 L 比真空的大

【例3.1.42】 长为 L 的单层密绕螺线管,共绕有 N 匝导线,螺线管的自感为 L,下列哪种说法是错误的?(   )

A. 将螺线管的半径增大1倍,自感为原来的4倍

B. 换用直径比原来直径大1倍的导线密绕,自感为原来的1/4

C. 在原来密绕的情况下,用同样直径的导线再顺序密绕1层,自感为原来的2倍

D. 在原来密绕的情况下,用同样直径的导线再反向密绕1层,自感为零

【例3.1.43】 下列说法正确的是(   )。

A. 按照线圈自感系数的定义式,I 越小,L 就越大

B. 自感是对线圈而言的,对一个无线圈的导线回路是不存在自感的

C. 位移电流只在平行板电容器中存在

D. 位移电流的本质也是电荷的定向运动,当然也能激发磁场

E. 以上说法均不正确

【例3.1.44】 长为 l、截面积为 S 的密绕空心螺线管,单位长度上绕有 n 匝线圈,当通有电流 I 时,线圈的自感系数为 L,欲使其自感增大一倍,则须使(   )。

A. 电流增大1倍 B. 线圈长度增加1倍

C. 线圈截面积增加1倍 D. 单位长度上的匝数增加1倍

【例3.1.45】 如图3.26所示,在一圆筒上密绕两个相同的线圈 ab 和 $a'b'$,ab 用细线表示,$a'b'$ 用粗线表示,如何连接这两个线圈,才能使它们所组成的系统自感系数为0?(   )

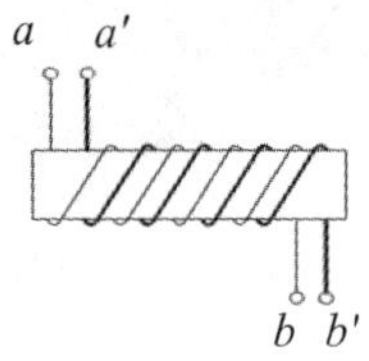

A. 连接 $a'b'$ B. 连接 $a b'$

C. 连接 bb' D. 连接 $a'b$

图 3.26 密绕两个相同线圈的圆筒

6. 暂态过程

【例3.1.46】 电路的暂态(过渡)过程是由一种稳态向另一种(   )过渡的过程。

A. 状态 B. 稳态 C. 暂态 D. 变态

3.1.2.2 定性测试题

序号	1	2	3	4	5	6
知识点	电感现象	电磁感应定律	动生电动势	感生电动势	互感与自感	电磁应用
题号	3.1.47~3.1.50	3.1.51	3.1.52~3.1.55	3.1.56~3.1.58	3.1.59~3.1.62	3.1.63~3.1.67

1. 电磁感应现象

【例 3.1.47】 如图 3.27 所示，在铁芯 P 上绕着两个线圈 a 和 b，则（   ）。

A. 线圈 a 输入正弦交变电流，线圈 b 可输出恒定电流

B. 线圈 a 输入恒定电流，穿过线圈 b 的磁通量一定为 0

C. 线圈 b 输出的交变电流不对线圈 a 的磁场造成影响

D. 线圈 a 的磁场变化时，线圈 b 中一定有电场

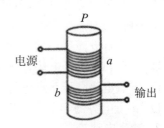

图 3.27 绕着两个线圈的铁芯 P

【例 3.1.48】 如图 3.28 所示，矩形线框在磁场内做的各种运动中，能够产生感应电流的是（   ）。

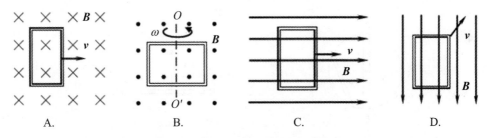

图 3.28 矩形线框在磁场内做的运动

【例 3.1.49】 吉他以其独特的魅力吸引了众多音乐爱好者，电吉他与普通吉他不同的地方是它的每一根琴弦下面安装了一种叫作"拾音器"的装置，该装置能将琴弦的振动转化为电信号，电信号经扩音器放大，再经过扬声器就能播出优美的音乐声。拾音器的结构示意图如图 3.29 所示，多匝线圈置于永久磁铁与钢制的琴弦（电吉他不能使用尼龙弦）之间，当琴弦沿着线圈振动时，线圈中就会产生感应电流。对于该感应电流，以下说法正确的是（   ）。

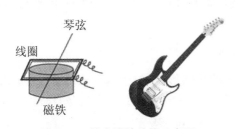

图 3.29 拾音器的结构示意图

A. 琴弦振动时，线圈中产生的感应电流是恒定的

B. 琴弦振动时，线圈中产生的感应电流大小变化，方向不变

C. 琴弦振动时，线圈中产生的感应电流大小不变，方向变化

D. 琴弦振动时，线圈中产生的感应电流大小和方向都会发生变化

2. 电磁感应定律

【例 3.1.50】 如图 3.30 所示,在一长直螺线管中,放置 ab、cd 两段导体,一段在直径上,另一段在弦上,若螺线管中的电流从零开始缓慢增加,则 a、b、c、d 各点电势为(　　)。

A. a 点和 b 点等电势,c 点电势高于 d 点电势
B. a 点和 b 点等电势,c 点电势低于 d 点电势
C. a 点电势高于 b 点电势,c 点和 d 点等电势
D. a 点电势低于 b 点电势,c 点和 d 点等电势

3. 动生电动势

【例 3.1.51】 如图 3.31 所示,导体 ABC 以速度 v 在匀强磁场中做切割磁力线运动,如果 $AB = BC = L$,则杆中的动生电动势大小为(　　)。

A. $\varepsilon = BLv$ 　　　　B. $\varepsilon = BLv(1+\cos\theta)$
C. $\varepsilon = BLv\cos\theta$　　D. $\varepsilon = BLv\sin\theta$

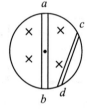
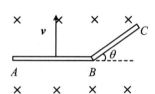

图 3.30　长直螺线管　　　　图 3.31　切割磁力线运动

【例 3.1.52】 如图 3.32 所示,在与磁感应强度为 B 的均匀恒定磁场垂直的平面内,有一长为 L 的直导线 ab,绕 a 点以匀角速度 ω 转动,转轴与 B 平行,则 ab 上的动生电动势大小为(　　)。

A. $\dfrac{1}{2}\omega BL^2$　　B. ωBL^2　　C. $\dfrac{1}{4}\omega BL^2$　　D. 0

【例 3.1.53】 一细导线弯成直径为 d 的半圆形状,位于水平面内,如图 3.33 所示,均匀磁场 B 竖直向上通过导线所在平面。当导线绕过 A 点的竖直轴以匀速度 ω 逆时针方向旋转时,导体 AC 之间的电动势 ε_{AC} 为(　　)。

A. $\omega d^2 B$　　B. $2\pi\omega d^2$　　C. $\dfrac{\omega d^2 B}{2}$　　D. $\dfrac{\pi\omega d^2 B}{2}$

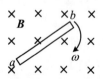
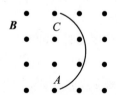

图 3.32　导线绕 a 点以匀角速度 ω 转动　　　图 3.33　细导线弯成直径为 d 的半圆形状

【例 3.1.54】 如图 3.33 所示，M、N 为水平面内两根平行的金属导轨，ab 与 cd 为垂直于导轨并可在其上自由滑动的两根直裸导线。外磁场垂直水平面向上，当外力使 ab 向右平移时，cd 将( )。

A. 不动　　B. 转动　　C. 向左移动　　D. 向右移动

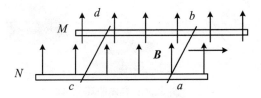

图 3.34　水平面内两根平行的金属导轨

4. 感生电动势

【例 3.1.55】 关于静电场与涡旋电场，以下说法错误的是( )。

A. 静电场满足环路定律，涡旋电场不满足环路定律
B. 静电场满足高斯定律，涡旋电场不满足高斯定律
C. 涡旋电场的电力线总是闭合的
D. 对涡旋电场，不存在电势的概念

【例 3.1.56】 一个分布在圆柱形体积内的均匀磁场，磁感应强度为 B，方向沿圆柱的轴线，圆柱的半径为 R，B 的量值以 $dB/dt = K$ 的恒定速率减小，在磁场中放置一等腰形金属框 $ABCD$，如图 3.35 所示。已知 $AB = R$，$CD = R/2$，则线框中的总电动势为( )。

A. $\dfrac{3\sqrt{3}}{16}R^2 K$，顺时针方向

B. $\dfrac{3\sqrt{3}}{16}R^2 K$，逆时针方向

C. $\dfrac{\sqrt{3}}{4}R^2 K$，顺时针方向

D. $\dfrac{\sqrt{3}}{4}R^2 K$，逆时针方向

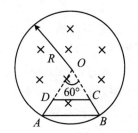

图 3.35　一个分布在圆柱形体积内的均匀磁场

【例 3.1.57】 如图 3.36 所示，一半径为 R 的导体圆环由两个半圆组成，电阻分别为 R_1 和 R_2，把它放入轴对称分布的均匀磁场 B 中，若 $dB/dt > 0$，则圆环中( )。

A. 有感生电动势　　　　　　B. 有感生电流
C. a 点电势高于 b 点　　　　D. a 点电势低于 b 点
E. a 点电势等于 b 点

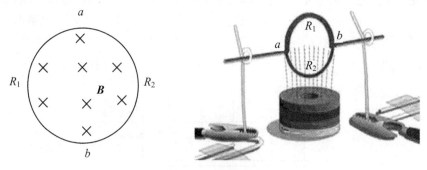

图 3.36 导体圆环

【例 3.1.58】 如图 3.37 所示,一段导线在均匀磁场中运动,O 为固定点。在以下五种情况中,哪些情况中导线两端的感应电动势不为 0?(　　)

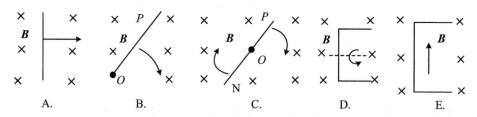

图 3.37 【例 3.1.58】的示意图

5. 互感与自感

【例 3.1.59】 如图 3.38 所示,一螺绕环的自感系数为 L。若将该螺绕环锯成两个半环式的螺线管,则两个半环螺线管的自感系数(　　)。

A. 都等于 $L/2$　　　　B. 都大于 $L/2$
C. 都小于 $L/2$　　　　D. 无法确定

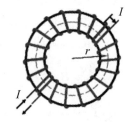

图 3.38 螺绕环

【例 3.1.60】 有两个完全相同的线圈,其自感系数为 L,互感系数为 M,顺接并联后其等效自感系数为(　　)。

A. $2(L+M)$　　B. $2(L-M)$　　C. $(L-M)/2$　　D. $(L+M)/2$

【例 3.1.61】 图 3.39(a)为在自感线圈中通过的电流 I 随时间 t 的变化规律曲线。若以 I 的正流向作为 ε 的正方向,则代表线圈内自感电动势 ε 随时间 t 的变化规律曲线应为图(b)的(　　)。

【例 3.1.62】 如图 3.40 所示,面积为 S 和 $2S$ 的两圆形线圈 1、2,通有相同的电流 I,线圈 1 的电流所产生的通过线圈 2 的磁通量用 Φ_{21} 表示,线圈 2 的电流所产生的通过线圈 1 的磁通量用 Φ_{12} 表示,则 Φ_{21} 和 Φ_{12} 的大小关系应为(　　)。

A. $\Phi_{21}=2\Phi_{12}$　　B. $\Phi_{21}=\dfrac{1}{2}\Phi_{12}$　　C. $\Phi_{21}=\Phi_{12}$　　D. $\Phi_{21}>\Phi_{12}$

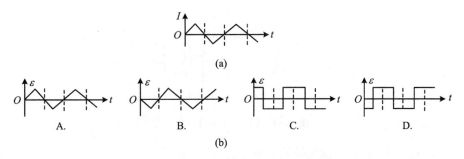

图 3.39 电流 I、ε 随时间 t 的变化规律

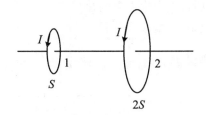

图 3.40 两圆形线圈

6. 电磁应用

【例 3.1.63】 在 $t=0$ 时,沿 z 轴加速一个原先静止在坐标系原点的点电荷,则辐射电场在 y 轴方向、z 轴方向和在与 z 轴成 30°角的方向上,辐射强度之比是( )。

A. 1∶1∶1 B. 0∶2∶1 C. 2∶0∶1 D. 2∶1∶0

【例 3.1.64】 设电磁波中坡印廷矢量的大小 $S=100$ W·m^{-2},则电磁场能量密度为( )。

A. 100 J·m^{-3} B. 10 J·m^{-3}
C. 3.3×10^{-7} J·m^{-3} D. 3.3×10^{-3} J·m^{-3}

【例 3.1.65】 在电子感应加速器中,如果在任意半径处磁感应强度 $B=K/r$,则轨道平面上的平均磁感应强度与轨道上的磁感应强度之比是( )。

A. 1∶1 B. 1∶2 C. 2∶3 D. 2∶1

【例 3.1.66】 如图 3.41 所示,一导体棒 ab 在均匀磁场中沿金属导轨向右做匀加速运动,磁场方向垂直导轨所在平面。若导轨电阻忽略不计,并设铁芯磁导率为常数,则达到稳定后,在电容器的 M 极板上( )。

A. 带有一定量的正电荷 B. 带有一定量的负电荷
C. 带有越来越多的正电荷 D. 带有越来越多的负电荷

【例 3.1.67】 变压器的铁芯是利用薄硅钢片叠压而成的,而不是采用一整块硅钢,这是为了( )。

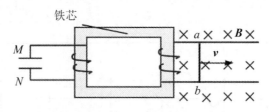

图 3.41 【例 3.1.66】的示意图

A. 增大涡流,提高变压器的效率
B. 减小涡流,提高变压器的效率
C. 增大铁芯中的电阻,以产生更多的热量
D. 增大铁芯中的电阻,以减少发热量

3.1.2.3 快速测试题

序号	1	2	3	4	5	6
知识点	电感现象	电磁感应定律	动生电动势	感生电动势	互感与自感	暂态过程
题号	3.1.68	3.1.69、3.1.70	3.1.71、3.1.72	3.1.73~3.1.75	3.1.76~3.1.83	3.1.84、3.1.85

1. 电磁感应现象

【例 3.1.68】 如图 3.42 所示,在无限长的载流直导线附近放置一矩形闭合线圈,开始时线圈与导线在同一平面内,且线圈中两条边与导线平行,当线圈以相同的速率做如图所示的三种不同方向的平动时,线圈中的感应电流( )。

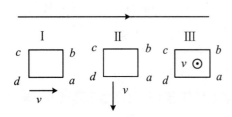

图 3.42 无限长的载流直导线

A. 以情况Ⅰ为最大
B. 以情况Ⅱ为最大
C. 以情况Ⅲ为最大
D. 在情况Ⅰ和Ⅱ中相同

2. 电磁感应定律

【例 3.1.69】 如图 3.43 所示,在磁场中竖直平行地放置一对光滑的金属导杆,另有一对金属杆相距一定距离且同时由某一高度释放。若两杆始终保持与导杆接触,且不计摩擦,则此对金属杆在磁场中将( )。

A. 先做加速运动,后做匀速运动
B. 做变加速运动

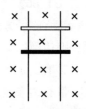

图 3.43 光滑的金属导杆

C. 做自由落体运动

D. 做加速度小于 g 的匀加速运动

【例 3.1.70】 如图 3.44 所示，在圆柱形空间内有一磁感应强度为 B 的均匀磁场，B 的大小以速率 $\mathrm{d}B/\mathrm{d}t$ 变化。现有一长度为 l_0 的金属棒先后放在磁场的两个不同位置 $1(ab)$ 和 $2(a'b')$，则金属棒在这两个位置时感应电动势的大小关系为（　　）。

A. $\varepsilon_1 = \varepsilon_2 \neq 0$　　　　　　B. $\varepsilon_2 > \varepsilon_1$

C. $\varepsilon_2 < \varepsilon_1$　　　　　　　D. $\varepsilon_2 = \varepsilon_1 = 0$

3. 动生电动势

【例 3.1.71】 如图 3.45 所示，均匀磁场与导体回路法线 $\hat{e}$ 的夹角为 $\theta = \pi/3$，磁感应强度 B 随时间按正比的规律增加，即 $B = Kt$（$K > 0$）。ab 边长为 L，且以速度 u 向右滑动（当 $t = 0$ 时，$x = 0$），则导体回路内任意时刻的感应电动势的大小和方向分别为（　　）。

A. $2LKut$，逆时针方向

B. $Lut/2$，顺时针方向

C. $LKut$，顺时针方向

D. $LKut$，逆时针方向

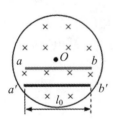

图 3.44　空间内存在均匀磁场的圆柱形

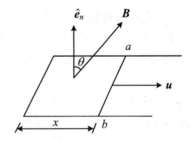

图 3.45　均匀磁场与导体回路

【例 3.1.72】 一导体棒 AB 在均匀磁场中绕中点 O 做切割磁感线的转动，则 AB 两点间的电势差为（　　）。

A. 0　　　B. $OA\omega_B/2$　　　C. $-AB\omega_B/2$　　　D. $OA\omega_B$

4. 感生电动势

【例 3.1.73】 随时间变化的磁场外面有一段导线 AB，设 $\mathrm{d}B/\mathrm{d}t > 0$，则在 AB 上感应电动势为（　　）。

A. 为 0　　　　　　　　　B. 不为 0，方向从 B 到 A

C. 不为 0，方向从 A 到 B　　D. 无法确定

【例 3.1.74】 如图 3.46 所示，两个圆形的闭合回路，其中一个小回路套在一个大回路中，两个回路在同一平面上。当大回路和电源接通的那一瞬间，小回路各小段所受到的磁力的方向为（　　）。

A. 沿半径向外　　B. 沿半径向圆心　　C. 沿水平向右　　D. 沿水平向左

【例 3.1.75】 如图 3.47 所示,一闭合正方形线圈放在均匀磁场中,绕通过其中心且与一边平行的转轴 OO' 转动,转轴与磁场方向垂直,转动角速度为 ω。用下述哪一种办法可以使线圈中感应电流的幅值增加到原来的两倍(导线的电阻不能忽略)?(　　)

A. 把线圈的匝数增加到原来的两倍,而形状不变

B. 把线圈的面积增加到原来的两倍,而形状不变

C. 把线圈切割磁力线的两条边增长到原来的两倍

D. 把线圈的角速度增大到原来的两倍

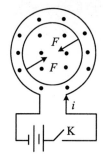

图 3.46　两个圆形的闭合回路

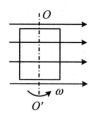

图 3.47　放在均匀磁场中的闭合正方形线圈

5. 互感与自感

【例 3.1.76】 在自感为 0.1 H 的线圈中通有变化的电流 $I = 10000t^2 + 2$,若电流在 0.01 s 内从 2 A 增加到 3 A,则在 $t = 0.01$ s 时的自感电动势为(　　)。

A. 1 V　　　　B. 2 V　　　　C. 3 V　　　　D. 200 V

【例 3.1.77】 两个电感器的电感都是 L_0,它们相隔很远,把这两个电感器并联起来,则这个组合电感器的等效电感是(　　)。

A. $2L_0$　　　　B. $L_0/2$　　　　C. 0　　　　D. L_0^2

【例 3.1.78】 一体积为 V 的长螺线管的自感系数为 $L = \mu_0 n^2 V$,则半个螺线管的自感系数是(　　)。

A. $\mu_0 n^2 V$　　B. $\frac{1}{2}\mu_0 n^2 V$　　C. $\frac{1}{4}\mu_0 n^2 V$　　D. 0

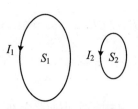

图 3.48　两个平面线圈

【例 3.1.79】 如图 3.48 所示,两个平面线圈的面积分别为 S_1 和 S_2,所载电流分别为 I_1 和 I_2,I_1 所产生的磁场在 S_2 中的磁通量为 Φ_{21},I_2 所产生的磁场在 S_1 中的磁通量为 Φ_{12},若 $I_1 = I_2$,$S_1 = 2S_2$,则(　　)。

A. $\Phi_{21} = \Phi_{12}$　　　　B. $\Phi_{21} = 2\Phi_{12}$

C. $2\Phi_{21} = \Phi_{12}$　　　　D. 不能确定

【例 3.1.80】 已知两共轴细长螺线管,外管线圈半

径为 r_1,内管线圈半径为 r_2,匝数分别为 N_1、N_2,则它们的互感系数是(　　)。

A. $M = \dfrac{r_1}{r_2}\sqrt{L_1 L_2}$ B. $M = \dfrac{r_2}{r_1}\sqrt{L_1 L_2}$

C. $M = \sqrt{L_1 L_2}$ D. $M = L_1 L_2$

【例 3.1.81】 两线圈顺接后总自感为 1.00 H,在它们的形状和位置都不变的情况下,反接后的总自感为 0.40 H,则它们之间的互感系数为(　　)。

A. 0.63 H   B. 0.35 H   C. 0.15 H   D. 1.4 H

【例 3.1.82】 有两个不能远离的螺线管以一定位置放置,它们的轴线既不平行又不垂直,为了减少两个螺线管的互感耦合影响,应将它们的相对位置作哪种调整?(　　)

A. 调整距离,使螺线管靠近   B. 调整方向,使螺线管轴线平行

C. 调整方向,使螺线管轴线垂直   D. 没有办法

【例 3.1.83】 已知两个共轴的螺线管 A 和 B 完全耦合。若 A 的自感为 L_1,载有电流 I_1,B 的自感为 L_2,载有电流 I_2,则这两个线圈内储存的总磁能为(　　)。

A. $\dfrac{1}{2}(L_1 I_1^2 + L_2 I_2^2)$

B. $\sqrt{L_1 L_2}\, I_1 I_2$

C. $\dfrac{1}{2}(L_1 I_1^2 + L_2 I_2^2 - 2\sqrt{L_1 L_2}\, I_1 I_2)$

D. $\dfrac{1}{2}(L_1 I_1^2 + L_2 I_2^2 + 2\sqrt{L_1 L_2}\, I_1 I_2)$

6. 暂态过程

【例 3.1.84】 如图 3.49(a)所示,一已充电到 $u_C = 8$ V 的电容器对电阻 R 放电的电路,在 $t = 0$ 时将开关 S 闭合,当电阻分别为 1 kΩ、6 kΩ、3 kΩ 和 4 kΩ 时得到四条 $u_C(t)$ 曲线,如图 3.49(b)所示,其中对 4 kΩ 电阻放电的 $u_C(t)$ 的曲线是(　　)。

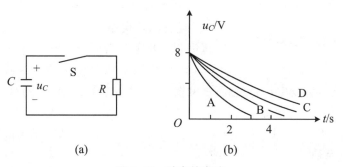

图 3.49　放电的电路

【例 3.1.85】 如图 3.50 所示,金属球(铜球)下端放一通电的线圈,现把小球

拉离平衡位置后释放,此后小球的运动情况是(不计空气阻力)(　　)。

A. 等幅振荡　　　B. 阻尼振荡　　　C. 振幅不断增大　　　D. 无法判定

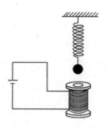

图 3.50　金属球(铜球)下端放一通电的线圈

3.1.2.4　定量测试题

序号	1	2	3	4	5	6
知识点	电感现象	电磁感应定律	动生电动势	感生电动势	互感与自感	暂态过程
题号	3.1.86	3.1.87	3.1.88~3.1.90	3.1.91~3.1.96	3.1.97~3.1.100	3.1.101

1. 电磁感应现象

【例 3.1.86】　如图 3.51 所示,一个竖直的长直螺线管,通有稳恒电流 I,一个导体圆环自螺线管的一端沿轴线自由下落,在下落的过程中,导体环保持水平,则圆环经过 b、c、d 三点时加速度的大小为(　　)。

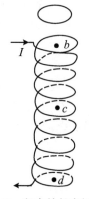

图 3.51　竖直的长直螺线管

A. $a_b < a_c < a_d$　　　B. $a_b < a_d < a_c$

C. $a_d < a_b < a_c$　　　D. $a_c < a_b < a_d$

E. $a_c = a_b = a_d$

2. 电磁感应定律

【例 3.1.87】　如图 3.52 所示,有一金属环由两个半圆组成,电阻分别为 R_1 和 R_2,且 $R_1 < R_2$,将它放入对称的均匀磁场中,当磁感应强度增加时,比较分界面 A、B 两点的电势差,有(　　)。

A. $U_{AB} < 0$　　B. $U_{AB} = 0$　　C. $U_{AB} > 0$　　D. 无法确定

3. 动生电动势

【例 3.1.88】　一矩形线框长为 a,宽为 b,置于均匀磁场中,线框绕轴以匀角速度旋转。设 $t = 0$ 时,线框平面处于纸面内,则任意时刻感应电动势的大小为(　　)。

A. $2abB|\cos\omega t|$ B. ωabB
C. $\frac{1}{2}\omega abB|\cos\omega t|$ D. $\omega abB|\sin\omega t|$

【例 3.1.89】 如图 3.53 所示,一矩形线圈放在一无限长载流直导线附近,开始时,线圈与导线在同一平面内,矩形的长边与导线平行,若矩形线圈以如图 3.53(a)、(b)、(c)、(d)所示的四种方式运动,则在开始瞬间,以哪种方式运动的矩形线圈中的感应电流最大?( )

A. 以图(a)所示方式运动 B. 以图(b)所示方式运动
C. 以图(c)所示方式运动 D. 以图(d)所示方式运动

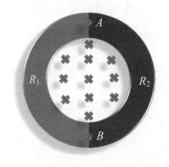

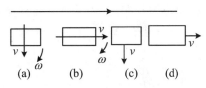

图 3.52 由两个半圆组成的金属环

图 3.53 矩形线圈

【例 3.1.90】 如图 3.54 所示,有一弯成 θ 角的金属架 COD 放在非均匀的时变磁场 $B = kx\cos(\omega t)$ 中,磁感应强度 $\boldsymbol{B}$ 的方向垂直于金属架 COD 所在平面,一导体杆 MN 垂直于 OD 边,并在金属架上以恒定的速度 v 向右滑动,v 与 MN 垂直,设 $t=0$ 时,$x=0$,则框架内的感应电动势的大小是( )。

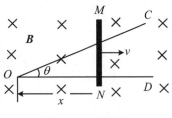

图 3.54 金属架

A. $kv^3 t^2 \tan\theta\cos\omega t$
B. $v^3 t^3 k\omega\tan\theta\sin(\omega t)/3$
C. $kv^3 t^3 \tan\theta\cos(\omega t)$
D. $v^3 t^3 k\omega\tan\theta\sin(\omega t)/3 - kv^3 t^2 \tan\theta\cos\omega t$

4. 感生电动势

【例 3.1.91】 无限长螺线管的电流随时间作线性变化时,$dI/dt = \text{const}$,其内部的磁场也随时间作线性变化,$dB/dt = \text{const}$,则螺线管外的感生电场( )。

A. 0 B. $-(R^2/2r)dB/dt$ C. $(R^2/2r)dB/dt$
D. $-(r/2)dB/dt$ E. $-(R/2)dB/dt$

【例 3.1.92】 一根无限长直导线中通以电流 I,其旁的 U 形导体上有根可滑动的导线 ab,如图 3.55 所示,设三者在同一平面内,今使 ab 向右以等速度 v 运

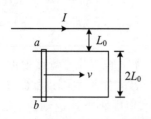

图 3.55 【例 3.1.92】的示意图

动,则线框中的感应电动势( )。

A. $\varepsilon = \dfrac{\mu_0 vI}{2\pi}\ln 2$,方向由 a 到 b

B. $\varepsilon = \dfrac{\mu_0 vI}{2\pi}\ln 2$,方向由 b 到 a

C. $\varepsilon = \dfrac{\mu_0 vI}{2\pi}\ln 3$,方向由 a 到 b

D. $\varepsilon = \dfrac{\mu_0 vI}{2\pi}\ln 3$,方向由 b 到 a

【例 3.1.93】 如图 3.56 所示,当 AB 接上电流计 G 时,则电流计( )。

A. 无指示 B. 有指示,方向为 $A \to G \to B$

C. 有指示,方向为 $B \to G \to A$ D. 无法确定

【例 3.1.94】 如图 3.57 所示,一通有电流 I 的无限长直导线所在平面内,有一半径为 r、电阻为 R 的导线圆环,环中心到直导线的距离为 a,且 $a \gg r$。当直导线的电流被切断后,沿着直导线环流过的电量约为( )。

A. $\dfrac{\mu_0 Ir^2}{2\pi R}\left(\dfrac{1}{a} - \dfrac{1}{a+r}\right)$ B. $\dfrac{\mu_0 Ir}{2\pi R}\ln\dfrac{a+r}{a}$

C. $\dfrac{\mu_0 Ir^2}{2aR}$ D. $\dfrac{\mu_0 Ia^2}{2rR}$

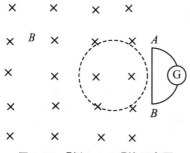

图 3.56 【例 3.1.93】的示意图

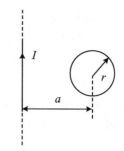

图 3.57 【例 3.1.94】的示意图

【例 3.1.95】 地球磁场对鸽子辨别方向起到重要作用,鸽子体内的电阻大约为 1000 Ω,当它在地球磁场中展翅飞行时,会切割磁感线,因而在两翅之间产生感生电动势。这样,鸽子体内灵敏的感受器官即可根据感生电动势的大小来判别其飞行方向。若地磁场大小为 5×10^{-5} T,当鸽子以 20 m·s^{-1} 飞翔时,两翅间的感生电动势约为( )。

A. 50 mV   B. 5 mV   C. 0.5 mV   D. 0.05 mV

【例 3.1.96】 用导线围成的回路(两个以 O 点为心、半径不同的同心圆,在一处用导线沿半径方向相连)放在轴线通过 O 点的圆柱形均匀磁场中,回路平面垂直于柱轴,如磁场方向垂直图向里,其大小随时间减小,则以下四个选项中,哪个图正确表示了感应电流的流向?( )

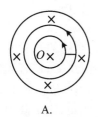 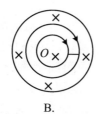 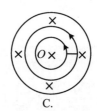 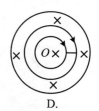

A.　　　　　　　B.　　　　　　　C.　　　　　　　D.

5. 互感与自感

【例 3.1.97】 线圈 1 对线圈 2 的互感系数为 M_{21},而线圈 2 对线圈 1 的互感系数为 M_{12},若两个线圈分别载有 i_1 和 i_2 的变化电流,并设有 i_2 在线圈 1 中产生的互感电动势为 ε_{21},则下面论断正确的是(　　)。

A. $M_{12}=M_{21},\varepsilon_{21}=\varepsilon_{12}$　　　　B. $M_{12}\neq M_{21},\varepsilon_{21}\neq\varepsilon_{12}$
C. $M_{12}=M_{21},\varepsilon_{21}>\varepsilon_{12}$　　　　D. $M_{12}=M_{21},\varepsilon_{21}<\varepsilon_{12}$

【例 3.1.98】 两线圈有磁场耦合,其串联等效电感值为 140 mH,如果将其中一串联线圈两端反接,其串联等效电感值为 20 mH,则两线圈的互感为(　　)。

A. 120 mH　　B. 60 mH　　C. 40 mH　　D. 30 mH

【例 3.1.99】 两线圈的自感系数分别为 L_1 和 L_2,它们的互感系数为 M。当线圈串联逆接时,它的等效自感系数为(　　)。

A. L_1+L_2　　B. L_1+L_2+M　　C. L_1+L_2+2M　　D. L_1+L_2-2M

【例 3.1.100】 两线圈的自感系数分别为 L_1 和 L_2,它们的互感系数为 M。当线圈串联顺接时,它的等效自感系数为(　　)。

A. L_1+L_2　　B. L_1+L_2+M　　C. L_1+L_2+2M　　D. L_1+L_2-2M

6. 暂态过程

【例 3.1.101】 一个电阻为 R、自感系数为 L 的线圈,将它接在一个电动势为 $\varepsilon(t)$ 的交变电源上,线圈的自感电动势为 $\varepsilon_L=-L\dfrac{\mathrm{d}I}{\mathrm{d}t}$,则流过线圈的电流为(　　)。

A. $\dfrac{\varepsilon(t)}{R}$　　B. $\dfrac{\varepsilon(t)-\varepsilon_L}{R}$　　C. $\dfrac{\varepsilon(t)+\varepsilon_L}{R}$　　D. $\dfrac{\varepsilon_L}{R}$

3.1.3 电磁感应的情景探究题

序号	1	2	3	4	5	6
应用点	演示实验	磁流体	电子感应加速器	感应电动机	高温超导磁悬浮	启辉器
题号	3.1.102	3.1.103~3.1.105	3.1.106~3.1.108	3.1.109~3.1.113	3.1.114~3.1.119	3.1.120~3.1.126

1. 演示实验

【例3.1.102】 图3.58为磁铁在金属管中慢速下落的演示实验。在装置3根铜管时,我们把开有窄缝的铜管安置中间,依次称之为 A、B、C,B 管表面有窄缝,在 A、B、C 中,依次放置的是磁铁块、磁铁块、铝块,则下降时间排序为(   )。

A. $t_A < t_B < t_C$

B. $t_A > t_B > t_C$

C. $t_A \geq t_B \geq t_C$

D. $t_A \leq t_B \leq t_C$

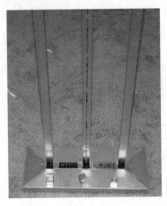

图3.58 磁铁在金属管中慢速下落的演示实验

2. 磁流体

从长期的电力生产和应用中可知,水力发电受自然条件的限制,火力发电效率较低,一般只有30%～40%,即有60%以上的能量浪费了,多年来人们积极寻求高效率的发电形式。随着科学技术的迅速发展,要求有大功率的脉冲电源(如激光武器,要求在瞬间能提供10亿～100亿焦耳的能量),其容量之大,运行时间之短,是目前发电和储能方式难于满足的。磁流体发电就是为解决上述问题而形成的一种新的发电形式。

【例3.1.103】 如图3.59所示,平行金属板之间有一个很强的磁场,将一束含有大量正、负带电粒子的等离子体,沿图中所示方向喷入磁场。图中虚线框部分相当于发电机,若将两个极板与用电器相连,则(   )。

A. 用电器中的电流方向从 A 到 B

B. 用电器中的电流方向从 B 到 A

C. 若只增强磁场,发电机的电动势增大

D. 若只减弱磁场,发电机的电动势增大

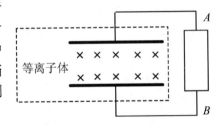

图3.59 磁流体发电的示意图

【例3.1.104】 磁流体发电技术可把气体的内能直接转化为电能,示意图如图3.60所示。平行金属板 A、B 之间有一个很强的匀强磁场,磁感应强度为 B,将一束等离子体(即高温下电离的气体,含有大量正、负带电粒子)垂直于 B 的方向喷入磁场,每个离子的速度为 v,电荷量大小为 q,A、B 两板间距为 d,稳定时,下列说法中正确的是(   )。

A. 图中 A 板是电源的正极

B. 图中 B 板是电源的正极

C. 电源的电动势为 Bvd

D. 电源的电动势为 Bvq

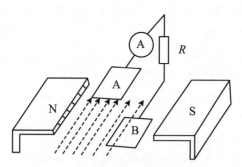

图 3.60　电子感应加速器示意图

【例 3.1.105】　磁流体推进船的动力来源于电流与磁场间的相互作用，图 3.61(a)是在平静海面上某实验船的示意图，磁流体推进器由磁体、电极和矩形通道(简称通道)组成。如图 3.61(b)所示，通道尺寸 $a=2.0$ m、$b=0.15$ m、$c=0.10$ m。工作时，在通道内沿 z 轴正方向加 8 T 的匀强磁场 B；沿 x 轴负方向加匀强电场，使两极板间的电压 $U=99.6$ V；海水沿 y 轴方向流过通道。已知海水的电阻率 $\rho=0.20$ Ω·m。

(1) 船静止时，电源接通瞬间推进器对海水推力的大小为(　　)。

(2) 船以 $v_s=5.0$ m·s^{-1} 的速率匀速前进。以船为参照物，海水以 5.0 m·s^{-1} 的速率涌入进水口，由于通道的截面积小于进水口的截面积，在通道内海水的速率增加到 $v_d=8.0$ m·s^{-1}。此时金属板间的感应电动势 U 为(　　)。

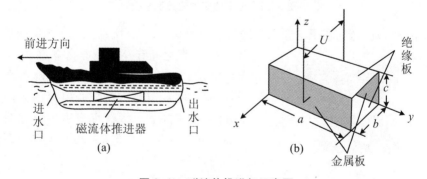

图 3.61　磁流体推进船示意图

(3) 船行驶时，通道中海水两侧的电压按 $U'=U-U_\text{感}$ 计算，海水受到电磁力的 80% 可转换为船的动力。当船以 $v_s=5.0$ m·s^{-1} 的速率匀速前进时，海水推力的功率为(　　)。

A. 576 N,9.6 V,2880 W　　　　　　B. 720 N,9.6 V,2880 W
C. 576 N,9.6 V,3600 W　　　　　　D. 720 N,9.6 V,3600 W

3. 电子感应加速器

【例 3.1.106】　现代科学研究中常用到高速电子，电子感应加速器就是利用感生电场加速电子的设备。电子感应加速器主要由上、下电磁铁磁极和环形真空室组成。当电磁铁绕组通以变化的电流时,其会产生变化的磁场,穿过真空盒所包围的区域内的磁通量也随时间变化,这时真空盒空间内就产生感应涡旋电场,电子将在涡旋电场作用下得到加速。如图 3.62 所示(图 3.62(a)为侧视图,图 3.62(b)为真空室的俯视图),若电子被"约束"在半径为 R 的圆周上运动,当电磁铁绕组通有图中所示的电流时,则(　　)。

A. 电子在轨道上逆时针运动
B. 保持电流的方向不变,当电流增大时,电子将加速
C. 保持电流的方向不变,当电流减小时,电子将加速
D. 被加速时电子做圆周运动的周期不变

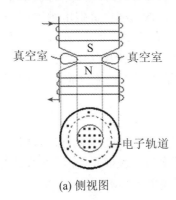

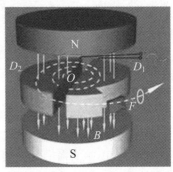

(a) 侧视图　　　　　　　(b) 真空室的俯视图

图 3.62　电子感应加速器示意图

【例 3.1.107】 电子感应加速器的示意图如图 3.63 所示,上、下为电磁铁的两个磁极,磁极之间有一个环形真空室,电子在真空室中做圆周运动。电子从电子枪右端逸出(不计初速度),当电磁铁线圈电流的方向与图示方向一致时,电子将在真空室中沿虚线加速并击中电子枪左端的靶,下列说法中正确的是(　　)。

A. 真空室中磁场方向竖直向上
B. 真空室中磁场方向竖直向下
C. 电流应逐渐增大
D. 电流应逐渐减小

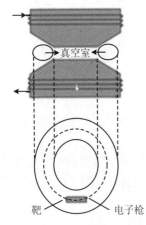

图 3.63　电子感应加速器示意图

【例 3.1.108】 电子感应加速器是加速电子的装置。它的主要部分如图 3.64(a)所示,划斜线区域为电磁铁的两极,在其间隙中安放一个环行真空室。电磁铁中通以频率为几十赫兹的强大交变电流,使两极

间的磁感应强度 B 往返变化,从而在环行室内感应出很强的涡旋电场。用电子枪将电子注入环行室,它们在涡旋电场的作用下被加速,同时在磁场里受到洛伦兹力的作用沿圆轨道运动,如图 3.64(b)所示。若磁场随时间变化的关系如图 3.64(c)所示,则可用来加速电子的 B-t 是(   )。

A. 第一个 $\frac{1}{4}$ 周期   B. 第二个 $\frac{1}{4}$ 周期

C. 第三个 $\frac{1}{4}$ 周期   D. 第四个 $\frac{1}{4}$ 周期

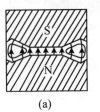

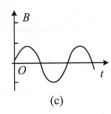

图 3.64 加速电子的装置

4. 电极感应发电机

【例 3.1.109】 同步电机当转子主极轴线沿转向超前于合成磁场轴线时,作用于转子上的电磁转矩为(   )性质;当主极轴线沿转向滞后于合成磁场轴线时,作用于转子上的电磁转矩为(   )性质。

A. 制动   B. 驱动

【例 3.1.110】 一台四极感应电动机的额定转速为 1440 $\min^{-1}$,此时转子旋转磁势相对于定子旋转磁势的转速为(   ),定子旋转磁势相对于转子的转速为(   )。

A. 0 $\min^{-1}$ B. 1500 $\min^{-1}$ C. 60 $\min^{-1}$ D. 无法确定

【例 3.1.111】 感应电动机的转差率 $s>1$ 时,电机运行于(   )状态。

A. 发电机   B. 电动机   C. 电磁制动   D. 无法确定

【例 3.1.112】 三相异步电动机起动转矩不大的主要原因是(   )。

A. 起动电压低   B. 起动电流大

C. 起动时磁通小   D. 起动时功率因数低

【例 3.1.113】 一种早期发电机的原理示意图如图 3.65 所示,该发电机由固定的圆形线圈和一对用铁芯连接的圆柱形磁铁构成,两磁极相对于线圈平面对称。当磁极绕转轴匀速转动时,磁极中心在线圈平面上的投影沿圆弧 MOP 运动(O 是线圈的中心)。在磁极的投影从 M 点运动到 P 点的过程中(   )。

A. 流过电流表的电流由 F 指向 E

B. 流过电流表的电流先增大再减小

C. 流过电流表的电流先减小再增大

D. 流过电流表的电流先增大再减小,然后再增大,再减小

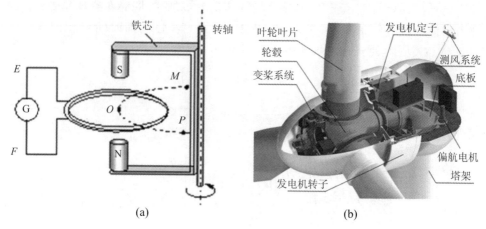

(a)   (b)

图 3.65 发电机的原理示意图

5. 高温超导磁悬浮

【例 3.1.114】 磁悬浮列车在运行时会"浮"在轨道上方,从而高速行驶。其中,高速行驶的原因是(　　)。

A. 列车浮起后,减小了列车的惯性

B. 列车浮起后,减小了地球对列车的引力

C. 列车浮起后,减小了列车与铁轨的摩擦力

D. 列车浮起后,减小了列车所受的重力

【例 3.1.115】 磁悬浮列车是现代高科技的应用,下列说法不正确的是(　　)。

A. 由于列车在悬浮状态下行驶,因而一定做匀速直线运动

B. 为产生极强的磁性使列车悬浮,制作电磁铁的线圈宜选择超导材料

C. 通过列车底部与上方轨道间的同名磁极相互排斥,使列车悬浮

D. 列车悬浮行驶时,车体与轨道间无阻力,无震动,运动平稳

【例 3.1.116】 1911 年,荷兰物理学家昂尼斯(1853～1926)测定水银在低温下的电阻时发现,当温度降到 $-269\ ℃$ 时,水银的电阻突然消失,电阻变为 0,这种现象叫作超导现象,能发生超导现象的物质叫作超导体。2000 年底,我国宣布已研制成功一辆高温超导磁悬浮高速列车的模型车,该车的车速已达到 $500\ km\cdot h^{-1}$,可载 5 人。磁悬浮的原理图如图 3.66 所示,图中 A 是磁性稳定的圆柱形磁块,B 是用高温超导材料制成的超导圆环。将超导圆环 B 水平放在磁铁 A 的上方,它就能在磁力的作用下悬浮于磁铁上方一定的高度,那么下面说法正确的是(　　)。

A. 在 B 放入磁场的过程中,B 中将产生感应电流;当稳定后,感应电流仍存在,且电流的大小保持不变

B. 在 B 放入磁场的过程中，B 中将产生感应电流；当稳定后，感应电流仍存在，但电流会渐渐变小

C. 在 B 放入磁场的过程中，B 中将产生感应电流；随着时间的推移，B 会渐渐变热

D. 在 B 放入磁场的过程中，B 中将产生感应电流；当稳定后，感应电流消失

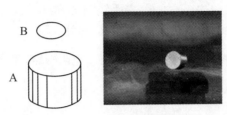

图 3.66　磁悬浮的原理图

【例 3.1.117】　如图 3.67 所示，磁棒过一超导线圈的圆心且和超导线圈所在平面垂直，条形磁铁的轴线与 OO' 重合。在磁铁向线圈靠近的过程中，超导线圈中产生强大的感应电流。以下说法正确的是（　　）。

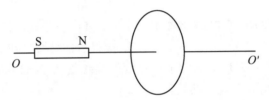

图 3.67　磁棒过一超导线圈的圆心且和超导线圈所在平面垂直

A. 穿过线圈的磁通量变化量很大
B. 穿过线圈的磁通量变化率很大
C. 超导线圈电阻很小且接近于零
D. 感应电动势很大

【例 3.1.118】　美国《科学》杂志发表"新超导体将中国物理学家推到最前沿"的评述。这表明，在新超导体研究领域，我国取得了令人瞩目的成就。假如人们已研制出常温下的超导体，则可以用它制作（　　）。

A. 家用保险丝　　　　B. 白炽灯泡的灯丝
C. 电炉的电阻丝　　　D. 远距离输电导线

【例 3.1.119】　磁悬浮高速列车在我国上海已投入正式运行。如图 3.68 所示，A 是圆柱形磁铁，B 是用高温超导材料制成的超导圆环。现将超导圆环 B 水平放在磁铁 A 上，它就能在磁力的作用下悬浮在磁铁 A 的上方，且 B 中电流俯视为逆时针，则（　　）。

A. 在 B 放入磁场的过程中，B 中将产生感应电流；当稳定后，感应电流消失
B. 在 B 放入磁场的过程中，B 中将产生感应电流；当稳定后，感应电流仍存在

C. 如 A 的 N 极朝上，B 中感应电流的方向如图所示

D. 如 A 的 N 极朝上，B 中感应电流的方向与图中所示的方向相反

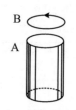

图 3.68 磁悬浮的原理图

6. 日光灯的启辉器

【例 3.1.120】 如图 3.69 所示，多匝线圈 L 的电阻和电池内阻不计，两个电阻的阻值都是 R，开关 S 原来是断开的，电流 $I_0 = \dfrac{E}{2R}$，今合上开关 S 将一电阻短路，于是线圈中有自感电动势产生，此电动势（　　）。

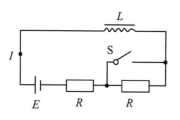

图 3.69 多匝线圈的电阻和电池组成的电路

A. 有阻碍电流的作用，最后电流由 I_0 减小到 0

B. 有阻碍电流的作用，最后电流总小于 I_0

C. 有阻碍电流增大的作用，因而电流将保持 I_0 不变

D. 有阻碍电流增大的作用，但电流最后还是增大到 $2I_0$

【例 3.1.121】 图 3.70 为四个日光灯的接线图，S_1 为启辉器，S_2 为开关，L 为镇流器，能使日光灯正常发光的是（　　）。

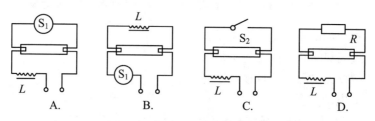

图 3.70 【例 3.1.121】的示意图

【例 3.1.122】 在制作精密电阻时，为了消除使用过程中由于电流变化而引起的自感现象，常采用如图 3.71 所示的双绕线法，其理由是（　　）。

A. 电路中电流变化时，两股导线中产生的自感电动势互相抵消

B. 电路中电流变化时，两股导线中产生的感应电流互相抵消

C. 电路中电流变化时，两股导线中产生的磁通量互相抵消

D. 以上说法都不正确

图 3.71 双绕线法

【例3.1.123】 如图3.72所示,电路中 P 和 Q 是完全相同的两个灯泡,自感线圈 L 是直流电阻为 0 的纯电感,且自感系数 L 很大,电容器 C 的电容较大且不漏电,则下列判断正确的是(   )。

A. 开关 S 闭合后,P 灯亮后逐渐熄灭,Q 灯逐渐亮

B. 开关 S 闭合后,P 灯、Q 灯同时亮,然后 P 灯暗,Q 灯更亮

C. 开关 S 闭合后,电路稳定后,P 灯突然亮一下,然后熄灭,Q 灯立即熄灭

D. 开关 S 闭合后,电路稳定后,P 灯突然亮一下,然后熄灭,Q 灯逐渐熄灭

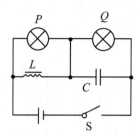

图 3.72 完全相同的两个灯泡组成的电路

【例3.1.124】 如图3.73所示,电阻 R 和自感线圈 L 的电阻值相等,接通 S,使电路达到稳定状态,灯泡 D 发光,则下列说法中正确的是(   )。

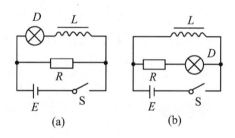

图 3.73 【例3.1.124】的示意图

(1) 在图 3.75(a) 中,断开 S,D 将渐渐变暗

(2) 在图 3.75(a) 中,断开 S,D 将先变得更亮,然后渐渐变暗

(3) 在图 3.75(b) 中,断开 S,D 将渐渐变暗

(4) 在图 3.75(b) 中,断开 S,D 将先变得更亮,然后渐渐变暗

A.(1)(3)   B.(2)(3)   C.(2)(4)   D.(1)(4)

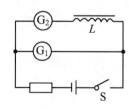

图 3.74 电路

【例3.1.125】 在图3.74所示的电路中,L 为电阻很小的线圈,G_1 和 G_2 为零点在表盘中央的相同的电流表。当开关 S 闭合时,电流表 G_1 指针偏向右方,那么当开关 S 断开时,将出现的现象是(   )。

A. G_1 和 G_2 指针都立即回到零点

B. G_1 指针立即回到零点,而 G_2 指针缓慢地回到零点

C. G_1 指针缓慢地回到零点,而 G_2 指针立即偏向左方,然后缓慢地回到零点

D. G_1 指针先立即偏向左方,然后缓慢地回到零点,而 G_2 指针缓慢地回到零点

【例 3.1.126】 在图 3.75 所示的电路中,三个相同的灯泡 a、b、c 和电感 L_1、L_2 与直流电源连接,电感的电阻忽略不计。开关 S 从闭合状态突然断开时,下列判断正确的有(   )。

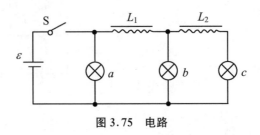

图 3.75　电路

A. 灯泡 a 先亮,然后逐渐变暗　　　　B. 灯泡 b 先亮,然后逐渐变暗
C. 灯泡 c 先亮,然后逐渐变暗　　　　D. b、c 都逐渐变暗

3.2　磁场能量的分层进阶探究题

3.2.1　磁场能量的趣味思考题

序号	1	2	3	4	5
知识点	线圈磁能	磁场能量	磁能密度	磁滞损耗	磁能应用
题号	3.2.1~3.2.3	3.2.4~3.2.6	3.2.7	3.2.8~3.2.10	3.2.11、3.2.12

1. 线圈磁能

【例 3.2.1】 两螺线管 A、B 的长度与直径都相同,都只有一层绕组,相邻各匝紧密相靠,绝缘层厚度可略,螺线管 A 由细导线绕成,螺线管 B 由粗导线绕成。问:哪个螺线管的自感系数较大?

【例 3.2.2】 评价存储器的标准有哪些?铁电存储器的应用领域有哪些?

【例 3.2.3】 什么是软磁材料和硬磁材料?各有哪些特点和应用?

2. 磁场能量

【例 3.2.4】 设两线圈分别通以电流 I_1、I_2,则相邻两通电线圈的通量分别为 Φ_{12}、Φ_{21},试说明两线圈相互的互感系数相等。

【例 3.2.5】 磁场只有能量,磁场中单位体积所具有的能量密度为 $\omega = B^2/2\mu$,式中 B 是磁感强度,μ 是磁导率。在空气中,μ 为一已知常数。为了近似测得条形磁铁磁极端面附近的磁感强度 B，如图 3.76 所示，一学生用一根端面面积为 A 的条形磁铁吸住一相同端面面积的铁片 P，再用力将铁片与磁铁拉开一段小距离 ΔL，并测出拉力 F，因为 F 所做的功等于间隙中磁场的能量，所以 B 与 F、A 的关系如何？

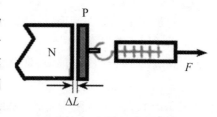

图 3.76 学生的磁场测量

【例 3.2.6】 磁能的两种表达式 $W_m = \frac{1}{2}LI^2$ 和 $W_m = \frac{1}{2}\frac{B^2}{\mu}V$ 的物理意义有何不同？式中，V 是均匀磁场所占的体积。

3. 磁能密度

【例 3.2.7】 在螺绕环中，磁能密度较大的地方是在内半径附近，还是在外半径附近？

4. 磁滞损耗

【例 3.2.8】 恒定（直流）电流通过电路时会在电阻中产生功率损耗，那么恒定磁通通过磁路时会不会产生功率损耗？

【例 3.2.9】 变压器空载运行时，自电源输入的功率等于 0 吗？

【例 3.2.10】 磁滞损耗和涡流损耗是什么原因引起的？它们的大小与哪些因素有关？

5. 磁能应用

【例 3.2.11】 顺磁质和铁磁质的磁导率明显依赖于温度，而抗磁质的磁导率则几乎与温度无关。为什么？

【例 3.2.12】 让一根磁铁棒顺着一根竖直放置的铜管在管内空间下落，设铜管足够细，试说明即使空气的阻力可忽略，磁铁棒最终也将达到一个恒定速率下降。

3.2.2 磁场能量的分层进阶题

3.2.2.1 概念测试题

序号	1	2	3	4	5
知识点	线圈磁能	磁场能量	磁能密度	磁滞损耗	磁能求力
题号	3.2.13、3.2.14	3.2.15～3.2.18	3.2.19	3.2.20、3.2.21	3.2.22

1. 线圈磁能

【例 3.2.13】 用线圈的自感系数 L 来表示载流线圈磁场能量的公式 $W_m =$

$LI^2/2$，则（　　）。

A. 只适用于无限长密绕螺线管

B. 只适用于单匝圆线圈

C. 只适用于一个匝数很多,且密绕的螺线环

D. 适用于自感系数 L 一定的任意线圈

【例 3.2.14】 在线路中,一个密绕的线圈的自感磁能同下面的哪些量成正比?（　　）

A. 与通过该线圈的总磁通成正比　　B. 与该线圈的体积成正比

C. 与该线圈匝数的平方成正比　　　D. 与通过该线圈的电流成正比

E. 与通过该线圈的电流的平方成正比

2. 磁场能量

【例 3.2.15】 在真空中有两个通电的磁偶极子,在下列哪种情况下,两个磁偶极子的受力同牛顿第三定律的描述一致?（　　）

A. 两个磁偶极子的方向相同,且磁偶极子的方向与两个磁偶极子的中心连线在同一直线上。

B. 两个磁偶极子的方向相反,且磁偶极子的方向与两个磁偶极子的中心连线在同一直线上。

C. 两个磁偶极子的方向相同,且磁偶极子的方向与两个磁偶极子的中心连线方向相垂直。

D. 两个磁偶极子的方向相反,且磁偶极子的方向与两个磁偶极子的中心连线方向相垂直。

【例 3.2.16】 磁偶极子处在非均匀磁场中,则下述说法正确的有（　　）。

A. 若磁偶极子与外磁场平行,则磁偶极子的受力指向磁场弱的方向

B. 若磁偶极子与外磁场平行,则磁偶极子的受力指向磁场强的方向

C. 若磁偶极子与外磁场反平行,则磁偶极子的受力指向磁场弱的方向

D. 若磁偶极子与外磁场反平行,则磁偶极子的受力指向磁场强的方向

【例 3.2.17】 分别将一个顺磁棒和一个抗磁棒悬挂在电磁铁的磁极中间,如图 3.77 所示,则下面说法中哪个正确?（　　）

A. (a)为顺磁棒,(b)为抗磁棒。

B. (a)为抗磁棒,(b)为顺磁棒。

图 3.77　悬挂磁棒

【例 3.2.18】 如图 3.78 所示，线圈 P 的自感和电阻分别为线圈 Q 的 2 倍，两线圈间的互感忽略不计，则 P 与 Q 的磁场能量的比值为（   ）。

A. 4　　　B. 2　　　C. 1　　　D. 1/2

3. 磁能密度

【例 3.2.19】 如图 3.79 所示，两个长度相同、匝数相同、截面积不同的长直螺线管，通以相同大小的电流，现在将小螺线管完全放入大螺线管里（两者轴线重合），且使两者产生的磁场方向一致，则小螺线管内的磁能密度是原来的几倍？若使两螺线管产生的磁场方向相反，则小螺线管中的磁能密度为多少（忽略边缘效应）？（   ）

A. 4,0　　　B. 2,0　　　C. 1,0　　　D. 1/2,0

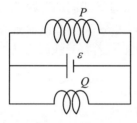

图 3.78　电路

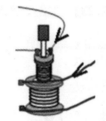

图 3.79　两长直螺线管

4. 磁滞损耗

【例 3.2.20】 变压器的铜损耗与负载的关系是（   ）。

A. 与负载电流的平方成正比例　　　B. 与负载电流成正比例
C. 与负载无关　　　D. 无法确定

【例 3.2.21】 把一块铜板放在磁感应强度正增大的磁场中，铜板中出现涡流（感应电流），则涡流将（   ）。

A. 加速铜板中磁场的增加　　　B. 减缓铜板中磁场的增加
C. 对磁场不起作用　　　D. 使铜板中磁场反向

5. 磁能求力

【例 3.2.22】 如图 3.80 所示，两个导体回路平行，且相对放置，相距为 D，若沿图中箭头方向观察到大回路突然建立了一个顺时针方向电流时，则小回路的感应电流方向和所受力性质是（   ）。

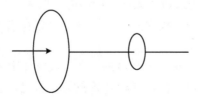

图 3.80　两个导体回路平行

A. 顺时针方向,斥力　　　　　　　B. 顺时针方向,吸力
C. 逆时针方向,斥力　　　　　　　D. 逆时针方向,吸力

3.2.2.2　定性测试题

序号	1	2	3	4	5
知识点	线圈磁能	磁场能量	磁能密度	磁滞损耗	磁能求力
题号	3.2.23、3.2.24	3.2.25~3.2.27	3.2.28	3.2.29、3.2.30	3.2.31、3.2.32

1. 线圈磁能

【例 3.2.23】 如图 3.81 所示,两根很长的平行直导线间的距离为 a,与电源组成闭合回路。已知导线上的电流强度为 I,在保持 I 不变的情况下,若将导线间距离增大,则空间的(　　)。

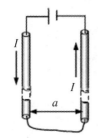

图 3.81　两长直平行直导线

A. 总磁能将增大
B. 总磁能将减小
C. 总磁能将保持不变
D. 总磁能的变化不能确定

【例 3.2.24】 两个线圈在同一个电路中,则下述情况正确的是(　　)。

A. 两个线圈的自感磁能之和大于两者的互感磁能
B. 两个线圈的自感磁能之和等于两者的互感磁能
C. 两个线圈的自感磁能之和小于两者的互感磁能

2. 磁场能量

【例 3.2.25】 将一个空心螺线管连接到恒定电源上通电,然后插入一根软铁棒,则下述说法正确的是(　　)。

A. 在插入过程中,软铁棒受到斥力作用,该力做负功
B. 在插入过程中,软铁棒受到引力作用,该力做正功
C. 在这个过程中,电源做功等于系统磁能的增加
D. 在这个过程中,电源做功大于系统磁能的增加

【例 3.2.26】 一长直导线中的电流 I 均匀分布在它的横截面上,则导线内部单位长度的磁能为(　　)。

A. $\mu_0 I^2/(16\pi)$　　B. $\mu_0 I^2/(8\pi)$　　C. 无限大　　D. 0

【例 3.2.27】 真空中一长直螺线管通有电流 I_1 时,储存的磁能为 W_1;若螺线管中充以相对磁导率 $\mu_r = 4$ 的磁介质,且电流增加为 $I_2 = 2I_1$,螺线管中储存的磁能为 W_2,则 W_1/W_2 为(　　)。

A. 1/16　　　　B. 1/8　　　　C. 1/4　　　　D. 1/2

3. 磁能密度

【例3.2.28】 在线性均匀、各项同性介质中,下述说法正确的是(　　)。

A. 磁能密度同磁场强度的平方成正比

B. 磁能密度同磁场强度成正比

C. 磁能密度同通电螺线管的体积成正比

D. 无法确定

4. 磁滞损耗

【例3.2.29】 交流电磁铁损耗与(　　)有关。

A. V, I, f　　　　B. f, B_m, V　　　　C. V, f, N　　　　D. f, B_m, I

【例3.2.30】 为了减少涡流损耗,可采用的方法是(　　)。

A. 增大铁芯的磁导率　　　　B. 增大铁芯的电阻率

C. 减小铁芯的磁导率　　　　D. 减少铁芯的电阻率

5. 磁能求力

【例3.2.31】 在一个电路中,一个线圈发生了微小的位移,假定电路的电流强度不变,则下列说法正确的是(　　)。

A. 电源做功等于磁力做功和线圈磁能之和

B. 电源做功等于线圈磁能的增加

C. 磁力做功等于线圈磁能的变化量

D. 电源做功的变化量是磁力做功的2倍

【例3.2.32】 在讨论某种固有磁矩的基本粒子在磁场中的运动时,无论是经典力学方法还是量子力学方法,都取粒子磁矩在外磁场中的磁能为其势能,相应地求磁力和磁力矩的公式为(　　)。

A. $F = (m \cdot \nabla)B, L_\theta = m \times B$

B. $F = [\nabla(m \cdot B)]_m, L_\theta = m \times B$

C. $F = -(\nabla W'_m)_m, L_\theta = -\left(\dfrac{\partial W'_m}{\partial \theta}\right)_m$

D. 所有的公式都是通用的

3.2.2.3　快速测试题

序号	1	2	3	4	5
知识点	线圈磁能	磁场能量	磁能密度	磁滞损耗	磁能求力
题号	3.2.33、3.2.34	3.2.35	3.2.36、3.2.37	3.2.38	3.2.39

1. 线圈磁能

【例 3.2.33】 有两个长直密绕螺线管,其长度及线圈匝数均相同,半径分别为 r_1 和 r_2。管内充满均匀介质,其磁导率分别为 μ_1 和 μ_2。设 $r_1:r_2=1:2$,$\mu_1:\mu_2=2:1$,当将两只螺线管串联在电路中通电稳定后,其自感系数之比 $L_1:L_2$ 与磁能之比 $W_{m1}:W_{m2}$ 分别为(　　)。

A. $L_1:L_2=1:1, W_{m1}:W_{m2}=1:1$
B. $L_1:L_2=1:2, W_{m1}:W_{m2}=1:1$
C. $L_1:L_2=1:2, W_{m1}:W_{m2}=1:2$
D. $L_1:L_2=2:1, W_{m1}:W_{m2}=2:1$

【例 3.2.34】 两个相距不太远的线圈,如何放置可使其互感能量为 0?(　　)

A. 将两个线圈平行放置,通以相同方向的电流
B. 将两个线圈平行放置,通以相反方向的电流
C. 将两个线圈相互垂直放置,通以相同方向的电流
D. 将两个线圈放置在同一平面上,通以相反方向的电流

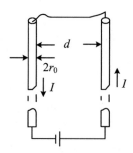

图 3.82　两长直平行导线

2. 磁场能量

【例 3.2.35】 如图 3.82 所示,两根很长的平行直导线间的距离为 d,与电源组成回路,已知导线上的电流为 I,两根导线的横截面的半径均为 r_0,设用 L 表示两导线回路单位长度的自感系数,则沿导线单位长度的空间的总磁能 W_m 为(　　)。

A. $\frac{1}{2}LI^2$

B. $\frac{1}{2}LI^2 + I^2\int_{r_0}^{\infty}\left[\frac{\mu_0 I}{2\pi r} - \frac{\mu_0 I}{2\pi(d+r)}\right]^2 2\pi r dr$

C. ∞

D. $\frac{1}{2}LI^2 + \frac{\mu_0 I^2}{2\pi}\ln\frac{d}{r_0}$

3. 磁能密度

【例 3.2.36】 如图 3.83 所示,真空中两条相距 $2a$ 的平行长直导线,通以方向相同、大小相等的电流 I,O、P 两点与两导线在同一平面内,P 与导线距离为 a,则 O、P 点的磁场能量密度分别为(　　)。

A. $\omega_{mO}=0, \omega_{mP}=\frac{2\mu_0 I^2}{9\pi^2 a^2}$

B. $\omega_{mO}=\frac{\mu_0 I^2}{9\pi^2 a^2}, \omega_{mP}=\frac{2\mu_0 I^2}{9\pi^2 a^2}$

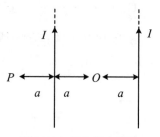

图 3.83　平行长直导线

C. $\omega_{mO}=0, \omega_{mP}=\infty$

D. $\omega_{mO}=\infty, \omega_{mP}=\dfrac{2\mu_0 I^2}{9\pi^2 a^2}$

【例 3.2.37】 如图 3.84 所示，一个真空中螺绕环上 20 匝·cm^{-1} 的导线，当通以电流 $I=3$ A 时，环中磁能量密度为( )。

A. 22.6 J·m^{-3}

B. 0.226 J·m^{-3}

C. 2.26×10^2 J·m^{-3}

D. 2.26×10^{-2} J·m^{-3}

图 3.84 真空中的螺绕环

4. 磁滞损耗

【例 3.2.38】 交流铁芯线圈，如果励磁电压不变，而频率减半，则铜损 P_{Cu} 将( )。

A. 增大　　B. 减小　　C. 不变　　D. 不能确定

5. 磁能求力

【例 3.2.39】 如图 3.85 所示，具有高磁导率 μ 的马蹄形磁介质，与一磁导率相同的条形介质组成一磁路，它们的横截面为矩形，面积为 A，长度为 L。若马蹄形磁介质上绕有 N 匝导线，通以恒定电流 I，则马蹄形与条形介质的吸引力为( )。

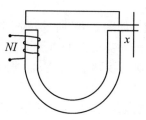

图 3.85 马蹄形与条形介质相互作用

A. $\dfrac{\mu^2 N^2 I^2 A}{\mu_0 L^2}$　　B. $-\dfrac{\mu^2 N^2 I^2 A}{\mu_0 L^2}$

C. ∞　　D. $\dfrac{\mu\mu_0 N^2 I^2 A}{2(\mu_0 L+2\mu x)}$

3.2.2.4 定量测试题

序号	1	2	3	4	5
知识点	线圈磁能	磁场能量	磁能密度	磁滞损耗	磁能求力
题号	3.2.40、3.2.41	3.2.42、3.2.43	3.2.44、3.2.45	3.2.46	3.2.47

1. 线圈磁能

【例 3.2.40】 如图 3.86 所示，一电容 C 储有电量 Q，在 $t=0$ 时刻接通 K，经自感为 L 的线圈放电，则 L 内磁场能量第一次等于 C 内电场能量的时刻和第二次达到极值的时刻分别为( )。

A. $t_1=\dfrac{3\pi}{2}\sqrt{LC}, t_2=\dfrac{\pi}{2}\sqrt{LC}$　　B. $t_1=\dfrac{\pi}{2}\sqrt{LC}, t_2=\dfrac{3\pi}{2}\sqrt{LC}$

C. $t_1 = \frac{\pi}{4}\sqrt{LC}, t_2 = \frac{3\pi}{2}\sqrt{LC}$ D. $t_1 = 0, t_2 = \infty$

图 3.86 有线圈的闭合回路

【例 3.2.41】 已知一根长度固定的金属导线,将其绕成一个圆环或一个 5 圈的螺线管,并在这两种情况下的金属导线通以相同的电流,且放置到一个相同磁场中(设磁场的强度和方向均匀),则这两个线圈磁能之比约为( )。

    A. 25∶1   B. 5∶1   C. 1∶1   D. 1∶5   E. 1∶25

2. 磁场能量

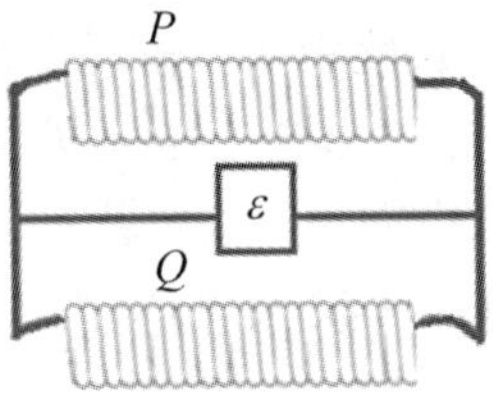

【例 3.2.42】 如图 3.87 所示,两个线圈 P 和 Q 并联接到一电动势恒定的电源上。线圈 P 的自感和电阻分别是线圈 Q 的两倍,线圈 P 和 Q 之间的互感可忽略不计。当达到稳定状态后,线圈 P 的磁场能量与 Q 的磁场能量的比值是( )。

图 3.87 两个线圈并联接到电动势恒定的电源上

    A. 4   B. 2
    C. 1   D. 1/2

【例 3.2.43】 有长为 L、截面积为 A 的载流长直螺线管均匀密绕 N 匝线圈,设载流为 I,则管内储的磁能 W_m 约为( )。

    A. $\frac{\mu_0 I^2 N^2 S}{2L^2}$ B. $\frac{\mu_0 I N^2 S}{L^2}$ C. $\frac{\mu_0 I N^2 S}{2L^2}$ D. $\frac{\mu_0 I^2 N^2 S}{2L}$

3. 磁能密度

【例 3.2.44】 如图 3.88 所示,真空中两根很长的相距为 $2a$ 的平行直导线与电源组成闭合回路。已知导线中的电流强度为 I,则在两导线正中间某点 P 的磁能密度为( )。

    A. $\frac{1}{\mu_0}\left(\frac{\mu_0 I}{2\pi a}\right)^2$ B. $\frac{1}{2\mu_0}\left(\frac{\mu_0 I}{2\pi a}\right)^2$

    C. $\frac{1}{2\mu_0}\left(\frac{\mu_0 I}{\pi a}\right)^2$ D. 0

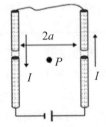

图 3.88 平行直导线与电源组的成闭合回路

【例3.2.45】 如图3.89所示,真空中一根长直导线上通入电流I,则距导线垂直距离为a的空间某点的磁能密度为(　　)。

A. $\dfrac{1}{2}\mu_0\left(\dfrac{\mu_0 I}{2\pi a}\right)^2$　　B. $\dfrac{1}{2\mu_0}\left(\dfrac{\mu_0 I}{2\pi a}\right)^2$

C. $\dfrac{1}{2}\left(\dfrac{2\pi a}{\mu_0 I}\right)^2$　　D. $\dfrac{1}{2\mu_0}\left(\dfrac{\mu_0 I}{2a}\right)^2$

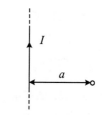

图3.89　真空中的长直导线

4. 磁滞损耗

【例3.2.46】 铁磁性物质的磁滞损耗与磁滞回线面积的关系是(　　)。
A. 磁滞回线包围面积越大,磁滞损耗也越大
B. 磁滞回线包围面积越小,磁滞损耗也越大
C. 磁滞回线包围的面积大小与磁滞损耗无关
D. 以上答案均不正确

5. 磁能求力

【例3.2.47】 如图3.90所示,线框$CDEG$与无限长直导线共面,则相互作用能与相互作用力分别为(　　)。

A. $W_m = \dfrac{\mu_0 I_e I_r a}{2\pi}\ln\dfrac{x+a}{x}, F = -\dfrac{\mu_0 I_e I_r a^2}{2\pi x(x+a)}$

B. $W_m = -\dfrac{\mu_0 I_e I_r a}{2\pi}\ln\dfrac{x+a}{x}, F = -\dfrac{\mu_0 I_e I_r a^2}{2\pi x(x+a)}$

C. $W_m = -\dfrac{\mu_0 I_e I_r a}{2\pi}\ln\dfrac{x+a}{x}, F = \dfrac{\mu_0 I_e I_r a^2}{2\pi x(x+a)}$

D. 难以计算

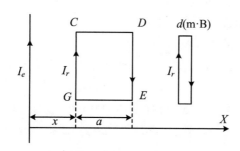

图3.90　线框$CDEG$与无限长直导线共面

3.2.3 磁场能量的情景探究题

序号	1	2	3	4	5
应用点	磁能坦克	磁性炸药	磁能实验	磁能密度实验	变压器损耗
题号	3.2.48、3.2.49	3.2.50	3.2.51	3.2.52	3.2.53、3.2.54

1. 磁能坦克

【例3.2.48】 磁能坦克轨道炮的工作原理如图3.91所示,待发射弹体可在两平行轨道之间自由移动,并与轨道保持良好接触。电流I从一条轨道流入,通过导电弹体从另一条轨道流回。轨道电流可形成在弹体处垂直于轨道面的磁场(可视为匀强磁场),磁感应强度的大小与I成正比。通电的弹体因在轨道上受到的安培力F_A的作用而被高速射出。现欲使弹体的出射速度增加至原来的2倍,理论上可采用的办法是( )。

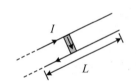

图3.91 磁能坦克轨道炮的示意图

A. 只将轨道长度L变为原来的2倍
B. 只将电流I增加到原来的2倍
C. 只将弹体质量减小到原来的一半
D. 将弹体质量减小到原来的一半,轨道长度L变为原来的2倍,其他量不变

【例3.2.49】 美国海军近日在弗吉尼亚州境内,成功试射了该国最新研制的磁力炮,其发射速度达5倍音速,射程远达200 km。"磁能坦克"是利用磁力对弹体加速的新型武器,具有速度快、效率高等优点。"磁能坦克"的原理结构示意图如图3.92所示。

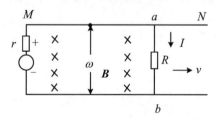

图3.92 "磁能坦克"的原理结构示意图

光滑水平加速导轨 M、N 长 $s=5$ m, 宽 $L=1$ m, 电阻不计。在导轨间有竖直向上的匀强磁场 B, 磁感应强度 $B=25$ T。"磁能坦克"总质量 $m=0.1$ kg, 其中加速导体棒 a、b 的电阻 $R=0.4$ Ω, 可控电源的内阻 $r=0.6$ Ω, 电源的电压能自行调节, 以保证"磁能坦克"匀加速发射。在某次试验发射时, 电源为导体棒 a、b 提供的电流是 400 A, 则这次试验中"磁能坦克"发射的速度为(   )。

A. $1000 \text{ m} \cdot \text{s}^{-1}$
B. $100 \text{ m} \cdot \text{s}^{-1}$
C. $1100 \text{ m} \cdot \text{s}^{-1}$
D. $2000 \text{ m} \cdot \text{s}^{-1}$

2. 磁性炸药

【例 3.2.50】 在隧道工程以及矿山爆破作业中,如果有部分未发火的炸药残留在爆破孔内,很容易发生人员伤亡事故。为此,科学家制造了一种专门的磁性炸药,在磁性炸药制造过程中掺入了 10% 的磁性材料——钡铁氧体,然后放入磁化机磁化。磁性炸药一旦爆炸,即可安全消磁,而遇到不发火的情况可用磁性探测器测出未发火的炸药。如图 3.93 所示,已知掺入的钡铁氧体的消磁温度约为 400 ℃, 炸药爆炸温度为 2240~3100 ℃, 一般炸药引爆温度最高为 140 ℃ 左右。以上材料表明(   )。

图 3.93 磁性炸药

A. 磁性材料在低温下容易被磁化
B. 磁性材料在高温下容易被磁化
C. 磁性材料在低温下容易被消磁
D. 磁性材料在高温下容易被消磁

3. 磁能实验

【例 3.2.51】 测量通电螺线管 A 内部磁感应强度 B 及其与电流 I 关系的实验装置如图 3.94 所示。将截面积为 S、匝数为 N 的小试测线圈 P 置于螺线管 A

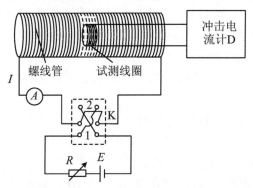

图 3.94 磁感应强度 B 及其与电流 I 关系的实验装置图

中间，试测线圈平面与螺线管的轴线垂直，可认为穿过该试测线圈的磁场均匀。将试测线圈引线的两端与冲击电流计 D 相连，拨动双刀双掷换向开关 K，改变通入螺线管的电流方向，而不改变电流大小，在 P 中产生的感应电流引起 D 的指针偏转。实验结果如表 3.1 所示。

表 3.1 实验结果

实验次数	I(A)	$B(\times 10^{-3}$ T)
1	0.5	0.62
2	1.0	1.25
3	1.5	1.88
4	2.0	2.51
5	2.5	3.12

(1) 将开关合到位置 1，待螺线管 A 中的电流稳定后，再将 K 从位置 1 拨到位置 2，测得 D 的最大偏转距离为 d_m，已知冲击电流计的磁通灵敏度为 D_φ，$D_\varphi = \dfrac{d_m}{N\Delta\Phi}$，式中 $\Delta\Phi$ 为单匝试测线圈磁通量的变化量。检测出线圈所在处的磁感应强度 B 为（　　）；若将 K 从位置 1 拨到位置 2 的过程所用的时间为 Δt，则试测线圈 P 中产生的平均感应电动势 ε 为（　　）。

A. $B = \dfrac{d_m}{2ND_\varphi S}$, $\varepsilon = \dfrac{d_m}{D_\varphi \Delta t}$　　　　B. $B = \dfrac{d_m}{D_\varphi \Delta t}$, $\varepsilon = \dfrac{d_m}{2ND_\varphi S}$

C. $B = \dfrac{d_m}{ND_\varphi S}$, $\varepsilon = \dfrac{d_m}{D_\varphi \Delta t}$　　　　D. $B = \dfrac{d_m}{D_\varphi \Delta t}$, $\varepsilon = \dfrac{d_m}{ND_\varphi S}$

(2) 调节可变电阻 R，多次改变电流并拨动 K，得到 A 中电流 I 和磁感应强度 B 的数据，见表 3.1。由此可得，螺线管 A 内部的感应强度 B 与电流 I 的关系为（　　）。

A. $0.00125/I$（或 k/I）　　　　B. $0.00125I$（或 kI）
C. $0.00125/I^2$（或 k/I^2）　　　D. $0.00125I^2$（或 kI^2）

(3) 为了减小实验误差，提高测量的准确性，可采取的措施有（　　）。

A. 适当增加试测线圈的匝数 N　　B. 适当增大试测线圈的横截面积 S
C. 适当增大可变电阻 R 的阻值　　　D. 适当增长拨动开关的时间 Δt

4. 磁能密度实验

【例 3.2.52】 磁场具有能量，磁场中单位体积所具有的能量叫作能量密度，其值为 $B^2/2\mu$，式中 B 是感应强度，μ 是磁导率，在空气中 μ 为一已知常数。为了近似测得条形磁铁磁极端面附近的磁感应强度 B，如图 3.95 所示，一学生用一根端面面积为 A 的条形磁铁吸住一相同面积的铁片 P，再用力将铁片与磁铁拉开一段微小距离 ΔL，并测出拉力 F。因为 F 所做的功等于间隙中磁场的能量，所以由

此可得磁感应强度 B 与 F、A 之间的关系为（　　）。

A. $B=\sqrt{\dfrac{2\mu F}{A}}$　　B. $B=\sqrt{\dfrac{\mu F}{A}}$　　C. $B=\sqrt{\dfrac{\mu F}{2A}}$　　D. $B=\sqrt{\dfrac{3\mu F}{A}}$

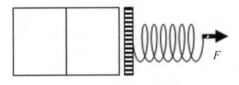

图 3.95　学生实验的原理图

5．变压器损耗

【例 3.2.53】　如图 3.96 所示，变压器的铁损耗包含（　　），它们与电源的电压和频率有关。

A. 磁滞损耗和磁阻损耗　　　　　　B. 磁滞损耗和涡流损耗
C. 涡流损耗和磁化饱和损耗　　　　D. 不确定

图 3.96　变压器

【例 3.2.54】　变压器空载运行时，自电源输入的功率等于（　　）。
A. 铜损　　　B. 铁损　　　C. 0　　　D. 不确定

第 4 章 电路部分

4.1 稳恒电流的分层进阶探究题

4.1.1 稳恒电流的趣味思考题

序号	1	2	3	4	5
知识点	稳恒条件	欧姆定律	电源与电动势	基尔霍夫定律	综合问答
题号	4.1.1~4.1.5	4.1.6~4.1.11	4.1.12~4.1.16	4.1.17、4.1.18	4.1.19

1. 稳恒条件(I)

【例 4.1.1】 在真空中,电子运动的轨迹并不总是逆着电力线,为什么在金属导体内电流线永远与电力线重合?

图 4.1　稳恒电流场模拟静电场

【例 4.1.2】 如图 4.1 所示,为什么可以采用稳恒电流场模拟静电场?

【例 4.1.3】 能否用电流场模拟稳定的速度场?为什么?

【例 4.1.4】 在稳恒电路中,激发稳恒电场的电荷是怎样分布的?

【例 4.1.5】 把一恒定不变的电势差加于一导线的两端,使导线中产生一稳恒电流,若突然改变导线的形状(若折曲导线),在此瞬间会发生什么现象?是什么因素保持电流稳恒的?

2. 欧姆定律(R)

【例 4.1.6】 从二极管伏安特性曲线导通后的部分找出一点,根据实验中所用的电表,试分析若电流表内接,产生的系统误差有多大?如何对测量结果进行修正？

【例 4.1.7】 电流是电荷的流动，在电流密度 $j=0$ 的地方，电荷的体密度 ρ 是否可能等于零？

【例 4.1.8】 把一个表头 G 改装成多个量程的安培计，有两种方式：(1) 表头通过波段开关和不同分流电阻 R_{s1}、R_{s2}、$\cdots$ 并联。这种电路叫作开路转换式；(2) 电阻 R_1、R_2、$\cdots$ 与表头连成一个闭合回路，从不同地方引出抽头。选择连接表头的两个抽头之一为公共端，它和其他任何一个抽头配合，得到一种量程的安培计。这种电路叫作闭路抽头式。试比较这两种电路的优缺点。

【例 4.1.9】 如图 4.2 所示，一无限大平面金属薄膜，厚度为 a，电阻率为 ρ，电流 I 自 O 点注入，从 O' 点流出，OO' 间的距离为 d，在 OO' 连线上有 A、B 两点，$AO=r_1$，$BO=r_2$，求 AB 间的电阻。

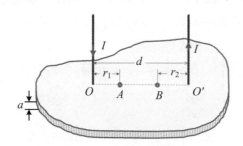

图 4.2 无限大平面金属薄膜

【例 4.1.10】 电学仪器中调节电阻的装置如图 4.3 所示，其中 R 是一个较大的电阻，r 是一个较小的电阻，R 和 r 都可改变。试说明：当 $R \gg r$ 时，r 是粗调，R 是微调（即 r 改变某一数值时，ab 间电阻 R_{ab} 改变较大；而 R 改变同一数值时，R_{ab} 改变较小）。

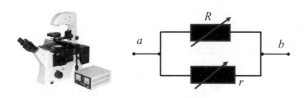

图 4.3 调节电阻装置

【例 4.1.11】 如图 4.4 所示，断丝后的白炽灯泡，若设法将灯丝重新接上后，通常灯泡总要比原来亮，但寿命一般不长，试解释此现象？

3. 电源与电动势(ε)

【例 4.1.12】 验证干电池两端带有静电荷的实验装置中，是利用什么方法帮助理解电源两端带有静电荷的？

【例 4.1.13】 能量的转化和守恒定律是自然界普遍适用的规律，在电路中能量是怎么转化的？图 4.5 为一个闭合电路，它的能量应该是守恒的，但又在不同形式间转化，通过什么方式完成呢？这些功与能量间的定量关系又如何？

图 4.4 白炽灯泡

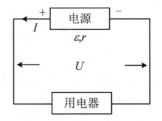

图 4.5 一个闭合电路

【例 4.1.14】 如图 4.6 所示，A、B 两灯泡额定电压都为 110 V，额定功率 $P_A = 100$ W，$P_B = 40$ W，都接在 220 V 电路上。欲使灯泡正常发光，且电路中消耗的功率最少，用以下哪种接法？

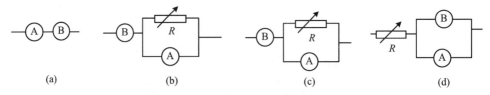

图 4.6 A、B 两灯泡不同的连接方法

【例 4.1.15】 在图 4.7 所示的电路中，电源电动势 $\varepsilon = 6$ V，内电阻 $r = 1$ Ω，M 为一小电动机，其内部线圈的导线电阻 $R_M = 2$ Ω，$R = 3$ Ω 为一只保护电阻。电动机正常运转时，电压表示数为 0.3 V，求电动机得到的电功率和转动机械功率，请回答求解此题的关键点是什么？如何突破？

【例 4.1.16】 一个电池内电流是否会超过其短路电流？电池的路端电压是否可以超过电动势？

4. 基尔霍夫定律(I, U, ε)

【例 4.1.17】 图 4.8 为一分压电路，其作用是把电源两端电压的一部分加于负载 R 两端。图中 a、b 是变阻器 R_0 的两个固定头，c 为滑动接头，调节 c 的位置，就可以调节加于负载 R 两端的电压。试讨论：(1) 负载 R 两端的电压与滑动接头 a 的距离 x 是否成正比？(2) 在什么条件下，负载 R 两端电压与 x 成正比？

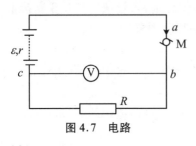

图 4.7 电路

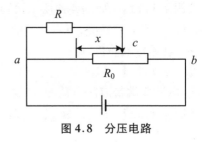

图 4.8 分压电路

【例 4.1.18】 补偿器的原理如图 4.9 所示,其中 ε_s 是标准电池的电动势,它的值已准确知道,ε_x 是被测电源的电动势,G 是检流计,R_s 是标准电阻,它的大小是根据补偿器的工作原理来选定的。R_x 也是标准电阻,其上有滑动触头。测量时,先把电键 K 打向 a,改变电阻 R_1,直到电流计 G 中的读数为 0,然后把 K 打到 b,在保持 R_1 不变的情况下,调节 R_x 上的活动触头,直到检流计 G 中的电流为零,根据此测量,获得 ε_x 值。这种测量与电压表测电动势有何不同?

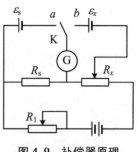

图 4.9 补偿器原理

5. 综合问答

【例 4.1.19】 支路电流法的原理和步骤是什么?

4.1.2 稳恒电流的分层进阶题

4.1.2.1 概念测试题

序号	1	2	3	4
知识点	稳恒条件	欧姆定律	电源与电动势	基尔霍夫定律
题号	4.1.20~4.1.24	4.1.25、4.1.26	4.1.26~4.1.30	4.1.31

1. 稳恒条件

【例 4.1.20】 如图 4.10 所示,下列关于电流密度的说法正确的是(　　)。

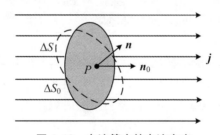

图 4.10 电流管中的电流密度

A. 电流密度的方向与电荷在电路中的运动方向一致

B. 电流密度的大小为 $j = \dfrac{\mathrm{d}I}{\mathrm{d}S_0}$

C. 电流密度的大小为 $j = \dfrac{\mathrm{d}I}{\mathrm{d}S}$

D. 电流密度与电流强度的关系为 $I = \int \boldsymbol{j} \cdot \mathrm{d}\boldsymbol{S}_0$

【例 4.1.21】 均匀导线截面积为 S，自由电子密度为 $2n$，自由电子漂移速度为 v，则导线中的电流为（　　）。

A. $nevS$　　　　B. $2nevS$　　　　C. nve/S　　　　D. $nvS/(2e)$

【例 4.1.22】 一个带电体要能够被看成点电荷，必须（　　）。

A. 其线度很小　　　　　　　　B. 其线度与它到场点的距离相比足够小
C. 其带电量很小　　　　　　　D. 其线度及带电量都很小

【例 4.1.23】 关于稳恒电场，下列说法不正确的是（　　）。

A. 稳恒电场的电场强度随时间而变化
B. 稳恒电场的电场强度不随时间而变化
C. 稳恒电场是导体中形成电流的条件
D. 电源可以使导体中形成稳恒电场

【例 4.1.24】 下列说法正确的是（　　）。

A. 沿着电流线的方向，电位必降低
B. 不含源支路中电流必从高电位到低电位
C. 含源支路中电流必从高电位到低电位
D. 支路电流为零时，支路两端电位必相等

2. 欧姆定律

【例 4.1.25】 欧姆定律不适用于下列哪种情况？（　　）

A. 金属导电　　　B. 半导体导电　　　C. 电解液导电　　　D. 气体导电

【例 4.1.26】 描写材料的导电性能的物理量是（　　）。

A. 电导率 ρ　　　B. 电阻 R　　　C. 电流强度 I　　　D. 电压 U

3. 电源与电动势

【例 4.1.27】 在图 4.11 所示的直流电路中，电源电动势为 ε，内阻为 r，在外电路中，电阻 $R_1 = r$，滑动变阻器的全部电阻 $R_2 = 2r$，滑动片从 a 端向 b 端滑动过程中，以下说法正确的是（　　）。

A. 电源的转化功率逐渐增大　　　　B. 电源内部的热功率逐渐增大
C. 电源的输出功率逐渐减小　　　　D. R_2 上得到的功率逐渐减小

【例 4.1.28】 如图 4.12 所示，两只相同的白炽灯 L_1 与 L_2 串联后接在电压恒定的电路中，若 L_1 的灯丝断了，经搭丝后与 L_2 串联并重新接在原电路中，则此时 L_1 的亮度与未断时相比（　　）。

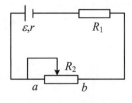

图 4.11　直流电路

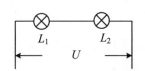

图 4.12　电压恒定的电路

A. 不变　　B. 变亮　　C. 变暗　　D. 条件不足,无法确定

【例 4.1.29】 如图 4.13 所示,电源电动势 $\varepsilon = 5\text{ V}$,内阻 $r = 10\ \Omega$,$R_0 = 90\ \Omega$,R 为滑动变阻器,最大阻值为 $400\ \Omega$,以下说法正确的是(　　)。

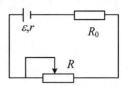

A. R 的阻值为 0 时,R_0 消耗的电功率最大
B. R 的阻值为 $400\ \Omega$ 时,电源的路端电压最大
C. R 的阻值为 $100\ \Omega$ 时,R 消耗的电功率最大
D. R_0 消耗的电功率最小值是 9×10^{-2} W

图 4.13　电压恒定的电路

【例 4.1.30】 如图 4.14(a)所示,电路不计电表内阻的影响,改变滑动变阻器的滑片位置,测得电压表 V_1 和 V_2 随电流表 A 的示数变化的两条实验图像,如图 4.14(b)所示。关于这两条实验图像,下列说法正确的是(　　)。

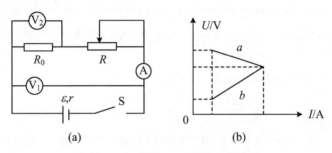

图 4.14　【例 4.1.30】的示意图

A. 图线 b 的延长线一定过坐标原点 0
B. 图线 a 的延长线与纵轴交点的纵坐标值等于电源电动势
C. 图线 a、b 的交点的横、纵坐标值的乘积等于电源的输出功率
D. 图线 a、b 的交点的横、纵坐标值的乘积等于电阻 R 消耗的电功率

4. 基尔霍夫定律

【例 4.1.31】 关于电路基尔霍夫定律,下列说法错误的是(　　)。
A. 基尔霍夫定律的本质就是电流场能量耗散最小原理
B. 基尔霍夫第一定律的实质就是电荷守恒与稳恒电路的条件
C. 基尔霍夫第二定律的实质就是电场的保守力特性和稳恒电路的条件
D. 基尔霍夫定律是不完备的,有时需要其他定律补充解答电路

4.1.2.2　定性测试题

序号	1	2	3	4
知识点	稳恒条件	欧姆定律	电源与电动势	基尔霍夫定律
题号	4.1.32~ 4.1.35	4.1.36~ 4.1.38	4.1.39	4.1.40~ 4.1.42

1. 稳恒条件

【例 4.1.32】 截面相同的钨丝和铝丝串联在一电源上,则(　　)。

A. 通过钨丝的电流密度 j_1 大

B. 通过铝丝的电流密度 j_2 大

C. 通过钨丝的 j_1 与通过铝丝的 j_2 一样大

D. 无法确定

【例 4.1.33】 截面相同的钨丝和铝丝串联在一电源上,则(　　)。

A. 钨丝内的电场强度 I_1 大

B. 铝丝内的电场强度 I_2 大

C. 钨丝内的 I_1 与铝丝内的 I_2 一样大

D. 无法确定

【例 4.1.34】 两根截面不同但材料相同的导线串联起来,两端加上一定的电势差,则(　　)。

A. 通过细导线的电流密度 j_1 大

B. 通过粗导线的电流密度 j_2 大

C. 通过细导线的 j_1 与通过粗导线的 j_2 一样大

D. 无法确定

【例 4.1.35】 两根截面不同但材料相同的导线串联起来,两端加上一定的电势差,则(　　)。

A. 细导线中的电场强度 I_1 大

B. 粗导线中的电场强度 I_2 大

C. 细导线中的 I_1 与粗导线中的 I_2 一样大

D. 无法确定

2. 欧姆定律

【例 4.1.36】 两根截面大小相同的直铁丝和直铜丝串联后接入一直流电路,铁丝和铜丝内的电流密度和电场强度分别为 j_1、E_1 和 j_2、E_2,则(　　)。

A. $j_1 = j_2, E_1 = E_2$　　　　B. $j_1 > j_2, E_1 = E_2$

C. $j_1 = j_2, E_1 < E_2$　　　　D. $j_1 = j_2, E_1 > E_2$

图 4.15 均匀的锥台形导体

【例 4.1.37】 如图 4.15 所示,一长为 L、均匀的锥台形导体,底面半径分别为 a 和 b,电阻率为 ρ,则其电阻为(　　)。

A. $\rho L/(\pi ab)$　　　　B. $\pi \rho L/a$

C. $\pi ab/(\rho L)$　　　　D. $ab/(\rho L)$

【例 4.1.38】 铝线半径为 1 mm,电阻为 10 Ω,自由电子密度为 3.18×10^{28} m^{-3},当两端电压为 1.6 V 时,自由电子的平均漂移速度 u 为(　　)。

A. $2\,\mathrm{m\cdot s^{-1}}$　　B. $4\,\mathrm{m\cdot s^{-1}}$　　C. $0.001\,\mathrm{m\cdot s^{-1}}$　　D. $0.6\,\mathrm{m\cdot s^{-1}}$

3. 电源与电动势

【例 4.1.39】 在图 4.16 所示的电路中，两电源的电动势分别为 $\varepsilon_1=9\,\mathrm{V}$ 和 $\varepsilon_2=7\,\mathrm{V}$，内阻分别为 $r_1=3\,\Omega$ 和 $r_2=1\,\Omega$，电阻 $R=8\,\Omega$，则电阻 R 两端的电位差为(　　)。

A. 1.52 V　　　　　　B. 4.15 V
C. 3.52 V　　　　　　D. 2.74 V

图 4.16　电路

4. 基尔霍夫定律

【例 4.1.40】 电路中如果有两个节点等电势，则错误的是(　　)。

A. 在这两点连接一根导线，导线上没有电流

B. 这两节点之间如果有一条支路，则该支路可以短路

C. 在这两个节点之间加上任何数量的无源支路，都不会影响原电流其他支路的电流

D. 如果电路中有两个等势面，则连接这两个等势面，所有支路上的电流都是相等的

【例 4.1.41】 下列说法正确的是(　　)。

A. 含源支路中的电流必从低电势到高电势

B. 不含源支路中的电流必从高电势到低电势

C. 支路电流为 0 时，支路两端电压必为 0

D. 电源非静电力做负功，一定对外输出功率

【例 4.1.42】 下列说法正确的是(　　)。

A. 电势沿着电流线的方向必降低

B. 支路两端电压为 0 时，支路电流必为 0

C. 支路电流为 0 时，该支路吸收的电功率必为 0

D. 当电源中非静电力做正功时，一定对外输出功率

4.1.2.3　快速测试题

序号	1	2	3	4
知识点	稳恒条件	欧姆定律	电源与电动势	基尔霍夫定律
题号	4.1.43	4.1.44	4.1.45～4.1.47	4.1.48～4.1.51

1. 稳恒条件

【例 4.1.43】 电流的稳恒条件为( )。

A. $\oiint_s \boldsymbol{j} \cdot d\boldsymbol{S} = 0$

B. $\oiint_s \boldsymbol{B} \cdot d\boldsymbol{S} = 0$

C. $\oiint_s \boldsymbol{j} \cdot d\boldsymbol{S} = -\dfrac{dq}{dt}$

D. $\oiint_s \dfrac{\partial \boldsymbol{B}}{\partial t} \cdot d\boldsymbol{S} = 0$

2. 欧姆定律

【例 4.1.44】 如图 4.17 所示，室温下铜导线内的自由电子数密度为 $n = 8.5 \times 10^{28}$ m^{-3}，导线中电流密度的大小为 $j = 2 \times 10^6$ A·m^{-2}，则电子定向漂移速率为( )。

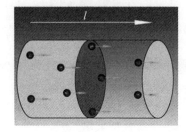

图 4.17 铜导线内的自由电子

A. 1.5×10^{-4} m·s^{-1}

B. 1.5×10^{-2} m·s^{-1}

C. 5.4×10^{2} m·s^{-1}

D. 1.1×10^{5} m·s^{-1}

3. 电源与电动势

【例 4.1.45】 如图 4.18 所示，一移动电源电动势为 ε，内阻为 r，与外电阻 R 连接，则( )。

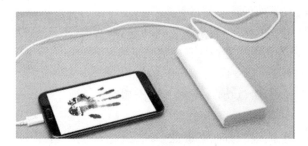

图 4.18 移动电源

A. 在任何情况下，电源端电压都小于 ε

B. 断路时，端电压等于 ε

C. 短路时，端电压等于 ε

D. 在任何情况下，端电压都不等于 ε

【例 4.1.46】 一半径为 R 的理想导体球浸没在无限大的欧姆介质中，介质的电导率 $\rho = kr$（k 为常数，r 是介质中一点到球心的距离），若使导体球的电压维持在 U，则媒介质中的电场强度为( )。

A. $E = \dfrac{R_0 U}{r^2}$ B. $E = \dfrac{2UR_0^2}{r^3}$ C. $E = \dfrac{U}{R_0}$ D. $E = 0$

【例 4.1.47】 在图 4.19 所示的电路中，R_L 为可变电阻，当 R_L 为( )时，

R_L 将有最大功率消耗。

A. 18 Ω   B. 6 Ω   C. 4 Ω   D. 12 Ω

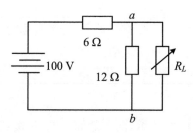

图 4.19　电路

4. 基尔霍夫定律

【例 4.1.48】　电流的参考方向是指（　　）。

A. 电子的运动方向

B. 正电荷的运动方向

C. 人为假定的电子运动方向

D. 人为假定的正电荷运动方向

【例 4.1.49】　当一个元件的电流和电压的参考方向相反时,下列哪一种情况说明该元件是发出电能的？（　　）

A. 电流和电压均为正值

B. 电流为正值,电压为负值

C. 电流为负值,电压为正值

D. 无法确定

【例 4.1.50】　基尔霍夫电流定律描述了（　　）。

A. 与节点相连的支路电流所遵循的规律

B. 回路中包含支路电流所遵循规律

C. 支路电流与支路电压的关系

D. 同样适合非线性电路

【例 4.1.51】　叠加定理不能用于（　　）。

A. 仅由电压源和电阻组成的电路

B. 仅由电流源和电阻组成的电路

C. 由电压源、电流源和电阻组成的电路

D. 非线性电阻电路

4.1.2.4 定量测试题

序号	1	2	3	4
知识点	稳恒条件	欧姆定律	电源与电动势	基尔霍夫定律
题号	4.1.52、4.1.53	4.1.54、4.1.55	4.1.56	4.1.57~4.1.59

1. 稳恒条件

【例 4.1.52】 如图 4.20 所示,两个截面不同、长度相同的同种材料制成的电阻棒,串、并联时忽略导线的电阻,则它们的电流密度 j 与电流 I 应满足(　　)。

A. $I_1 = I_2, j_1 = j_2, I_1' = I_2', j_1' = j_2'$
B. $I_1 = I_2, j_1 > j_2, I_1' < I_2', j_1' = j_2'$
C. $I_1 < I_2, j_1 = j_2, I_1' = I_2', j_1' > j_2'$
D. $I_1 < I_2, j_1 > j_2, I_1' < I_2', j_1' > j_2'$

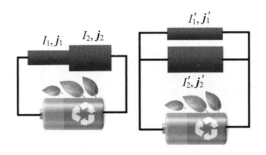

图 4.20　串、并联电路的示意图

【例 4.1.53】 如图 4.21 所示,两个截面相同、长度相同、电阻率不同的电阻棒 R_1、R_2($\rho_1 > \rho_2$)分别串联和并联在电路中,忽略导线电阻,则它们的电流密度 j 与电流 I 应满足(　　)。

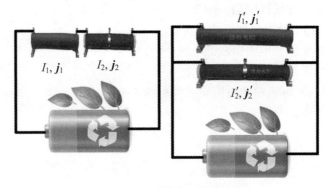

图 4.21　串、并联电路的示意图

A. $I_1 < I_2, j_1 < j_2, I_1' = I_2', j_1' = j_2'$
B. $I_1 = I_2, j_1 = j_2, I_1' = I_2', j_1' = j_2'$
C. $I_1 = I_2, j_1 = j_2, I_1' < I_2', j_1' < j_2'$
D. $I_1 < I_2, j_1 < j_2, I_1' < I_2', j_1' < j_2'$

2. 欧姆定律

【例 4.1.54】 在一个长直圆柱形导体外面套一个与它共轴的导体长圆筒,两导体的电导率可以认为是无限大的,在圆柱与圆筒之间充满电导率为 σ 的均匀导电物质。当在圆柱与圆筒上加上一定电压时,长度为 l 的一段导体上总的径向电流为 I,如图 4.22 所示,则在柱与筒之间与轴线的距离为 r 的点的电场强度为( )。

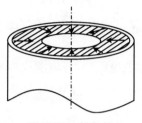

图 4.22 柱与筒

A. $2\pi r I/(l^2\sigma)$ B. $I/(2\pi r l\sigma)$
C. $I l/(2\pi r^2)$ D. $I\sigma/(2\pi r l)$

【例 4.1.55】 已知直径为 0.02 m,长为 0.1 m 的圆柱形导线中通有稳恒电流,在 60 s 内导线放出的热量为 100 J。已知导线的电导率为 $6 \times 10^7 \Omega^{-1} \cdot m^{-1}$,则导线中的电场强度为( )。

A. 2.78×10^{-13} V·m^{-1} B. 10^{-13} V·m^{-1}
C. 2.97×10^{-2} V·m^{-1} D. 3.18 V·m^{-1}

3. 电源与电动势

【例 4.1.56】 在图 4.23 所示的电路中,两电源电动势为 ε_1、ε_2,内阻为 r_1、r_2,三个负载电阻阻值分别为 R_1、R_2、R,电流分别为 I_1、I_2、I_3,方向如图 4.23 所示,则 A 到 B 的电势增量 $U_B - U_A$ 等于( )。

A. $\varepsilon_2 - \varepsilon_1 - I_1 R_1 + I_2 R_2 - I_3 R$
B. $\varepsilon_2 + \varepsilon_1 - I_1(R_1 + r_1) + I_2(R_2 + r_2) - I_3 R$
C. $\varepsilon_2 - \varepsilon_1 - I_1(R_1 + r_1) + I_2(R_2 + r_2)$
D. $\varepsilon_2 - \varepsilon_1 - I_1(R_1 - r_1) + I_2(R_2 - r_2)$

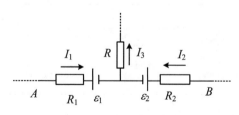

图 4.23 一段含源电路

4. 基尔霍夫定律

【例 4.1.57】 在图 4.24 所示电路中,电源的电动势分别为 ε_1、ε_2 和 ε_3,内阻分别为 r_1、r_2 和 r_3,外电阻分别为 R_1、R_2 和 R_3,电流分别为 I_1、I_2 和 I_3,方向如

图 4.24 所示,则下式正确的是( )。

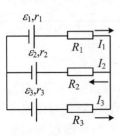

图 4.24 电路

A. $\varepsilon_3 - \varepsilon_1 + I_1(R_1 + r_1) - I_3(R_3 + r_3) = 0$
B. $I_1 + I_2 + I_3 = 0$
C. $\varepsilon_2 - \varepsilon_1 + I_1(R_1 + r_1) - I_2(R_2 + r_2) = 0$
D. $\varepsilon_2 - \varepsilon_3 + I_2(R_2 - r_2) + I_3(R_3 - r_3) = 0$

【例 4.1.58】 在图 4.25 所示的电路中,ε_1、ε_2 的值分别是( )。

A. $-7\,\text{V}, -18\,\text{V}$ B. $33\,\text{V}, 22\,\text{V}$ C. $19\,\text{V}, 8\,\text{V}$
D. $7\,\text{V}, 18\,\text{V}$

【例 4.1.59】 在图 4.26 所示的电路中,各电源均为零内阻,O 点接地,则 A 点电位和 $10\,\mu\text{F}$ 电容器与 O 点相接的极板上的电量分别为( )。

A. $-7\,\text{V}, -132\,\mu\text{C}$ B. $7\,\text{V}, 132\,\mu\text{C}$
C. $9\,\text{V}, 132\,\mu\text{C}$ D. $7\,\text{V}, -132\,\mu\text{C}$

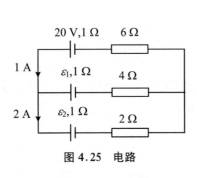

图 4.25 电路

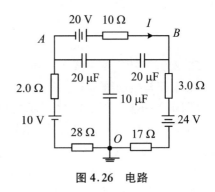

图 4.26 电路

4.1.3 稳恒电流的情景探究题

序号	1	2	3	4
知识点	稳恒条件	欧姆定律	电源与电动势	基尔霍夫定律
题号	4.1.60	4.1.61、4.1.62	4.1.63	4.1.64、4.1.65

1. 稳恒条件

【例 4.1.60】 如图 4.27 所示,装载在飞奔高铁上的铜芯导线是否有载流电流? 理由是( )。

A. 有,电荷定向运动形成电流
B. 无,电荷没有定向运动
C. 因为 $\bar{u}_+ = \bar{u}_-$,所以 $j = \bar{u}_+(\rho_{e+} + \rho_{e-}) = 0$
D. 无法确定

图 4.27 飞奔的高铁

2. 欧姆定律

【例 4.1.61】 如图 4.28 所示,电鳗、电鳐等电鱼能借助起电斑的生物电池生成电流,起电斑是生理学的电动势装置。如图所示的南美洲电鳗体中的起电斑排成 140 行,每行沿着其身体水平延伸,并且每行含有 5000 个起电斑。经检测,每个起电斑具有 0.15 V 的电动势和 0.25 Ω 的内阻。电鳗周围的水完成该起电斑阵列两端之间的电路,一端在该动物的头部,而另一端接近其尾部。假设电鳗周围的水具有电阻 800 Ω,则它击晕或击毙其他的鱼,而不致击晕或击毙自己的原因是( )。

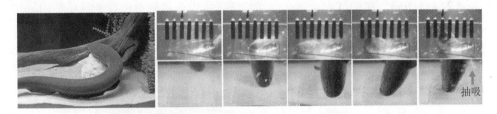

图 4.28 电鳗、电鳐等电鱼的电路模型

A. 电鳗的头部或尾部靠近一条鱼时,可计算其电流约为 0.93 A,其中一部分能穿过那条鱼的狭窄将其击晕或击毙

B. 电鳗周围的水是导体,可计算 750 V 的放电记录,也易击晕或击毙自己

C. 每行起电斑的电流约为 6.6×10^{-3} A,有助于电流散开其身体,而不致击晕或击毙自己

D. 捕获电鳐、电鳗时,用拖网拖,让其在网上放电,之后再轻而易举地捕杀失去反击能力的电鳐、电鳗

【例 4.1.62】 伏安法测电阻中,为了减小连接表所引起的系统误差,内接时应满足( )的条件,外接时应满足( )的条件(R_A、R_V 分别为电压表和电流表的内阻,R 为待测电阻)。

A. $R > \sqrt{R_A R_V}$　　　　　　B. $R < \sqrt{R_A R_V}$

C. $R \approx \sqrt{R_A R_V}$　　　　　　D. $R = R_A R_V$

3. 电源与电动势

【例 4.1.63】 如图 4.29 所示，关于电位差计的说法正确的是(　　)。

图 4.29　电位差计

A. 用电位差计测量电动势时必须先修正标准电池的电动势值

B. 标定(校准)电位差计的工作电流时发现检流计光标始终偏向一边，其原因是待测电动势的极性接反了

C. 用校准好的电位差计测量温差电动势时发现光标始终偏向一边，其原因是温差电动势极性接反了

D. 热电偶若无工作电源是不产生电动势的

4. 基尔霍夫定律

【例 4.1.64】 非平衡电桥是利用电桥偏离平衡时，用(　　)的变化来测量变化状态下的电阻的。

A. 待测桥臂电流　　　　B. 桥路电流

C. 总回路电流　　　　　D. 比较臂电流

【例 4.1.65】 在调节图 4.30 所示的电路时，发现灵敏电流计光标始终向一边偏转，而且仅当 $R_c = 0$ 时，光标才指零，这可能是由于图中(　　)断线而引起的。

A. AB 段　　B. BC 段　　C. BD 段　　D. AD 段

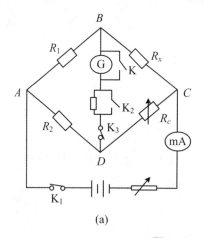
(a)

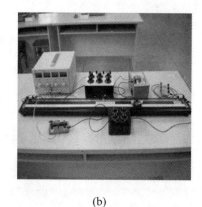
(b)

图 4.30　惠斯通电桥

4.2 交流电路的分层进阶探究题

4.2.1 交流电路的趣味思考题

序号	1	2	3	4	5
知识点	概念与描述	复数解法	电功率	分析举例	综合问答
题号	4.2.1~4.2.5	4.2.6~4.2.8	4.2.9~4.2.11	4.2.12~4.2.23	4.2.24~4.2.31

1. 概念与描述

【例4.2.1】 电阻器、电容器和电感线圈在交流电路中的作用有何不同？直流电路中频率、感抗和容抗各为多少？为什么直流能通过电感线圈而不能通过电容器？为什么高频电流容易通过电容器，而不容易通过电感线圈？

【例4.2.2】 何谓暂态？何谓稳态？请说出实际生活中存在的暂态过程现象。

【例4.2.3】 从能量的角度看，暂态分析研究问题的实质是什么？

【例4.2.4】 一阶电路的时间常数 τ 由什么来决定？其物理意义是什么？

【例4.2.5】 为什么不用瞬时值或平均值，而要用有效值来表示交流电的大小？

2. 交流电路的复数解法

【例4.2.6】 两阻抗 Z_1 和 Z_2 串联时，在什么情况下 $|Z|=|Z_1|+|Z_2|$？

【例4.2.7】 如何判断一段包含电容和电感元件的电路呈电容性、电感性还是纯阻性？

【例4.2.8】 说明电感元件与电阻元件之间的差别。

3. 交流电的功率

【例4.2.9】 Q表的原理电路图如图4.31所示，图中高频振荡电源的频率一般是可以调节的。在进行测量时，电源电压 U 保持一定数值，将被测线圈接到1、2两端，调节可变标准电容 C_s，使与 C_s 相并联的电压表的读数为最大，就可测出线圈的Q值。试说明它的测量原理。如果已知频率 f 与电容 C_s 的数值，写出被

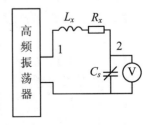

图 4.31 Q 表的原理电路图

测电感 L_x 的计算公式。

【例 4.2.10】 为什么发供电设备的容量用视在功率而不用有功功率表征？

【例 4.2.11】 为什么采用并联电容的方法可以提高感性负载电路的功率因数？是否也可以采用串联电容的方法？

4．分析举例

【例 4.2.12】 RLC 串联谐振电路有哪些特点？

【例 4.2.13】 RLC 并联谐振电路有哪些特点？

【例 4.2.14】 在交流电路中，RLC 串联电路具有什么特性和作用？

【例 4.2.15】 在交流电路中，如何表示电压和电流的大小和相位的变化？

【例 4.2.16】 什么是 RLC 串联谐振？

【例 4.2.17】 什么是 RLC 串联电路的幅频特性曲线？

【例 4.2.18】 什么是回路的品质因数？

【例 4.2.19】 什么是 RLC 回路的通频带？如何比较 RLC 回路的滤波性能？

【例 4.2.20】 电路谐振时，电感、电容的电压与品质因数 Q 有什么关系？

【例 4.2.21】 RLC 串联电路的相频特性是什么？

【例 4.2.22】 RLC 串联电路的相频特性有哪几种情况？

【例 4.2.23】 如图 4.32 所示，如何计算 RLC 串联电路的谐振频率 f_0 和回路品质因数 Q 的理论值？

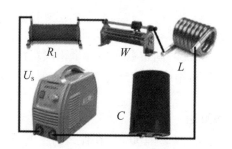

图 4.32　RLC 串联电路实验图

5．综合问答

【例 4.2.24】 "电容越大，电路的容性越强"是否正确？为什么？

【例 4.2.25】 为提高电路功率因数，所并联的电容器的电容值是否越大越好？

【例 4.2.26】 在 50 Hz 的交流电路中，测得一只铁芯线圈的 P、I 和 U，如何算得它的阻值及电感量？

【例 4.2.27】 采用三相四线制时，为什么中线上不允许装保险丝？

【例 4.2.28】 试说明对称三相电路中的 $\sqrt{3}$ 关系。

【例 4.2.29】 如图 4.33 所示，试分析三相对称星形负载有一相开路时各相电压的变化情况(设 A 相负载开路)。

【例4.2.30】 如图4.33所示,用实验结果分析三相对称星形负载一相短路时各相电压的变化情况(设 B 相负载短路)。

【例4.2.31】 对称三相电路无功功率的两种测量方法是什么?

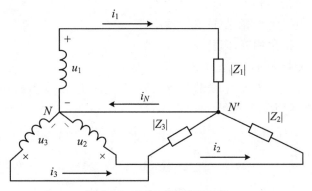

图4.33 三相对称星形负载

4.2.2 交流电路的分层进阶题

4.2.2.1 概念测试题

序号	1	2	3	4
知识点	概念与描述	复数解法	电功率	分析举例
题号	4.2.32~ 4.2.35	4.2.36、 4.2.37	4.2.38~ 4.2.42	4.2.43~ 4.2.46

1. 概念与描述

【例4.2.32】 正弦交变电动势的有效值等于它的极大值乘以( )。
A. 1.41   B. 1.732   C. 0.623   D. 0.707

【例4.2.33】 已知正弦交流电路中的电压为 $u = 380\sin(314t + 30°)$ V,则它的初相位值为( )。
A. 380 V   B. $314t + 30°$ C. 30°   D. 无法确定

【例4.2.34】 一个线圈电阻值是 R,电感值是 L,接在正弦交流电压有效值为 10 V、频率为 50 Hz 的电源上时,电流是 $I = 1$ A。若接在正弦交流电压有效值为 10 V、频率为 100 Hz 的电源上时,则电流( )。
A. $I = 1$ A   B. $I < 1$ A   C. $I > 1$ A   D. $I = 0$ A

【例4.2.35】 把一交流电动势接到由 40 W 灯泡和 80 mF 电容(不包括电源)组成的电路中,则此电源两端的电压应( )。

A. 超前于电流　　B. 落后于电流　　C. 与电流同相　　D. 以上均非

2. 复数解法

【例 4.2.36】 已知纯电阻与纯电感二元件的阻抗相等,即 $R = \omega L$,将此二元件串联及并联分别组成两个负载 Z_1 和 Z_2,对频率为 ω 的电源而言,有(　　)。

A. 二者的阻抗角相等,阻抗 $Z_1 = 2Z_2$

B. 二者的阻抗角不等,阻抗 $Z_1 = 2Z_2$

C. 二者的阻抗角相等,阻抗 $Z_1 = Z_2/2$

D. 二者的阻抗角不等,阻抗 $Z_1 = Z_2$

【例 4.2.37】 在 RLC 串联谐振情况下,若电源电压不变,减小 R 的数值时,U_R、U_L、U_C 的变化为(　　)。

A. U_R、U_L、U_C 增大　　　　B. U_L 增大,$U_C = U_R = U$ 不变

C. U_L、U_C 增大,而 $U_R = U$ 不变　　D. U_C 增大,$U_L = U_R = U$ 不变

3. 电功率

【例 4.2.38】 对于一交流纯电感电路,下列叙述错误的是(　　)。

A. 感抗与频率成反比　　　　B. 电压越前电流 $90°$

C. 功率因数为滞后,且永远为 0　　D. 纯电感电路不会消耗功率

E. 所有功率都是无效功率,且等于视在功率

【例 4.2.39】 交流电路的电压及电流分别为 $U(t) = U_m \sin(\omega t + \theta_1)$ V,$I(t) = I_m \sin(\omega t + \theta_2)$ A,则 $U_m \cdot I_m$ 为(　　)。

A. 无单位　　B. 视在功率　　C. 无功功率　　D. 平均功率

【例 4.2.40】 PF 表示(　　)。

A. 功率因数　　B. 频率　　C. 功率计　　D. 永久磁铁

【例 4.2.41】 乏(Var)为(　　)。

A. 平均功率单位　　B. 电容中无功功率单位

C. 无功功率单位　　D. 电感无功功率单位

【例 4.2.42】 在电感性负载上并联一个电容器,则可(　　)。

A. 提高功率,并使负荷端电压降低

B. 提高功率因数,并可减少线路的功率消耗

C. 提高功率因数,但加大电流

D. 提高功率因数,但亦增加线路上的功率消耗

4. 分析举例

【例 4.2.43】 一交流电源供给 RLC 并联电路,下列叙述错误的是(　　)。

A. 电阻上的电流相位与并联电压同相位

B. 电感上的电流相位落后并联电压相位

C. 电容上的电流相位落后并联电压相位

D. 如果电路为电感性,则总电流相位将落后并联电压相位

【例 4.2.44】 一交流电源供给 RLC 并联负载,则电源供给的电流与电压的相位关系为(　　)。

A. 电流超前电压　　　　　　B. 电流落后电压
C. 电流与电压同相　　　　　D. 无法判断超前或落后

【例 4.2.45】 图 4.34 中负载 N 接在有效值及频率不变的交流电源两端,当增大 R_1 的阻值时,负载 N 吸收的功率(　　)。

A. 增大　　　　B. 不变
C. 减小　　　　D. 不能确定

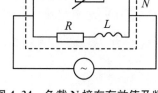

图 4.34　负载 N 接在有效值及频率不变的交流电源两端

【例 4.2.46】 在 RLC 并联谐振电路中,电阻 R 越小,其影响是(　　)。

A. 谐振频率升高　　　B. 谐振频率降低
C. 电路总电流增大　　D. 电路总电流减小

4.2.2.2　定性测试题

序号	1	2	3	4
知识点	概念与描述	复数解法	电功率	分析举例
题号	4.2.47～4.2.50	4.2.51～4.2.53	4.2.54、4.2.55	4.2.56～4.2.58

1. 概念与描述

【例 4.2.47】 在 RLC 串联的正弦交流电路中,调节其中电容 C 时,电路性质变化的趋势为(　　)。

A. 调大电容,电路的感性增强　　B. 调大电容,电路的容性增强
C. 调小电容,电路的感性增强　　D. 调小电容,电路的容性增强

【例 4.2.48】 下列叙述不正确的是(　　)
A. 在纯电阻的交流电路中,电压与电流同相
B. 在纯电感的交流电路中,电流相位较电压相位滞后 90°
C. 在纯电容的交流电路中,电流相位较电压相位超前 90°
D. 在纯电容的交流电路中,其功率因数为 1/2

【例 4.2.49】 在串联谐振电路中,当电路谐振时,阻抗总是(　　)。

A. 与感抗相等　　　　　　B. 比容抗大
C. 与容抗相等　　　　　　D. 与电阻相等

【例 4.2.50】 R、L、C 三元件串联成容性负载,已知电源电压有效值为 50 V,电阻两端电压为 40 V,电感电压为 60 V,则电容两端的电压为(　　)。

A. 120 V　　　B. 150 V　　　C. 90 V　　　D. 210 V

2. 复数解法

【例4.2.51】 如图4.35所示的电路中,平均功率为(　　)。
A. 240 W　　B. 100 W　　C. 200 W　　D. 480 W

【例4.2.52】 如图4.36所示,电路的总平均功率及总无功功率分别为(　　)。
A. 600 W,800 Var　　　　B. 2800 W,400 Var
C. 800 W,600 Var　　　　D. 1800 W,1200 Var
E. 1200 W,1600 Var

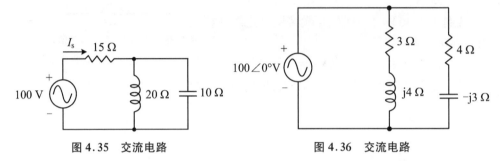

图4.35　交流电路　　　　图4.36　交流电路

【例4.2.53】 有一交流系统的电压 $U = (100 + j60)$ V,电流 $I = (40 - j30)$ A,有效功率为(　　)。
A. 4000 W　　B. 5800 W　　C. 1800 W　　D. 2200 W

3. 电功率

【例4.2.54】 交流电路中,平均功率是指一个交流周期中瞬间功率的平均值,若将100 V、60 Hz的正弦交流电压加于50 Ω的纯电阻两端,则下列叙述错误的是(　　)。
A. 瞬间功率之频率为60 Hz　　B. 瞬间功率最大值为400 W
C. 瞬间功率最小值为0　　　　D. 平均功率为200 W

【例4.2.55】 在交流电路上电压为 $U(t) = 110\sin(\omega t + 30°)$ V,通过 $I(t) = 5\sin(\omega t + 60°)$ A 电流,则无功功率为(　　)。
A. 275 Var　　B. 175 Var　　C. 138 Var　　D. 235 Var

4. 分析举例

【例4.2.56】 三相四线制供电的相电压为200 V,与线电压最接近的值为(　　)。
A. 280 V　　B. 346 V　　C. 250 V　　D. 380 V

【例4.2.57】 RLC串并联谐振电路,品质因数 Q 值愈大,表示(　　)。
A. 波宽愈宽,选择性愈高　　B. 波宽愈宽,选择性愈低
C. 波宽愈窄,选择性愈高　　D. 波宽愈窄,选择性愈低

【例4.2.58】 如图4.37所示, $f = 100$ Hz, $X_L = 15$ Ω, $X_C = 60$ Ω,则此电路的

谐振频率为( )。

A. 200 Hz B. 180 Hz C. 150 Hz D. 120 Hz

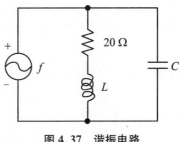

图 4.37 谐振电路

4.2.2.3 快速测试题

序号	1	2	3	4
知识点	概念与描述	复数解法	电功率	分析举例
题号	4.2.59~4.2.64	4.2.65~4.2.67	4.2.68~4.2.71	4.2.72、4.2.73

1. 概念与描述

【例 4.2.59】 功率因数(Power. Factor.)的单位为( )。
A. 没有单位 B. 乏(Var) C. 瓦特(Watt) D. 伏安(VA)

【例 4.2.60】 设一电路其两端的电压与其通过的电流间的相角差为 90°，则此电路之电压有效值 U 与电流有效值 I 的乘积(UI)为此电路的( )。
A. 视在功率亦等于虚功率 B. 视在功率而不等于虚功率
C. 虚功率而不等于视在功率 D. 以上皆不是

【例 4.2.61】 设一电路的电压、电流分别为 $U(t)=\sqrt{2}U\sin\omega t$ V，通过 $I(t)=\sqrt{2}I\cos\omega t$ A，则 UI 为( )。
A. 平均功率瓦特 B. 瞬时功率瓦特
C. 虚功率乏 D. 视在功率伏安

【例 4.2.62】 下列有关功率因数(PF)的叙述，正确的是( )。
A. 纯电阻的 $PF=1.0$ B. $-1<PF<0$
C. 纯电容的 $PF=1.0$ D. 纯电感的 $PF=1.0$

【例 4.2.63】 有一负载由一电容及一电阻并联而成，其两端加上 110 V，60 Hz 的单相电源，假设电源的输出阻抗不计，若此负载吸入 10 A 电流，消耗 550 W 功率，则负载电流超前电压的相角为( )。
A. 30° B. 45° C. 60° D. 90°

【例 4.2.64】 一电阻器与一电容器并联之后接到一单频率正弦波电源上，电源频率的角速度为 100 rad·s⁻¹,电压均方根值为 100 V,供给电流均方根值为 20 A,电阻器的电流均方根值为 $10\sqrt{3}$ A,则下列有关电容器的叙述,正确的是(　　)。

A. 无效功率绝对值为 2000 Var　　B. 电抗值为 10 Ω

C. 电容量为 0.1 F　　D. 电流均方根值为 $(20-10\sqrt{3})$ A

2. 复数解法

【例 4.2.65】 一交流电压 $U(t)=100\sqrt{2}\sin(120\pi t)$ V,加于一 RLC 串联电路,若此 RLC 串联电路的 $R=3\ \Omega,X_L=3\ \Omega,X_C=7\ \Omega$,则此电路的功率因数为(　　)。

A. 0.8 落后　　B. 0.8 超前　　C. 0.6 落后　　D. 0.6 超前

【例 4.2.66】 如图 4.38 所示,电路的功率因数为(　　)。

A. 0.707　　B. 0.868

C. 0.600　　D. 0.532

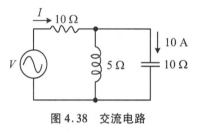

图 4.38　交流电路

【例 4.2.67】 阻抗 $(3-j4)\ \Omega$ 的负载,通过 $(1+j2)$ A 电流,求电路的平均功率及无功功率分别为(　　)。

A. 20 W,15 Var　　B. 5 W,5 Var　　C. 10 W,15 Var

D. 10 W,10 Var　　E. 15 W,20 Var

3. 电功率

【例 4.2.68】 有一交流电路 $U(t)=100\sqrt{2}\sin(377t)$ V, $I(t)=20\sqrt{2}\cdot\sin(377t-30°)$ A,则最小瞬时功率为(　　)。

A. -2000 W　　B. -268 W　　C. 100 W　　D. -1866 W

【例 4.2.69】 一电阻接在 20 V 直流电流上消耗的电功率为 10 W,把这一电阻接在某一交流电源上,若该交流电源的电压 U 随时间 t 变化的图像如图 4.39 所示,则这一电阻消耗的电功率为(　　)。

A. 5 W　　B. 7.07 W　　C. 10 W　　D. 14.1 W

【例 4.2.70】 如图 4.40 所示,电路的视在功率为(　　)。

A. 1000 VA　　B. 500 VA　　C. 2000 VA　　D. 1118 VA

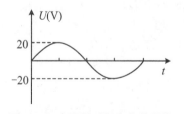

图 4.39　电压随时间变化的图像

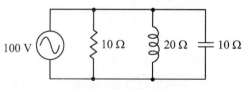

图 4.40　交流电路

【例 4.2.71】 交流电路的电压 $U(t)=100\sqrt{2}\sin(377t+20°)$ V,电流

$I(t) = 10\sqrt{2}\sin(377t - 10°)$ A,则此电路的无功功率为（　　）。

A. 2000 Var　　B. 500 Var　　C. 1000 Var　　D. 866 Var

4. 分析举例

【例 4.2.72】 在图 4.41 所示的串联电路中,下列有关 RL 组合部分的叙述,正确的是（　　）。

A. 平均功率 $P = 10$ W
B. 视在功率 $S = 10$ VA
C. 电流均方根值 $I = 2$ A
D. 功率因数 $PF = 0.5$

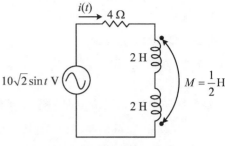

图 4.41　串联交流电路

【例 4.2.73】 某工厂平均每小时电功率为 24 kW,功率因数为 0.6 滞后,欲将功率因数提高至 0.8 滞后,则应加入并联电容器的无效功率为（　　）。

A. 24 kVar　　B. 14 kVar　　C. 19 kVar　　D. 5 kVar

4.2.2.4　定量测试题

序号	1	2	3	4
知识点	概念与描述	复数解法	电功率	分析举例
题号	4.2.74、4.2.75	4.2.76、4.2.77	4.2.78～4.2.83	4.2.84

1. 概念与描述

【例 4.2.74】 若跨于某电路元件上的电压为 $u(t) = 800\sin(628t + 30°)$ V,流过此元件的电流为 $i(t) = 5\sin(628t + 30°)$ A,则元件性质应为（　　）。

A. 电阻性　　B. 电感性　　C. 电容性　　D. 无法确定

【例 4.2.75】 如图 4.42 所示,正弦波稳态电路中,已知 $U_S(t)$ 是振幅为 10 V、频率为 1 kHz 的正弦波,而且电阻器的电压相位领先电压源 $U_S(t)$ 30°,则电容器上电压的振幅、电容器的电抗绝对值约为（　　）。

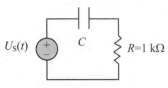

图 4.42　正弦波稳态电路

A. 1.34 V,500 Ω　　B. 3.33 V,707 Ω
C. 5 V,577 Ω　　　D. 8.66 V,866 Ω

2. 复数解法

【例 4.2.76】 阻值为 6 Ω 的电阻与容抗为 8 Ω 的电容串联后接在交流电路中,则功率因数为（　　）。

A. 0.6　　B. 0.8　　C. 0.5　　D. 0.3

【例4.2.77】 某元件两端的电压为 $U(t)=100\sqrt{2}\sin(377t+30°)$ V,通过 $I(t)=100\sqrt{2}\cos(377t-30°)$ A 的电流,则(   )。

    A. $Q=8660$ Var   B. $PF=0.5$ C. $P=8660$ W   D. $S=20000$ VA

3. 电功率

【例4.2.78】 在220 V配电系统中,有效功率为80 kW,无功功率为60 kVar负载,系统功率因数为(   )。

    A. 1.0   B. 0.8   C. 0.6   D. 0.9

【例4.2.79】 某交流电路的电压函数 $U(t)$ 及电流函数 $I(t)$ 可分别表示为 $U(t)=200\sqrt{2}\sin(377t)$ V,$I(t)=10\sqrt{2}\sin(377t-37°)$ A,则下列有关此电路的有效功率(P)、无效功率(Q)、视在功率(S)及功率因数(PF)的叙述,正确的是(   )。

    A. $P=3200$ W   B. $Q=1600$ Var   C. $S=2000$ VA   D. $PF=0.6$

【例4.2.80】 $R=40\ \Omega$,$X_L=6\ \Omega$,$X_C=5\ \Omega$,并联后接于120 V的电源,则此电路的有效功率为(   )。

    A. 600 W   B. 1200 W   C. 2400 W   D. 360 W

【例4.2.81】 $R=40\ \Omega$,$X_L=6\ \Omega$,$X_C=5\ \Omega$,并联后接于120 V的电源,则此电路的虚功率为(   )。

    A. 600 Var   B. 480 Var   C. 1200 Var   D. 2400 Var

【例4.2.82】 $R=40\ \Omega$,$X_L=6\ \Omega$,$X_C=5\ \Omega$,并联后接于120 V的电源,则此电路的视在功率为(   )。

    A. 960 VA   B. 360 VA   C. 600 VA   D. 480 VA

【例4.2.83】 $R=3\ \Omega$,$X_L=300\ \Omega$,$X_C=304\ \Omega$,串联接入10 V的交流电源,则此电路的虚功率为(   )。

    A. 16 Var   B. 1200 Var   C. 1216 Var   D. 12 Var

4. 分析举例

【例4.2.84】 绘制三相单速异步电动机定子绕组接线图时,要先将定子槽数按极数均分,每一等份代表(   )电角度。

    A. 90°   B. 120°   C. 180°   D. 360°

4.2.3 交流电路的情景探究题

序号	1	2	3	4
知识点	三相交流电	钳形电流表	远距离输电	分析举例
题号	4.2.85	4.2.86	4.2.87、4.2.88	4.2.89

1. 三相交流电

【例 4.2.85】 如图 4.43 所示，A、B、C 是三相交流电源的三根相线，O 是中线，电源的相电压为 220 V，L_1、L_2、L_3 是三个"220 V、60 W"的灯泡，开关 K_1 断开，K_2、K_3 闭合，由于某种原因，电源中线在图中 O' 处断了，那么 L_2 和 L_3 两灯泡将（　　）。

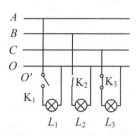

图 4.43 三相交流电路

A. 立刻熄灭　　　　　　　　B. 变得比原来亮一些
C. 变得比原来暗一些　　　　D. 保持亮度不变

2. 钳形电流表

【例 4.2.86】 钳形电流表的结构如图 4.44(a)所示，电流表的读数为 1.2 A，如图 4.44(b)中用同一电缆线绕了 3 匝，则（　　）。

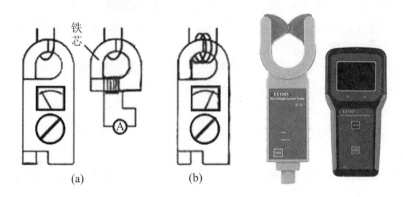

图 4.44 钳形电流表

A. 这种电流表能测直流电流，图 4.44(b)的读数为 2.4 A
B. 这种电流表能测交流电流，图 4.44(b)的读数为 0.4 A
C. 这种电流表能测交流电流，图 4.44(b)的读数为 3.6 A
D. 这种电流表既能测直流电流，又能测交流电流，图 4.44(b)的读数为 3.6 A

3. 远距离输电

【例 4.2.87】 电学中的库仑定律、欧姆定律、法拉第电磁感应定律（有关感应电动势大小的规律)、安培定律(磁场对电流作用的规律)都是一些重要的规律,远距离输电系统的示意图如图 4.45 所示(为了简单,设用户的电器是电动机),下列选项正确的是(　　)。

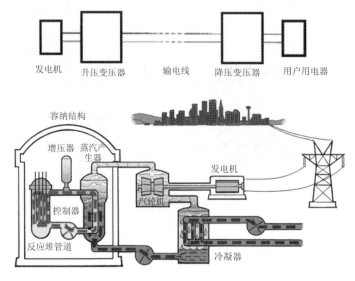

图 4.45　远距离输电线路的示意图

A. 发电机能发电的主要原理是库仑定律,变压器能变压的主要原理是欧姆定律,电动机通电后能转动起来的主要原理是法拉第电磁感应定律

B. 发电机能发电的主要原理是安培定律,变压器能变压的主要原理是欧姆定律,电动机通电后能转动起来的主要原理是库仑定律

C. 发电机能发电的主要原理是欧姆定律,变压器能变压的主要原理是库仑定律,电动机通电后能转动起来的主要原理是法拉第电磁感应定律

D. 发电机能发电的主要原理是法拉第电磁感应定律,变压器能变压的主要原理是法拉第电磁感应定律,电动机通电后能转动起来的主要原理是安培定律

【例 4.2.88】　远距离输电线路示意图如图 4.45 所示,若发电机的输出电压不变,则下列正确的是(　　)。

A. 升压变压器的原线圈中的电流与用户用电设备消耗的功率无关

B. 输电线中的电流只由升压变压器原副线圈的匝数比决定

C. 当用户用电器的总电阻减少时,输电线上损失的功率增大

D. 升压变压器的输出电压等于降压变压器的输入电压

4. 分析举例

【例 4.2.89】　如图 4.46 所示,在三相交流电源上按星形接法连接相同负载 1、2、3,NN' 是中性线。已知负载 Z 上的电压为 220 V,电流强度为 15 A。现以 I

表示中性线上的电流,U 表示图中 A、B 两点之间的电压,则(　　)。

A. $I = 15$ A,$U = 440$ V
B. $I = 45$ A,$U = 380$ V
C. $I = 0$ A,$U = 440$ V
D. $I = 0$ A,$U = 380$ V

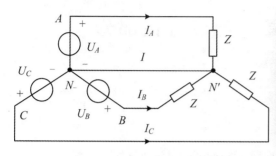

图 4.46　三相交流电源上按星形接法

第 5 章　电磁理论部分

5.1　电磁理论的分层进阶探究题

5.1.1　电磁理论的趣味思考题

序号	1	2	3	4
知识点	麦克斯韦方程组	平面电磁波	电磁场的物质性	综合问答
题号	5.1.1~5.1.4	5.1.5	5.1.6~5.1.9	5.1.10

1. 麦克斯韦方程组

【例 5.1.1】 什么叫位移电流？什么叫全电流？如图 5.1 所示，位移电流和传导电流有什么不同？

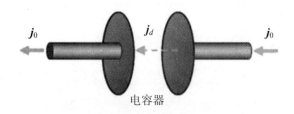

图 5.1　位移电流和传导电流

【例 5.1.2】 按下述几个方面比较一下静电场与涡旋电场：
(1) 由什么产生？(2) 电力线的分布怎样？(3) 对导体有何作用？

【例 5.1.3】 为什么说麦克斯韦方程组的积分形式和微分形式等效？微分形式与积分形式相比较，有些什么新内容？

【例 5.1.4】 麦克斯韦方程组中各方程的物理意义是什么？

2. 平面电磁波

【例 5.1.5】 通过积分形式的麦克斯韦方程推导电场和磁场的波动方程,说明了平面电磁波的性质,图 5.2 所示的是用动画演示平面电磁波的电场强度和磁场强度的传播。

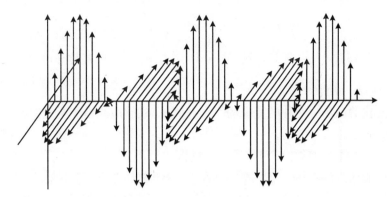

图 5.2 平面电磁波的演示

3. 电磁场的物质性

【例 5.1.6】 什么是坡印廷矢量?它和电场及磁场有什么关系?

【例 5.1.7】 电磁波的动量密度和能量密度有什么关系?

【例 5.1.8】 光压是怎么产生的?它和电磁波动量密度、能量密度及被照射表面性质有何关系?

【例 5.1.9】 加速电荷在周围某处产生的横向电场、横向磁场与电荷的加速度以及该处离电荷的距离有何关系?

4. 综合问答

【例 5.1.10】 试说明平面电磁波的电场能量的密度与磁场能量的密度相等。

5.1.2 电磁理论的分层进阶题

5.1.2.1 概念测试题

序号	1	2	3	4
知识点	麦克斯韦方程组	平面电磁波	电磁场的物质性	综合问答
题号	5.1.11~5.1.15	5.1.16~5.1.19	5.1.20、5.1.21	5.1.22

1. 麦克斯韦方程组

【例 5.1.11】 对于位移电流有下述四种说法,正确的是(   )。

A. 位移电流是由变化电场产生的

B. 位移电流是由变化磁场产生的
C. 位移电流的热效应服从焦耳-楞次定律
D. 位移电流的磁效应不服从安培环路定理

【例 5.1.12】 电位移矢量的时间变化率 $\dfrac{dD}{dt}$ 的单位是(　　)。

A. $C \cdot m^{-2}$　　B. $C \cdot s^{-1}$　　C. $A \cdot m^{-2}$　　D. $A \cdot s^{-1}$

【例 5.1.13】 麦克斯韦方程 $\oint_L \boldsymbol{H} \cdot d\boldsymbol{l} = I_0 + \dfrac{d\Phi_e}{dt}$($I_0$ 是传导电流,Φ_e 是电位移矢量的通量)说明(　　)。

A. 变化的磁场一定伴随有电场　　B. 磁感应线是无头无尾的
C. 电荷总伴随有电场　　D. 变化的电场一定伴随有磁场

【例 5.1.14】 位移电流与传导电流进行比较,它们的相同点是(　　)。

A. 都能产生焦耳热　　B. 都伴随有电荷运动
C. 都只存在于导体中　　D. 都只能按相同规律激发磁场

【例 5.1.15】 用镜像法求解电场边值问题时,判断镜像电荷的选取是否正确的根据是(　　)。

A. 镜像电荷是否对称　　B. 场域内的电荷分布是否未改变
C. 边界条件是否保持不变　　D. 同时选择 B 和 C

2. 平面电磁波

【例 5.1.16】 下列说法错误的是(　　)。

A. 电磁波又叫无线电波
B. 电磁波的传播不需要任何介质
C. 电磁波的传播过程,就是电磁场能量的传播过程
D. 电磁波在各种介质中传播速率都相等

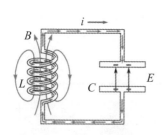

图 5.3　LC 振荡电路

【例 5.1.17】 如图 5.3 所示,当 LC 振荡电路中的电流达到最大值时,L 中磁场的磁感应强度 $\boldsymbol{B}$ 和电容器 C 中电场的场强 $\boldsymbol{E}$ 是(　　)。

A. $\boldsymbol{B}$ 和 $\boldsymbol{E}$ 都为最大值
B. $\boldsymbol{B}$ 和 $\boldsymbol{E}$ 都为 0
C. $\boldsymbol{B}$ 达到最大值,而 $\boldsymbol{E}$ 为 0
D. $\boldsymbol{B}$ 为 0,而 $\boldsymbol{E}$ 达到最大值

【例 5.1.18】 要想提高某 LC 振荡电路发射电磁波的能力,以下措施可行的是(　　)。

A. 将电感线圈中的铁芯抽出来　　B. 减少电容器两极板的正对面积
C. 增大电容器的电容　　D. 增加电感线圈的匝数

【例5.1.19】 下列说法中能使平行板电容器的极板间产生磁场的是( )。
A. 把电容器接在直流电源的两端
B. 把电容器接在交流电源的两端
C. 给电容器充电后,保持其电荷量不变而将极板间的距离匀速增大
D. 给电容器充电后,保持其电压不变而将极板间的距离匀速增大

3. 电磁场的物质性

【例5.1.20】 如图5.4所示,电磁场和实物比较,以下说法错误的是( )。
A. 有相同的物质属性,即有质量、能量、动量等
B. 都服从守恒定律:质量守恒、能量守恒、动量守恒等
C. 都具有波粒二象性
D. 实物粒子是客观存在的,电磁场是假设存在的

图5.4 在恒星的前身——尘埃微粒和电磁场间存在着错综复杂的关系

【例5.1.21】 电磁场的物质性基于电磁场具有( )。
A. 质量和重量   B. 质量和动量   C. 质量和能量   D. 动量和能量

4. 综合问答

【例5.1.22】 平面电磁波的相速度的大小( )。
A. 在任何介质中都相同   B. 与平面的频率无关
C. 等于真空中的光速   D. 上述均不对

5.1.2.2 定性测试题

序号	1	2	3	4
知识点	麦克斯韦方程组	平面电磁波	电磁场的物质性	综合问答
题号	5.1.23、5.1.24	5.1.25~5.1.36	5.1.37	5.1.38~5.1.41

1. 麦克斯韦方程组

【例5.1.23】 关于传导电流和位移电流,以下说法错误的是( )。
A. 位移电流和传导电流之和永远是连续的
B. 位移电流和传导电流一样都将产生焦耳热
C. 位移电流的实质是变化的电场可以产生磁场
D. 导体中的位移电流极小,与传导电流相比可忽略

【例5.1.24】 电磁波在自由空间传播时,电场强度和磁场强度( )。
A. 在垂直于传播方向的同一条直线上

B. 朝互相垂直的两个方向传播

C. 互相垂直,且都垂直于传播方向

D. 有相位差 $\pi/2$

2. 平面电磁波

【例 5.1.25】 如图 5.5 所示,电磁波的电场强度 E、磁场强度 H 和传播速度 v 关系是( )。

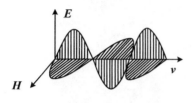

图 5.5 E、H、v 关系图

A. 三者互相垂直,而且位相相差 $\pi/2$

B. 三者互相垂直,而且 E、H、v 构成右旋直角坐标系

C. 三者中 E 和 H 是同方向的,但都与 v 垂直

D. 三者 E 和 H 可以是任意方向的,但都必须与 v 垂直

【例 5.1.26】 关于导电介质中的均匀平面电磁波,以下论述错误的是( )。

A. 介质中同一点的电场和磁场具有不同的相位

B. 电场和磁场均垂直于传播方向

C. 能量传播速度与相速度相同

D. 能量传输速度不同于相速度

【例 5.1.27】 属于特高频(UHF)的频带范围是( )。

A. 400～2000 MHz　　　　B. 300～2000 MHz

C. 400～3000 MHz　　　　D. 300～3000 MHz

【例 5.1.28】 如图 5.6 所示,坡印廷矢量的方向( )。

A. 代表电磁场能量传输方向　　B. 代表电磁场能量传输的反方向

C. 与能量传输方向垂直　　D. 与能量传输方向既不平行,也不垂直

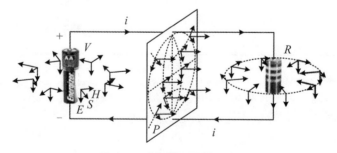

图 5.6 坡印廷矢量的方向

【例 5.1.29】 沿负 y 方向一束电磁波的传播,若已知空间点上的电场在正 x 方向暂态传播,则空间点上的磁场将沿( )方向暂态传播。

A. $-x$ B. $+x$ C. $+z$ D. $-z$

【例5.1.30】 以下选项中,属于平面电磁波的常数的是(   )。
A. 坡印廷矢量的大小   B. 电场能量密度 ω_e
C. 磁场能量密度 ω_m D. 波强

【例5.1.31】 若利用太阳帆最大限度地提高航天器帆上的辐射压力,则太阳能板应(   )。
A. 非常黑,以吸收尽可能多的阳光
B. 非常有光泽,以反射尽可能多的阳光

【例5.1.32】 如图5.7所示,磁盘被阳光均匀地照射(在它们的区域),假设磁盘被另一个半径为一半的磁盘所取代,下列哪一种物理量将在不同的磁盘替换后发生改变?(   )
A. 磁盘上的辐射压力
B. 磁盘上的辐射力
C. 在给定时间间隔内传送到磁盘的辐射动量

【例5.1.33】 如图5.8所示,天线代表遥远的无线电台发射源,则辐射强度从大到小的排序为(   )。

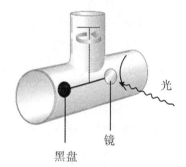

图5.7 高真空中光压测量的装置

(1) 到天线右侧的距离 d;(2) 到天线左侧的距离 $2d$;(3) 到天线的前面的距离 d(页面的外);(4) 到天线上方的距离 d(朝向页面顶部)
A. (1)(2)(3)   B. (2)(4)(1)   C. (3)(4)(1)   D. (4)(3)(1)

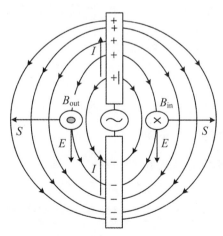

图5.8 由两个连接到交流电压源的金属棒组成的半波天线
该图显示当电流向上时在一个任意时刻的 E 和 B
(注意电场线类似于偶极子的电场线)

【例5.1.34】 天线代表遥远的无线电台的发射源,如图5.8所示,位于图右边的便携式无线电天线的最佳方向是(   )。

A. 沿着页面的上下　　　　　B. 沿着页面的左右

C. 垂直于页面　　　　　　　D. 无法确定

【例5.1.35】 许多厨房有一种用于烹调食物的微波炉,其微波的频率是在 10^{10} Hz 量级,这些微波的波长的量级为(   )。

A. km　　　　B. m　　　　C. cm　　　　D. mm

【例5.1.36】 一种频率量级为 10^5 Hz 的无线电波用于携带一个量级为 10^3 Hz 的声波,则这个无线电波的波长的量级为(   )。

A. km　　　　B. m　　　　C. cm　　　　D. mm

3. 电磁场的物质性

【例5.1.37】 根据 De Broglie 关系式及波粒二象性,下面描述正确的是(   )。

A. 光的波动性和粒子性的关系式也适用于实物微粒

B. 实物粒子没有波动性

C. 电磁波没有粒子性

D. 波粒二象性是不能统一于一个宏观物体中的

4. 综合问答

【例5.1.38】 自由空间是指以下哪一种情况的空间?(   )

A. $\rho=0, j=0$　　　　　　B. $\rho=0, j\neq0$

C. $\rho\neq0, j=0$　　　　　　D. $\rho\neq0, j\neq0$

【例5.1.39】 对于电磁波,以下说法正确的是(   )。

A. 电磁波均为横波　　　　　B. 所有单色波为平面波

C. 所有单色波 E 均与 H 垂直　　D. 上述均错

【例5.1.40】 已知平面电磁波的电场强度 $E = 100 e_x \cdot \exp\left[i\left(\dfrac{2\pi}{300}z - 2\pi\times 10^6 t\right)\right]$ (SI),则(   )。

A. 波长为 300 m　　　　　　B. 振幅沿 z 轴

C. 圆频率为 10^6 Hz　　　　　D. 波速为 $\dfrac{1}{3}\times 10^8$ m/s

【例5.1.41】 平面电磁波的电场强度与磁场强度的关系为(   )。

A. $E \cdot H = 0$,且位相相同　　B. $E \cdot H = 0$,且位相不同

C. $E \cdot H \neq 0$,且位相相同　　D. $E \cdot H \neq 0$,且位相不同

5.1.2.3 快速测试题

序号	1	2	3	4
知识点	麦克斯韦方程组	平面电磁波	电磁场的物质性	综合问答
题号	5.1.42~5.1.52	5.1.53、5.1.54	5.1.55~5.1.57	5.1.58、5.1.59

1. 麦克斯韦方程组

【例5.1.42】 如图5.9所示,一个电容器在振荡电路中,在其两极间放入一矩形线圈,线圈的面积与电容器极板面积相等,并且位于两极板的中央与之平行,则下列说法正确的是(　　)。

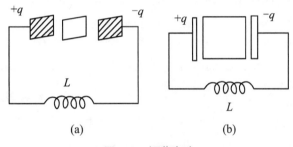

图5.9　振荡电路

A. 在线圈的下缘放一小磁针,使磁针与线圈平面垂直,磁针不会转动

B. 线圈中没有感应电流

C. 线圈中有感应电流

D. 若把线圈平面转过90°,使其平面与纸面平行,并位于两极中央,此时有感应电流

【例5.1.43】 判断下列矢量哪一个可能是静电场?(　　)

A. $E = 3x e_x + 6y e_y + 9z e_z$　　　　B. $E = 3y e_x + 6z e_y + 9z e_z$

C. $E = 3z e_x + 6x e_y + 9y e_z$　　　　D. $E = 3xy e_x + 6yz e_y + 9zx e_z$

【例5.1.44】 磁感应强度为 $B = ax e_x + (3y - 2z) e_y + z e_z$,试确定常数 a 的值为(　　)。

A. 0　　　　B. -4　　　　C. -2　　　　D. -5

【例5.1.45】 均匀平面波电场复振幅分量为 $E_x = 2 \times 10^{-2} e^{-jkz}$,$E_y = 5 \times 10^{-2} e^{-j(kz + \frac{\pi}{2})}$,则极化方式是(　　)。

A. 右旋圆极化　　　　　　　　B. 左旋圆极化

C. 右旋椭圆极化　　　　　　　D. 左旋椭圆极化

【例5.1.46】 一无限长空心铜圆柱体载有电流 I,内、外半径分别为 R_1 和 R_2,另一无限长实心铜圆柱体载有电流 I,半径为 R_2,则在离轴线相同的距离 $r(r>R_2)$ 处(　　)。

A. 两种载流导体产生的磁场强度大小相同

B. 空心载流导体产生的磁场强度值较大

C. 实心载流导体产生的磁场强度值较大

D. 无法确定

【例5.1.47】 在导电媒质中,正弦均匀平面电磁波的电场分量与磁场分量的相位(　　)。

A. 相等　　B. 不相等　　C. 相位差必为 $\pi/4$　　D. 相位差必为 $\pi/2$

【例5.1.48】 两个给定的导体回路间的互感为(　　)。

A. 与导体上所载的电流有关　　B. 与空间磁场分布有关

C. 与两导体的相对位置有关　　D. 同时选 A,B,C

【例5.1.49】 当磁感应强度相同时,铁磁物质与非铁磁物质中的磁场能量密度相比(　　)。

A. 非铁磁物质中的磁场能量密度较大

B. 铁磁物质中的磁场能量密度较大

C. 两者相等

D. 无法判断

【例5.1.50】 一般导电媒质的波阻抗(亦称本征阻抗)η_c 的值是一个(　　)。

A. 实数　　B. 纯虚数　　C. 复数　　D. 可能为实数,也可能为纯虚数

【例5.1.51】 静电场在边界形状完全相同的两个区域上满足相同边界条件,则两个区域中场分布(　　)。

A. 一定相同　　　　　　　　B. 一定不相同

C. 不能断定相同或不相同　　D. 无法判断

【例5.1.52】 静电场的唯一性定理表示(　　)。

A. 满足给定的拉普拉斯方程的电位是唯一的

B. 满足给定的泊松方程的电位是唯一的

C. 既满足给定的泊松方程,又满足给定边界条件的电位是唯一的

D. 无法判断

2. 平面电磁波

【例5.1.53】 如图5.10所示,正弦振动的电场与磁场之间相差多少？(　　)

A. 180°　　B. 90°　　C. 0　　D. 无法确定

【例5.1.54】 由自感系数为 L 的线圈和可变电容器 C 组成收音机的调谐电路,为了使收音机能接收到 $f_1=550$ kHz 至 $f_2=1650$ kHz 范围内的所有电台的播音,则可变电容器与 f_1 对应的电容 C_1 和与 f_2 对应的电容 C_2 之比为(　　)。

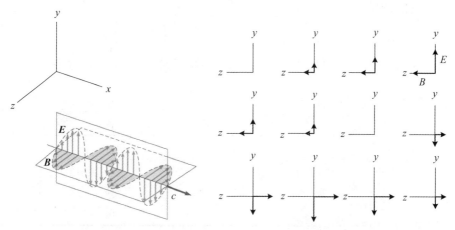

(a) 在某个瞬间的波形(注意E和B随x正弦变化) (b) 由观察者沿负x方向看,说明在yz平面不动点的电磁矢量的一个时间序列(从左上角开始)E和B的变化是正弦的

图 5.10　正弦线偏振平面电磁波沿正 x 方向以速度 c 传播的示意图

A. $1:\sqrt{3}$　　B. $\sqrt{3}:1$　　C. $1:9$　　D. $9:1$

3. 电磁场的物质性

【例 5.1.55】　欲使一电子放射电磁波,以下哪些方法可行?(　　)

A. 将电子垂直射入一均匀磁场 B 中

B. 将电子垂直射入一均匀电场 E 中

C. 将电子平行射入一均匀磁场 B 中

D. 将电子平行射入一均匀电场 E 中

E. 将电子平行射入一均匀重力场 G 中

【例 5.1.56】　对于平面电磁波而言,(　　)。

A. 电场能 = 磁场能 = εE^2　　　　B. 电场能 = 2 倍的磁场能

C. 2 倍的电场能 = 磁场能　　　　D. 电场能 = 磁场能 = $\varepsilon E^2/2$

【例 5.1.57】　一平面电磁波在真空中传播时,任意一点的电能密度和磁能密度之比为(　　)。

A. $2:1$　　B. $1:1$　　C. $1:\dfrac{1}{2}$　　D. $\dfrac{1}{2}:1$

4. 综合问答

【例 5.1.58】　$\exp(\mathrm{i}\boldsymbol{k}\cdot\boldsymbol{x})$ 梯度为(　　)。

A. $\mathrm{i}\boldsymbol{k}$　　　　　　　　　　　B. $\mathrm{i}\boldsymbol{k}\exp(\mathrm{i}\boldsymbol{k}\cdot\boldsymbol{x})$

C. $\boldsymbol{k}\exp(\mathrm{i}\boldsymbol{k}\cdot\boldsymbol{x})$　　　　　　　D. $\mathrm{i}\boldsymbol{x}\exp(\mathrm{i}\boldsymbol{k}\cdot\boldsymbol{x})$

【例 5.1.59】　已知平面电磁波的电场强度 $\boldsymbol{E}=100\boldsymbol{e}_x\cdot\exp\left[\mathrm{i}\left(\dfrac{2\pi}{300}z-2\pi\times\right.\right.$

$10^6 t)](SI)$,则（　　）。

A. 波矢沿 x 轴
B. 频率为 10^6 Hz
C. 频率为 $\frac{2\pi}{3} \times 10^6$ Hz
D. 波速为 3×10^8 m·s^{-1}

5.1.2.4　定量测试题

序号	1	2	3
知识点	麦克斯韦方程组	平面电磁波	电磁场的物质性
题号	5.1.60、5.1.61	5.1.62、5.1.63	5.1.64～5.1.69

1. 麦克斯韦方程组

【例 5.1.60】　如图 5.11 所示，平板电容器（忽略边缘效应）充电时，沿环路 L_1、L_2 磁场强度环流中必有（　　）。

A. $\oint_{L_1} \boldsymbol{H} \cdot \mathrm{d}\boldsymbol{l} > \oint_{L_2} \boldsymbol{H} \cdot \mathrm{d}\boldsymbol{l}$
B. $\oint_{L_1} \boldsymbol{H} \cdot \mathrm{d}\boldsymbol{l} = \oint_{L_2} \boldsymbol{H} \cdot \mathrm{d}\boldsymbol{l}$
C. $\oint_{L_1} \boldsymbol{H} \cdot \mathrm{d}\boldsymbol{l} < \oint_{L_2} \boldsymbol{H} \cdot \mathrm{d}\boldsymbol{l}$
D. $\oint_{L_1} \boldsymbol{H} \cdot \mathrm{d}\boldsymbol{l} = 0$

【例 5.1.61】　如图 5.12 所示，一电荷为 q 的点电荷，以匀角速度 ω 做圆周运动，圆周的半径为 R。设 $t=0$ 时 q 所在点的坐标为 $x_0 = R$，$y_0 = 0$，以 $\boldsymbol{i}$、$\boldsymbol{j}$ 分别表示 x 轴和 y 轴上的单位矢量，则圆心处 O 点的位移电流密度为（　　）。

A. $\frac{q\omega}{4\pi R^2} \sin\omega t\, \boldsymbol{i}$
B. $\frac{q\omega}{4\pi R^2} \cos\omega t\, \boldsymbol{j}$
C. $\frac{q\omega}{4\pi R^2} \boldsymbol{k}$
D. $\frac{q\omega}{4\pi R^2}(\sin\omega t\, \boldsymbol{i} - \cos\omega t\, \boldsymbol{j})$

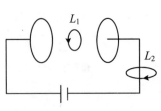
图 5.11　平板电容器

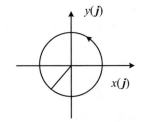
图 5.12　【例 5.1.61】图示

2. 平面电磁波

【例 5.1.62】　设在真空中沿 z 轴负方向传播的平面电磁场波，其磁场强度的波的表达式为 $H_x = -H_0 \cos\omega\left(t + \dfrac{z}{c}\right)$，则电场强度的波的表达式为（　　）。

A. $E_y = \sqrt{\dfrac{\mu_0}{\varepsilon_0}} H\cos\omega\left(t + \dfrac{z}{c}\right)$ B. $E_x = \sqrt{\dfrac{\mu_0}{\varepsilon_0}} H\cos\omega\left(t - \dfrac{z}{c}\right)$

C. $E_y = -\sqrt{\dfrac{\mu_0}{\varepsilon_0}} H\cos\omega\left(t + \dfrac{z}{c}\right)$ D. $E_x = -\sqrt{\dfrac{\mu_0}{\varepsilon_0}} H\cos\omega\left(t - \dfrac{z}{c}\right)$

【例 5.1.63】 设在真空中沿 x 轴正方向传播的平面电磁波,其电场强度的波的表达式为 $E_z = E_0 \cos 2\pi\left(vt + \dfrac{x}{\lambda}\right)$,则磁场强度的波的表达式是(   )。

A. $H_y = \sqrt{\dfrac{\mu_0}{\varepsilon_0}} E_0 \cos 2\pi\left(vt - \dfrac{x}{\lambda}\right)$ B. $H_x = \sqrt{\dfrac{\mu_0}{\varepsilon_0}} E_0 \cos 2\pi\left(vt + \dfrac{x}{\lambda}\right)$

C. $H_y = -\sqrt{\dfrac{\mu_0}{\varepsilon_0}} E_0 \cos 2\pi\left(vt - \dfrac{x}{\lambda}\right)$ D. $H_x = -\sqrt{\dfrac{\mu_0}{\varepsilon_0}} E_0 \cos 2\pi\left(vt + \dfrac{x}{\lambda}\right)$

3. 电磁场的物质性

【例 5.1.64】 下列矢量可能是恒定磁场的是(   )。

A. $\boldsymbol{B} = 3x\boldsymbol{e}_x + 6y\boldsymbol{e}_y + 9z\boldsymbol{e}_z$ B. $\boldsymbol{B} = 3y\boldsymbol{e}_x + 6z\boldsymbol{e}_y + 9z\boldsymbol{e}_z$

C. $\boldsymbol{B} = 3z\boldsymbol{e}_x + 6x\boldsymbol{e}_y + 9y\boldsymbol{e}_z$ D. $\boldsymbol{B} = 3xy\boldsymbol{e}_x + 6yz\boldsymbol{e}_y + 9zx\boldsymbol{e}_z$

【例 5.1.65】 静电场强度为 $\boldsymbol{E} = 3y\boldsymbol{e}_x + (3x - 2z)\boldsymbol{e}_y + (cy + z)\boldsymbol{e}_z$,试确定常数 c 的值为(   )。

A. 0   B. 2   C. -2   D. 任意

【例 5.1.66】 一根长铜管竖直放置,一圆柱磁铁沿其轴线从静止开始下落,不计空气阻力,则其速率将(   )。

A. 越来越大   B. 越来越小
C. 先增加然后减少   D. 先增加然后不变

【例 5.1.67】 无限长同轴圆柱电容器内、外导体单位长度带电荷量分别为 ρ_l 和 $-\rho_l$,内、外导体间充满两种均匀的电介质内层 ε_1 和外层 ε_2。分界面是以 R_1 为半径的柱面,则在介质分界面上有(   )。

A. $E_1 = E_2, D_1 = D_2$ B. $E_1 \neq E_2, D_1 \neq D_2$
C. $E_1 \neq E_2, D_1 = D_2$ D. $E_1 = E_2, D_1 \neq D_2$

【例 5.1.68】 在恒定电场中,媒质 1 是空气,媒质 2 是水,在分界面上的衔接条件为(   )。

A. $E_{1t} = E_{2t}, j_{1n} = j_{2n} = 0$ B. $E_{1n} = E_{2n}, j_{1n} = j_{2n}$
C. $E_{1t} = E_{2t}, j_{1t} = j_{2t}$ D. $E_{1n} = E_{2n}, j_{1t} = j_{2t} = 0$

【例 5.1.69】 一半径为 a 的圆柱形导体在均匀外磁场中磁化后,导体内的磁化强度为 $\boldsymbol{M} = M_0 \boldsymbol{e}_z$,则导体表面的磁化电流密度为(   )。

A. $\boldsymbol{j}_{ms} = M_0 \boldsymbol{e}_z$ B. $\boldsymbol{j}_{ms} = M_0 \boldsymbol{e}_r$ C. $\boldsymbol{j}_{ms} = M_0 \boldsymbol{e}_\varphi$ D. 任意

5.1.3 电磁理论的情景探究题

序号	1	2	3	4
知识点	电磁场理论	电磁波的物质性	辐射电磁场	电磁波的应用
题号	5.1.70~5.1.74	5.1.75~5.1.78	5.1.79~5.1.81	5.1.82~5.1.85

1. 电磁场理论

【例 5.1.70】 关于电磁场的理论,以下说法正确的是(　　)。
A. 变化的电场周围产生的磁场一定是变化的
B. 均匀变化的磁场周围产生的电场也是均匀变化的
C. 变化的电场周围产生的磁场一定是稳定的
D. 振荡电场周围产生的磁场也是振荡的

【例 5.1.71】 真空中所有的电磁波都具有相同的(　　)。
A. 频率　　　　B. 波长　　　　C. 波速　　　　D. 能量

【例 5.1.72】 如图 5.13 所示,高频电磁波传入良导体后会迅速衰减,而且(　　)。
A. 电磁波频率越高,衰减越快　　B. 导体电导率越小,衰减越快
C. 导体磁导率越大,衰减越慢　　D. 电磁波的衰减速度只与频率有关

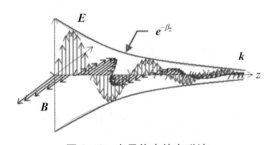

图 5.13　良导体中的电磁波

【例 5.1.73】 当高频电磁波从一种理想介质垂直入射到另一种理想介质时,电磁波被(　　)。
A. 全部反射　　　　　　　　　B. 全部透射
C. 部分反射,部分透射　　　　　D. 反射系数与波的极化有关

【例 5.1.74】 当高频电磁波从理想介质 I 垂直入射到理想介质 II 中时,有(　　)。
A. 介质 I 中的合成波为行驻波　　B. 介质 II 中的合成波为行驻波
C. 介质 I 中的合成波为行波　　　D. 介质 II 中的合成波为驻波

2. 电磁波的物质性

【例 5.1.75】 关于电磁波,以下说法正确的是(　　)。

A. 电磁波本身就是物质,因此可以在真空中传播

B. 电磁波由真空进入介质,速度变小,频率不变

C. 在真空中,频率高的电磁波速度较大

D. 只要发射电路的电磁振荡停止,产生的电磁波立即消失

【例 5.1.76】 天气雷达是利用电磁波能被云雨粒子(　　)原理,而发展起来的大气探测工具。

　　A. 折射　　　B. 反射　　　C. 散射

【例 5.1.77】 如图 5.14 所示,激光束可看作粒子流,其中的粒子以相同的动量沿光传播方向运动。激光照射到物体上,在发生反射、折射和吸收现象的同时,也会对物体产生作用。光镊效应就是一个实例,激光束可以像镊子一样抓住细胞等微小颗粒。一束激光经 S 点后被分成若干细光束,若不考虑光的反射和吸收,其中光束①和②穿过介质小球的光路如图 5.14 所示,图中 O 点是介质小球的球心,入射时光束①和②与 SO 的夹角均为 θ,出射时光束均与 SO 平行。请根据以下两种情况:(1)光束①和②强度相同;(2)光束①比②强度大,分析说明两光束因折射对小球产生的合力的方向。(　　)

A. (1)两光束对小球合力方向沿 SO 向左,(2)两光束对小球合力方向指向左上方

B. (1)两光束对小球合力方向沿 SO 向右,(2)两光束对小球合力方向指向左上方

C. (1)两光束对小球合力方向沿 SO 向右,(2)两光束对小球合力方向指向左下方

D. (1)两光束对小球合力方向沿 SO 向左,(2)两光束对小球合力方向指向左下方

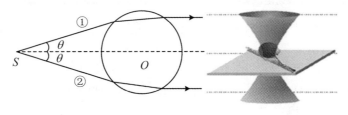

图 5.14　光镊子

【例 5.1.78】 如图 5.15 所示,太阳光谱有许多暗线,它们对应着某些元素的特征光谱,产生这些暗线是由于(　　)。

A. 太阳内部缺少相应的元素

B. 太阳表面大气层中存在着相应的元素

C. 太阳表面大气层中缺少相应的元素
D. 太阳内部存在着相应的元素

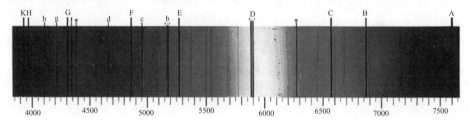

图 5.15 太阳光谱

3. 辐射电磁场

【例 5.1.79】 如图 5.16 所示,用多极展开法求解谐振荡电流体系的电磁场时,以下表述正确的是( )。

A. 辐射场强与 R^2 成反比
B. 辐射功率与 R^2 成反比
C. 辐射能流与 R 无关
D. 辐射角分布与 R 无关

【例 5.1.80】 如图 5.17 所示,喇叭天线和抛物面系统天线的特点是( )。

A. 效率高
B. 具有很强的方向性
C. 能使用于所有频段
D. 波束较宽

图 5.16 谐振荡电流体系　　　图 5.17 喇叭天线和抛物面系统天线

【例 5.1.81】 供给天线的功率与在指定方向上相对于短垂直天线的增益的乘积为( )。

A. 有效辐射功率
B. 有效单极辐射功率
C. 有效全向辐射功率
D. 无调制载波功率

4. 电磁波的应用

【例 5.1.82】 如图 5.18 所示,以下家庭防雷措施正确的是( )。

A. 买新房时,查验房屋是否有防雷装置并经验收合格
B. 雷雨前打开门窗
C. 远离各种线缆和金属管道,不上网,不打电话,不看电视,尽可能切断家用设备的电源

D. 雷雨时不用热水器洗澡

【例 5.1.83】 以下场合中不能应用电磁继电器的是( )。
A. 电磁起重机　　　B. 高压电闸　　　C. 炸弹控制　　　D. 电视遥控器

【例 5.1.84】 良导体的条件为( )。
A. $\gamma \gg \omega\varepsilon$　　　B. $\gamma \ll \omega\varepsilon$　　　C. $\gamma = \omega\varepsilon$　　　D. 无法确定

【例 5.1.85】 如图 5.19 所示，雷达使用的电磁波是( )。
A. 波长很短的无线电波　　　B. 波长很长的无线电波
C. 超声波　　　D. 微波

图 5.18　家庭防雷措施

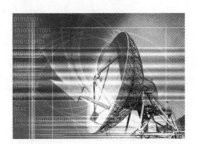

图 5.19　雷达使用的电磁波

5.2　电磁波应用的分层进阶探究题

5.2.1　电磁波应用的趣味思考题

序号	1	2	3	4
知识点	电视转播	电磁波实验	电磁辐射	透射与反射
题号	5.2.1	5.2.2～5.2.4	5.2.5、5.2.6	5.2.7～5.2.9

1. 电视转播

【例 5.2.1】 如图 5.20 所示，2016 年 NBA 决赛现场直播，同时体育频道、凤凰卫视也在转播。若仔细观察，会发现各台转播的节目比体育频道播放的节目要延迟零点几秒，请解释一下这种现象。

2. 电磁波实验

【例 5.2.2】 能否用实验说明电磁波的存在？

【例 5.2.3】 镜像法的理论依据是什么？用镜像法求解静电场问题的基本原

图 5.20　2016 年 NBA 决赛现场直播的图片

理是什么？

【例 5.2.4】　从 Maxwell 方程组出发推导理想介质无源区内电场和磁场的波动方程。

3．电磁辐射

【例 5.2.5】　试述大气对太阳辐射的衰减作用。

【例 5.2.6】　阐述辐照度、辐射出射度和辐射亮度的物理意义，其共同点和不同点分别是什么？（辐照度（I）：被辐射的物体表面单位面积上的辐射通量，$I = \mathrm{d}\Phi/\mathrm{d}S$，单位是 $\mathrm{W \cdot m^{-2}}$，S 为面积。）

图 5.21　太阳作为自然辐射源

4．透射散射

【例 5.2.7】　什么是透射率？从可见光到微波举例说明哪些物体具有透射能力？

【例 5.2.8】　大气的散射现象有几种类型？根据不同散射类型的特点，分析可见光遥感与微波遥感的区别，说明为什么微波具有穿云透雾的能力而可见光不能。

【例 5.2.9】　简述图 5.21 中的太阳和地球作为自然辐射源的电磁辐射特性。

5.2.2　电磁波应用的分层进阶题

序号	1	2	3	4
知识点	电磁波的工作	电磁波的物质性	电磁波的二重性	电磁波应用
题号	5.2.10～5.2.13	5.2.14～5.2.16	5.2.17～5.2.24	5.2.25～5.2.27

1．电磁波的工作

【例 5.2.10】　下列技术应用中，不是利用电磁波工作的是（　　）。

A. 利用微波雷达跟踪飞行目标
B. 利用声呐系统探测海底深度
C. 利用北斗导航系统进行定位和导航
D. 利用移动通信屏蔽器屏蔽手机信号

【例 5.2.11】 如图 5.22 所示,很多汽车的驾驶室里都有一个叫作 GPS(全球卫星定位系统)接收器的装置。GPS 接收器通过接收卫星发射的导航信号,实现对车辆的精确定位并导航。卫星向 GPS 接收器传送信息依靠的是(　　)。

A. 电磁波　　　　B. 紫外线
C. 红外线　　　　D. 激光

图 5.22　驾驶室里的 GPS

【例 5.2.12】 微波炉独特快速的加热方式是直接在食物内部加热,几乎没有热散失,具有很高的热效率,而且不破坏食物中所含的对人体有益的各种维生素及营养成分,因此它具有加热快、高效节能、不污染环境、保鲜度好等优点。使用微波炉的微波烹饪功能时,下列器皿中不适合的是(　　)。

A. 不锈钢碗　　　B. 耐热玻璃盘　　　C. 陶瓷碗　　　D. 木制碗

【例 5.2.13】 第三代数字通信技术简称 3G,它不仅能传递声音信息还能传递图像和视频信息,3G 手机传递信息是通过(　　)实现的。

A. 超声波　　　　B. 次声波　　　　C. 红外线　　　　D. 电磁波

2. 电磁波的物质性

【例 5.2.14】 图 5.23 左图为 LC 振荡电路,规定电流顺时针流动为电流的正方向,它产生的振荡电流的图像如右图所示,试由图像判断(　　)。

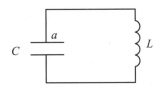 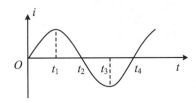

图 5.23　LC 振荡电路

A. 在 t_1 到 t_2 时间内,电容器 a 极板所带的正电荷电量逐渐减小,线圈中的磁场能增加

B. 在 t_1 到 t_2 时间内,电容器 a 极板所带的负电荷电量逐渐减小,线圈中的磁场能增加

C. 在 t_3 到 t_4 时间内,电容器 a 极板带正电,电压逐渐增加

D. 在 t_3 到 t_4 时间内,电容器 a 极板带负电,电压逐渐增加

【例 5.2.15】 收音机的调谐回路用改变电容的方式选台。接收 535 kHz 的信号时,电容为 C,接收 1605 kHz 的信号时,电容为(　　)。

A. $3C$　　　　B. $\dfrac{1}{3}C$　　　　C. $9C$　　　　D. $\dfrac{1}{9}C$

【例 5.2.16】 以下说法正确的是(　　)。

A. 医院中用于体检的 B 超属于电磁波
B. 铁路、民航等安检口使用 X 射线对行李箱内物品进行检测
C. 无线网络信号绕过障碍物传递到接收终端,利用了干涉原理
D. 列车鸣笛驶近乘客的过程中,乘客听到的声波频率大于波源振动的频率

3. 电磁波的二重性

【例 5.2.17】 欲观察 X 射线绕射现象,必须利用结晶体,这是因为(　　)。

A. 很多晶体在可见光中是透明的
B. 晶体中相邻原子间的间隔与 X 射线的波长相近
C. 晶体中的原子成规则排列,构成似光栅的栅格
D. 晶体中原子的基态能量与 X 射线能量相近

【例 5.2.18】 在某 X 射线管中,电子经电位差 U 加速后撞击钨靶,若电子电量为 e,普朗克常数为 h,光速为 c,则此 X 射线管发出的 X 光,其最短波长为(　　)。

A. $\dfrac{hc}{eU}$　　　　B. $\dfrac{hU}{ec}$　　　　C. $\dfrac{Uc}{eh}$　　　　D. $\dfrac{Ue}{hc}$

图 5.24　X 光照射晶体的衍射

【例 5.2.19】 如图 5.24 所示,以 X 光照射晶体,若入射光的波长为 λ,光束与晶体表面成 θ 角时,恰见反射光最弱,则此晶体中原子的间隔可能为(　　)。

A. $\dfrac{\lambda\sin\theta}{4}$　　　　B. $\dfrac{\lambda\cos\theta}{4}$

C. $\dfrac{\lambda\sin\theta}{2}$　　　　D. $\lambda\sin\theta$

【例 5.2.20】 氯化钾的晶体系由极多数立方体晶格排列组成,每个立方晶格的八个角上的位置都有一个钾原子或氯原子。如氯化钾的密度为 $\rho(\text{kg}\cdot\text{m}^{-3})$,其分子量为 M,阿伏加德罗常数为 N_0,X 射线经氯化钾晶体所得到的第一级绕射角($n=1$)为 $30°$,则此 X 射线的能波长为(　　)。

A. $\left(\dfrac{M}{N_0\rho}\right)^{\frac{1}{3}}$　　B. $\left(\dfrac{M}{2N_0\rho}\right)^{\frac{1}{3}}$　　C. $\dfrac{1}{10}\left(\dfrac{M}{N_0\rho}\right)^{\frac{1}{3}}$　　D. $\dfrac{1}{10}\left(\dfrac{M}{2N_0\rho}\right)^{\frac{1}{3}}$

【例 5.2.21】 光子具有动量,太阳光照射在物体上有压力,彗星的尾巴就是

太阳的光压形成的,如图 5.25 所示。彗星在绕太阳运转的过程中有时彗尾长,有时彗尾短,下列说法正确的是( )。

A. 彗星离太阳较近时,光压大,彗尾长
B. 彗星离太阳较近时,光压小,彗尾短
C. 彗星离太阳较远时,光压小,彗尾短
D. 彗星离太阳较远时,光压大,彗尾长

图 5.25 彗星的尾巴

【例 5.2.22】 用电磁波探测物体的存在时,所用电磁波的波长相当于物体的长度或比物体较短。今欲用电磁波探测一艘 1500 公尺长的核子动力航空母舰,则所需电磁波的最低频率为( )Hz。

A. 1500   B. 3×10^8 C. 2×10^4 D. 2×10^5 D. 3×10^6

【例 5.2.23】 以波长为 5000 Å 的单色光垂直照射在一塑料板上,光的强度为 100 J·m^{-2}·s^{-1};假定塑料板可将一半的光子吸收,另一半的光子反射,而塑料板受光照射面积为 2.5×10^{-3} m^2,则塑料板上的光压为( )Pa。

A. 10^{-6} B. 5×10^{-6} C. 5×10^{-7}
D. 5×10^{-8} E. 2×10^{-7}

【例 5.2.24】 设晶体 NaCl 的密度为 ρ(kg·m^{-3}),分子量为 M(kg·mol^{-1})。若波长为 λ(m)的 X 射线经此晶体产生第一级加强的绕射角为 θ,则阿佛加德罗常数应等于( )。

A. $\dfrac{M \sin^3 \theta}{\rho \lambda^3}$ B. $\dfrac{M \sin \theta}{\rho \lambda^3}$ C. $\dfrac{4M \cos^3 \theta}{\rho \lambda^3}$

D. $\dfrac{4M \sin \theta}{\rho \lambda}$ E. $\dfrac{4M \sin^3 \theta}{\rho \lambda^3}$

4. 电磁波的应用

【例 5.2.25】 一无线电台发射电磁波向东传播,其电场方向为上下,若以环形线圈作为接收天线,则线圈面的轴线方向应指着( )才能有最大的收播效果。

A. 上下   B. 南北   C. 东西   D. 东北、西南   E. 都一样

【例 5.2.26】 一频率为 f 的光线以入射角 θ(光线与平面法线的夹角)射在一可完全反射的平面镜上,设平面镜上单位时间在单位面积上有 N 个光子射到,则平面镜所受的光压为( )。

A. $Nhf\sin\theta/c$ B. $Nhf\cos\theta/c$
C. $2Nhf\cos\theta/c$ D. $2hf\cos\theta/c$

【例 5.2.27】 GPS 卫星信号是取无线电波中 L 波段的两种不同频率的电磁波作为载波,它们的频率和波长分别为( )。

A. $f_1 = 1575.02$ MHz,$\lambda_1 = 19.13$ cm,$f_2 = 1227.60$ MHz,$\lambda_2 = 24.22$ cm
B. $f_1 = 1575.32$ MHz,$\lambda_1 = 19.23$ cm,$f_2 = 1227.66$ MHz,$\lambda_2 = 22.42$ cm

C. $f_1 = 1575.42 \text{ MHz}, \lambda_1 = 19.03 \text{ cm}, f_2 = 1227.60 \text{ MHz}, \lambda_2 = 24.42 \text{ cm}$
D. $f_1 = 1575.62 \text{ MHz}, \lambda_1 = 19.53 \text{ cm}, f_2 = 1227.06 \text{ MHz}, \lambda_2 = 24.12 \text{ cm}$

5.2.3 电磁波应用的情景探究题

序号	1	2	3	4
知识点	电磁波的辐射	电磁波的发射	电磁波的比较	电磁波物质性
题号	5.2.28、5.2.29	5.2.30～5.2.35	5.2.36～5.2.41	5.2.42～5.2.47

1. 电磁波的辐射

【例5.2.28】 热辐射是指所有物体在一定温度下都向外辐射电磁波的现象。辐射强度指垂直于电磁波方向的单位面积在单位时间内所接收到的辐射能量。在研究同一物体于不同温度下向外辐射的电磁波的波长与其辐射强度的关系时,得到如图5.26所示的曲线,图中横轴 $\lambda/\mu\text{m}$ 表示电磁波的波长,纵轴 $M_\lambda/(10^{14} \text{ W}\cdot\text{m}^{-3})$ 表示物体在不同温度下辐射电磁波的强度,则由 M_λ-λ 曲线可知,同一物体在不同温度下,将( )。

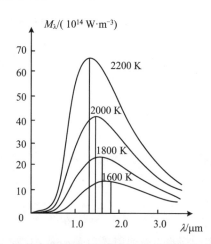

图5.26 物体在不同温度下辐射电磁波的强度 M_λ-λ 图线

A. 向外辐射相同波长的电磁波的辐射强度相同
B. 向外辐射的电磁波的波长范围相同
C. 向外辐射的最大辐射强度随温度升高而减小
D. 向外辐射的最大辐射强度的电磁波的波长向短波方向偏移

【例5.2.29】 太阳表面的温度约为6000 K,主要发出可见光;人体的温度约为310 K,主要发出红外线;宇宙间的平均温度约为3 K,所发出的辐射称为"3 K背景辐射","3 K背景辐射"属于电磁波谱的( )。

A. X射线　　　B. 紫外线　　　C. 可见光　　　D. 无线电波

2. 电磁波的发射

【例5.2.30】 LC振荡电路某时刻的情况如图5.27所示。关于该电路,下列说法正确的是(　　)。

A. 电容器正在充电

B. 电感线圈中的磁场能正在增加

C. 电感线圈中的电流正在增大

D. 此时刻自感电动势正在阻碍电流增大

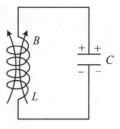

图5.27　LC振荡电路

【例5.2.31】 调谐电路的可变电容器的动片从完全旋入到完全旋出仍接收不到某较高频率电台发出的电信号。要收到该电台的信号,应采用哪些方法?(　　)

A. 增强调谐电路中线圈的匝数　　　B. 加大电源的电压

C. 减少调谐电路中线圈的匝数　　　D. 减小电源的电压

【例5.2.32】 根据麦克斯韦电磁理论,以下说法正确的是(　　)。

A. 在电场周围一定产生磁场,磁场周围一定产生电场

B. 在变化的电场周围一定产生变化的磁场,变化的磁场周围一定产生变化的电场

C. 均匀变化的电场周围一定产生均匀变化的磁场

D. 振荡的电场一定产生同频率振荡的磁场

【例5.2.33】 如图5.28所示,雷达的定位是利用自身发射的(　　)。

A. 电磁波　　　B. 红外线　　　C. 次声波　　　D. 光线

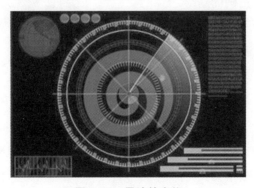

图5.28　雷达的定位

【例5.2.34】 关于电磁场和电磁波,下列说法正确的是(　　)。

A. 电磁波是横波

B. 电磁波的传播需要介质

C. 电磁波能产生干涉和衍射现象

D. 电磁波中电场和磁场的方向处处相互垂直

【例 5.2.35】 如图 5.29 所示,无线电发射装置的振荡电路中的电容为 30 pF 时,发射的无线电波的频率是 1605 kHz。若保持回路的电感不变而将电容调为 270 pF,则这时发射的电波的波长为(　　)。

A. 62 m　　　　B. 187 m
C. 560 m　　　D. 1680 m

图 5.29　无线电发射装置

3. 电磁波的比较

【例 5.2.36】 电磁波与机械波有许多相似之处,某同学对此作了一番比较,得出了以下结论,其中你认为正确的是(　　)。

A. 机械波可能是纵波,也可能是横波,电磁波一定是横波
B. 机械波的传播依赖介质,而电磁波可以在真空中传播
C. 机械波和电磁波都能发生反射、折射、干涉、衍射现象
D. 机械波和电磁波从空气进入水中传播时,频率不变,波长、波速都变小

【例 5.2.37】 关于电磁波,下列说法正确的是(　　)。

A. 在真空中,频率高的电磁波速度较大
B. 在真空中,电磁波的能量越大,传播速度越大
C. 电磁波由真空进入介质,速度变小,频率不变
D. 只要发射电路的电磁振荡停止,产生的电磁波立即消失

【例 5.2.38】 如图 5.30 所示,电磁波与声波比较,以下说法不正确的是(　　)。

A. 电磁波的传播不需要介质,声波的传播需要介质
B. 由空气进入水中时,电磁波速度变小,声波速度变大
C. 由空气进入水中时,电磁波波长变小,声波波长变大
D. 电磁波和声波在介质中的传播速度,都是由介质决定的,与频率无关

图 5.30　电磁波和声波的传播

【例 5.2.39】 关于电磁波传播速度表达式 $v = \lambda \cdot f$,下述结论正确的是(　　)。

A. 波长越长,传播速度就越大
B. 频率越高,传播速度就越大
C. 发射能量越大,传播速度就越大
D. 电磁波的传播速度与传播介质有关

【例 5.2.40】 要使 LC 电路产生的电磁振荡向空间辐射电磁波波长增大一倍,可采取的方法是( )。

A. 自感系数和电容都减小一半

B. 自感系数增大一倍,电容减小一半

C. 自感系数减小一半,电容增大一倍

D. 自感系数和电容都增大一倍

【例 5.2.41】 下列关于电磁波的叙述正确的是( )。

① 电磁波是电磁场由发生区域向远处的传播

② 电磁波在任何介质中的传播速度均为 3×10^8 m·s^{-1}

③ 电磁波由真空进入介质传播时,波长变短

④ 电磁波不能产生干涉、衍射现象

A. ①②   B. ①③   C. ②③   D. ③④

4. 电磁波的物质性

【例 5.2.42】 宇宙飞船一般由化学燃料制成的火箭靠反冲发射升空,升空以后,可以绕地球飞行,但要穿越太空遨行,还需其他动力的作用,这种动力可以采用多种方式,有人提出过采用离子发动机,也有人设想利用太阳光产生的光压做动力。求:

(1) 已知地球的半径为 R,地球表面的重力加速度为 g,其次发射的宇宙飞船在离地球表面高 h 的高空中绕地球运行,试用以上各量表示它绕行的速度( )。

(2) 若某宇宙飞船采用光压作为动力,即利用太阳光对飞船产生的压力加速,给飞船安上面积极大、反射率极高的薄膜,正对太阳,靠太阳光在薄膜上反射时产生的压力推动宇宙飞船,那么飞船由光压获得的最大加速度为( )。

A. $\sqrt{\dfrac{R^2 g}{R+h}}, \dfrac{2P_0 S}{cM}$ B. $0, \dfrac{2P_0 S}{cM}$

C. $\sqrt{\dfrac{R^2 g}{R+h}}, 0$ D. 无法确定

【例 5.2.43】 光子具有能量,也具有动量。如图 5.31 所示,光照射到物体表面时,会对物体产生压强,这就是光压。光压的产生机理如同气体压强:大量气体分子与器壁的频繁碰撞产生了持续均匀的压力,器壁在单位面积上受到的压力就是气体压强。设太阳光每个光子的平均能量为 E,太阳光垂直照射地球表面时,在单位面积上辐射功率为 P_0。已知光速为 c,则光子动量为 E/c。求:

(1) 若太阳光垂直照射在地球表面,则时间 t 内照射到地球表面上半径为 r 的圆形区域内太阳光的总能量及光子个数分别是多少?

(2) 若太阳光垂直照射到地球表面,在半径为 r 的某圆形区域内被完全反射(即所有光子均被反射,且被反射前后的能量变化可忽略不计),则太阳光在该区域

表面产生的光压(用 I 表示光压)是多少?

(3) 有科学家建议利用光压对太阳帆的作用作为未来星际旅行的动力来源。一般情况下,太阳光照射到物体表面时,一部分会被反射,还有一部分被吸收。若物体表面的反射系数为 ρ,则在物体表面产生的光压是全反射时产生光压的 $\frac{1+\rho}{2}$ 倍。设太阳帆的反射系数 $\rho=0.8$,太阳帆为圆盘形,其半径 $r=15$ m,飞船的总质量 $m=100$ kg,太阳光垂直照射在太阳帆表面单位面积上的辐射功率 $P_0=1.4$ kW,已知光速 $c=3.0\times10^8$ m·s^{-1}。利用上述数据并结合第(2)问中的结论,求太阳帆飞船仅在上述光压的作用下,能产生的加速度大小是多少?(保留 2 位有效数字)不考虑光子被反射前后的能量变化。( )

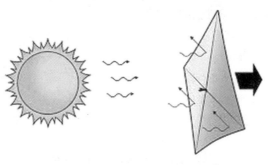

图 5.31 光压

A. $\dfrac{\pi r^2 P_0 t}{E}, \dfrac{2P_0}{c}, 5.9\times10^{-5}$ m·s^{-2} B. $0, \dfrac{2P_0}{c}, 5.9\times10^{-5}$ m·s^{-2}

C. $\dfrac{\pi r^2 P_0 t}{E}, \dfrac{2P_0}{c}, 0$ m·s^{-2} D. 无法确定

【例 5.2.44】 为了体现高考公平公正,2008 年许多地方在考场上使用了手机信号屏蔽器,该屏蔽器在工作过程中以一定速度由低端频率向高端频率扫描。该扫描速度可在手机接收报文信号中形成乱码干扰,使手机不能检测出从基站发出的正常数据,不能与基站建立连接,从而达到屏蔽手机信号的目的,手机表现为搜索网络、无信号、无服务系统等现象。由以上信息可知( )。

A. 手机信号屏蔽器是利用静电屏蔽的原理来工作的

B. 电磁波必须在介质中才能传播

C. 手机信号屏蔽器工作时基站发出的电磁波不能传播到考场内

D. 手机信号屏蔽器是通过发射电磁波干扰手机工作来达到目的的

【例 5.2.45】 螺旋天线在下列频段中应属于( )。

A. 30 kHz~30 MHz   B. 30~100 MHz   C. 100~1000 MHz

【例 5.2.46】 80 m 波段频率是( )。

A. 144~146 MHz   B. 3.5~3.6 MHz

C. 88~108 MHz   D. 825~835 MHz

【例 5.2.47】 电磁波谱的示意图（未按比例）如图 5.32 所示，则图中的 Q 为何种光？（　　）

A. 无线电波　　B. 微波　　C. X 射线
D. α 射线　　E. β 射线

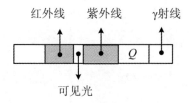

图 5.32　电磁波谱

参考答案

第 1 章 静 电 部 分

1.1 真空中静电场的分层进阶探究题

1.1.1 真空中静电场的趣味思考题

【例 1.1.1】 先让两球接地使它们不带电,再绝缘后让两球接触,将用丝绸摩擦后带正电的玻璃棒靠近金属球一侧时,由于静电感应,靠近玻璃棒的球感应负电荷,较远的球感应等量的正电荷。然后两球分开,再移去玻璃棒,两金属球分别带等量异号电荷。本方法不要求两球大小相等。因为它们本来不带电,根据电荷守恒定律,由于静电感应而带电时,无论两球大小是否相等,其总电荷仍应为 0,故所带电量必定等量异号。

【例 1.1.2】 在带电棒的非均匀电场中,木屑中的电偶极子极化出现束缚电荷,故受带电棒吸引。但接触棒后往往带上同种电荷而相互排斥。

【例 1.1.3】 人体是导体。当手直接握铜棒时,摩擦过程中产生的电荷通过人体流入大地,不能保持电荷。戴上橡皮手套,铜棒与人手绝缘,电荷不会流走,所以铜棒带电。

【例 1.1.4】 在万有引力作用下,单摆的振动周期 T 为

$$T = 2\pi\sqrt{\frac{L}{Gm}}r \tag{1.1}$$

式中,G 是万有引力常数,L 是单摆摆线的长度,m 是产生万有引力的物体的质量,r 是该物体质心与摆锤之间的距离,即 $T \propto r$。电引力单摆无非是以电引力代替万有引力而已。因此,在摆长与电量给定的条件下,若测量得出电引力单摆的振动周期与带电摆锤到电引力中心的距离 r 成正比,则表明电引力也应与距离平方成反比。

Coulomb 从电斥力扭秤实验中得出结论:"两个带同种电荷的小球之间的排斥力和它们之间距离的平方成反比。"

Coulomb 从电引力单摆实验中得出结论:"两个带异号电荷的小球之间的吸引力和它们之间距离的平方成反比。"

【例 1.1.5】 Coulomb 定律的成立条件是真空与静止。

(1) 真空条件是为了除去其他电荷的影响,使两个点电荷彼此都只受对方的作用,别无其他。若真空条件破坏,即还有因感应或极化产生的电荷以及其他电荷,仍遵循 Coulomb 定律,并不因其他电荷的存在而有所影响。这就是力的独立作用原理,即电场强度叠加原理。Coulomb 定律中真空条件并非必要,是可以除去的。

(2) 静止条件是指两个点电荷相对静止,且相对于观察者静止(均在惯性系中)。静止条件也可以放宽,即可推广到静止源电荷对运动电荷的作用,但不能推广到运动源电荷对静止或运动电荷的作用,因为有推迟效应。

【例 1.1.6】 Coulomb 定律包括三个主要内容,其由来并不相同:

(1) 两个静止点电荷之间的作用力与两个点电荷距离的平方成反比,即库仑力平方反比律。该结论已被 Coulomb 的电斥力扭秤实验、电引力单摆实验以及 Cavendish 和 Maxwell 等人的示零实验所证实。

2) 为了指明 Coulomb 力是因物体带电而产生的电力,应把库仑力与物体的带电状况相联系。于是定义:库仑力与两点电荷电量的乘积成正比。它是 Gauss 首先给出的。

(3) 两个静止点电荷之间的作用力的方向沿连线,或点电荷在各点的电场强度方向沿径向以及库仑力具有球对称性,即只与距离有关而与连线的空间方位无关。库仑力沿连线,或点电荷的电场强度方向沿径向以及球对称性,都是空间旋转对称性的结果,是凌驾于各种物理规律之上的自然界基本法则。

【例 1.1.7】 两个静止的电荷间的 Coulomb 力遵循牛顿第三定律,而两个运动电荷之间的相互作用力则违背牛顿第三定律,尽管在速度不大时差别很小。

众所周知,孤立系统的动量守恒是普遍规律。若孤立系统只包括两个物体,其间有相互作用,则在任一短暂时间内,其一动量的增加或减少必定等于另一动量的减少或增加,即两者所受到的冲量相等、反向,由于作用时间相同,故两者的相互作用力虽然都可变化,但始终遵循牛顿第三定律。若孤立系中除两个物体外,还有"第三者",且在两物体相互作用的过程中,第三者的动量也可有所变化,则一动量的增加或减少不再等于另一动量的减少或增加。于是两者的相互作用力便不再遵循牛顿第三定律。

【例 1.1.8】 作为电磁学中引入的第一个基本概念,电荷或电量具有重要的地位和意义:

(1) 电荷是物体的一种属性,用以描述物体因带电而产生的相互作用。为了表示物体间库仑力作用的强弱需比较带电物体电量的多少,做出库仑力与两点电荷电量乘积成正比的定义。电量在 Coulomb 定律中的地位与引力质量在万有引力定律中的地位相当。

(2) 库仑力与引力都遵循平方反比律,库仑力与距离平方成反比是物理学中最精确的实验定律之一。

(3) 电荷和质量遵循各自的守恒定律。对于一个孤立系统,其中所有电荷的代数和永远保持不变,它是物理学最基本的定律之一。这是电荷的重要特征之一。

(4) 电荷有正和负两种,同种电荷相斥,异种电荷相吸,使得库仑力可以屏蔽,而引力无法屏蔽。

(5) 电荷无相对论效应,电量是一个相对论不变量,不存在相对论效应,这是电荷与质量的重大区别。

(6) 电荷具有量子性,质量则并无量子性。电子具有稳定性,与电荷守恒密切相关。

【例 1.1.9】 电子受力方向与电场强度方向相反,因此电场强度方向朝下。

【例 1.1.10】 q_0 不是足够小时,会影响大导体球上电荷的分布。由于静电感应,大导体球上的正电荷受到排斥而远离 P 点,而 $\dfrac{F}{q_0}$ 是导体球上电荷重新分布后测得的 P 点场强,因此比 P 点原来的场强小。若大导体球带负电,情况相反,负电荷受吸引而靠近 P 点,P 点场强增大。

【例 1.1.11】 两电荷电量相等,符号相反。

【例 1.1.12】 由对称性可知,圆环中心处电场强度为零。轴线上场强方向沿轴线。当带电为正时,沿轴线向外;当带电为负时,沿轴线向内。

【例 1.1.13】 前者是关于电场强度的定义式,适合求任何情况下的电场。后者是由库仑定律代入定义式推导而来的,它表示点电荷的电场强度。

【例 1.1.14】 (1) 因为电荷分布在球面上,球内部无电荷,在球内取半径为 r ($r<R$) 的球形高斯面,由高斯定理易知,球内的场强为

$$E_{\text{in}} = 0 \tag{1.2}$$

(2) 在球外取半径为 r ($r>R$) 的球形高斯面,由高斯定理易知,球外空间的场强为

$$E_{\text{out}} = \frac{q}{4\pi\varepsilon_0 r^2} \tag{1.3}$$

所以,球外空间的场强与气球吹大过程无关。

(3) 因为球表面的场强为

$$E_{\text{表}} = \frac{q}{4\pi\varepsilon_0 R^2} \tag{1.4}$$

在球吹大的过程中,R 变大,所以球表面的场强随气球的吹大而变小。

【例 1.1.15】 一般情况下,电力线不代表点电荷在电场中运动的轨迹。因为电力线一般是曲线,若电荷沿电力线做曲线运动,应有法向力存在;但电力线上各点场强只沿切线方向,运动电荷必定偏离弯曲的电力线。仅当电力线是直线,且不

考虑重力影响时,初速度为零的点电荷才能沿电力线运动。若考虑重力影响时,静止的点电荷只能沿竖直方向的电力线运动。

【例 1.1.16】 电力线上任一点的切线方向即为该点场强方向。如果空间某点有几条电力线相交,过交点对每条电力线都可作一条切线,则交点处的场强方向不唯一,这与电场中任一点场强有确定方向相矛盾。

【例 1.1.17】 由于穿过高斯面的电通量仅与其内电量的代数和有关,与面内电荷的分布及面外电荷无关,所以

(1) 当第二个点电荷 q' 放在球形高斯面外时,穿过高斯面的电通量 Φ_E 不变,仍为 q/ε_0;

(2) 当第二个点电荷 q' 放在球形高斯面内时,Φ_E 变为 $(q+q')/\varepsilon_0$;

(3) 将原来的点电荷 q 移到高斯球面的球心,仍在高斯面内时,Φ_E 不变,仍为 q/ε_0。

【例 1.1.18】 (1) 立方形高斯面内电荷不变,因此电通量不变,仍为 q/ε_0;

(2) 通过立方体六个表面之一的电通量为总通量的 1/6。

【例 1.1.19】 由于电荷 q 的作用,导体上靠近 A 点的球面感应电荷 $-q'$,远离 A 点的球面感应等量的 $+q'$,其分布与过电荷 q 所在点和球心 O 的连线成轴对称,故 $\pm q'$ 在 A、B 两点的场强 E' 沿 AOB 方向。

(1) $\boldsymbol{E} = \boldsymbol{E}_0 + \boldsymbol{E}'$,$q$ 移到 A 点前,$\boldsymbol{E}_0$ 和 $\boldsymbol{E}'$ 同向,随着 q 的移近不断增大,总场强 E_A 也不断增大。q 移过 A 点后,$\boldsymbol{E}_0$ 反向,且 $E_0 > E'$,E_A 方向与前相反。随着 q 的远离 A 点,E_0 不断减小,$\pm q'$ 和 E' 增大,但因 E' 始终小于 E_0,所以 E_A 不断减小。

(2) 由于 q 及 $\pm q'$ 在 B 点的场强始终同向,且随着 q 移近导体球,二者都增大,所以 E_B 不断增大。

(3) q 在 S 面外时,面内电荷代数和为零,故 $\Phi = 0$;q 在 S 面内时,$\Phi = q/\varepsilon_0$;当 q 在 S 面上时,它已不能视为点电荷,因高斯面是无厚度的几何面,而实际电荷总有一定大小,此时 $\Phi = \Delta q/\varepsilon_0$,$\Delta q$ 为带电体处于 S 面内的那部分电量。

【例 1.1.20】 (1) 由对称性分析可知,两侧距带电面等远的点,场强大小相等,方向与带电面垂直。只有当高斯面的两底面对带电面对称时,才有 $\boldsymbol{E}_1 = \boldsymbol{E}_2 = \boldsymbol{E}$,从而求得 E。如果两底面不对称,由于不知 $\boldsymbol{E}_1$ 和 $\boldsymbol{E}_2$ 的关系,不能求出场强。若已先证明场强处处相等,则不必要求两底面对称。

(2) 底面积在运算中被消去,所以不一定要求柱体底面是圆,面积大小也任意。

(3) 求距带电面 x 处的场强时,柱面的每一底面应距带电面为 x,柱体长为 $2x$。同样,若已先证明场强处处相等,则柱面的长度可任取。

【例 1.1.21】 如果先用高斯定理求出单个无限大均匀带电平面的场强,再利用叠加原理,可得到两个无限大均匀带电平面间的场强。在这样的计算过程中,只

取了一个高斯面。

【例 1.1.22】 不一定。高斯面上 $E=0$，S 内电荷的代数和为零，有两种可能：一是面内无电荷，如高斯面取在带电导体内部；二是面内有电荷，只是正负电荷的电量相等，如导体空腔内有电荷 q 时，将高斯面取在导体中，S 包围导体内表面的情况。

【例 1.1.23】 不成立。设库仑定律中指数为 $2+\delta$，穿过以 q 为中心的球面上的电通量为 Φ，此时通量不仅与面内电荷有关，还与球面半径有关，高斯定理不再成立。

【例 1.1.24】 (1) 错。因为依高斯定理，$E=0$，只说明高斯面内净电荷数（所有电荷的代数和）为 0。

(2) 错。高斯面内净电荷数为 0，只说明整个高斯面的 $\oint_S \boldsymbol{E} \cdot \mathrm{d}\boldsymbol{S}$ 的累积为 0，并不一定电场强度处处为 0。

(3) 错。穿过高斯面的电通量为 0 时，只说明整个高斯面 $\oint_S \boldsymbol{E} \cdot \mathrm{d}\boldsymbol{S}$ 累积为 0，并不一定电场强度处处为 0。

(4) 对。$E=0$，则整个高斯面 $\oint_S \boldsymbol{E} \cdot \mathrm{d}\boldsymbol{S}$ 累积为 0，所以电通量为 0。

【例 1.1.25】 如果电场力的功与路径有关，积分在未指明积分路径以前没有意义，路径不同，积分结果也不同，相同的位置，可以有无限多取值，所以没有确定的意义，即不能根据它引入电位、电位差的概念来描写电场的性质。

【例 1.1.26】 电位高低是电场本身的性质，与试探电荷无关。电位差值与试探电荷的电量无关。

【例 1.1.27】 沿着电力线移动负试探电荷时，若 $\mathrm{d}\boldsymbol{l}$ 与 $\boldsymbol{E}$ 同向，则电场力做负功，电位能增加；反之电位能减少。

【例 1.1.28】 在任何情况下，电力线的方向总是正电荷所受电场力的方向，将单位正电荷逆着电力线方向由一点移动到另一点时，必须外力克服电场力做功，电位能增加。电场中某点的电位，在数值上等于单位正电荷在该点所具有的电位能，因此，电位永远逆着电力线方向升高。

【例 1.1.29】 (1) 电子带负电，被电场加速，逆着电力线方向运动，而电场中各点的电位永远逆着电力线方向升高——电子向高电位处移动。(2) 若电子初速度为 0，无论正负电荷，仅在电场力作用下移动，电场力方向与位移方向总是一致的，电场力做正功，电位能减少，所以电荷总是从电位能高处向电位能低处移动。

【例 1.1.30】 可以。因为电位零点的选择是任意的，假如选取地球的电位是 100 V，而不是 0 V，测量的电位等于以地为零电位的数值加上 100 V，而对电位差无影响。

【例 1.1.31】 在电场力作用下，电荷总是从电位能高处向电位能低处移动。

负电荷由乙流向甲,直至电位相等。

附图 1.1 科学仪器的机壳

【例 1.1.32】 可将不锈钢台面接地。如附图 1.1 所示,把整机机壳作为电势零点是对机上其他各点电势而言的,并非是对地而言的。若机壳未接地,它与地之间可能存在一定的电位差,若人站在地上,与地等电位,这时人与机壳接触,就有电势差加在人体上。当电压较高时,可能造成危险,所以一般机壳都要接地,这样人与机壳等电位,人站在地上可安全接触机壳。二者皆为等电位;前者是除静电,后者更广泛。

【例 1.1.33】 (1) 不一定。E 仅与电势的变化率有关,场强大仅说明 U 的变化率大,但 U 本身并不一定很大。例如平行板电容器,B 板附近的电场可以很强,但电位可以很低。同样电位高的地方,场强不一定大,因为电位高不一定电位的变化率大。如平行板电容器 A 板的电位远高于 B 板电位,但 A 板附近场强并不比 B 板附近场强大。

(2) 当选取无限远处电位为零或地球电位为零后,孤立的带正电的物体电位恒为正,带负电的物体电位恒为负。但电位的正负与零电位的选取有关。假如有两个电位不同的带正电的物体,将相对于无限远电位高者取作零电位,则另一带电体就为负电位,由此可说明电位为 0 的物体不一定不带电。

(3) 不一定。场强 E 为 0 仅说明 U 的变化率为 0,但 U 本身并不一定为 0。例如,在两等量同号电荷的连线中点处,$E=0$ 而 $U\neq 0$。$U=0$ 时,U 的变化率不一定为 0,因此 E 也不一定为 0。例如两等量异号电荷的连线中点处,$U=0$,而 $E\neq 0$。

(4) 场强相等的地方电位不一定相等。例如平行板电容器内部,E 是均匀的,但 U 并不相等。等位面上场强大小不一定相等。如带电导体表面是等位面,而表面附近的场强与面电荷密度及表面曲率有关。

【例 1.1.34】 在零电位选定之后,每一等位面上电位有一确定值,不同等位面 U 值不同,故不能相交。同一等位面可与自身相交。例如带电导体内部场强为 0,电位为一常量,在导体内任意做两个平面或曲面让它们相交,由于其上各点的电位都相同,等于导体的电位,这种情况就属于同一等位面自身相交。

【例 1.1.35】 (1) 是。当电势处处相等时,电势沿任何方向的空间变化率为 0,由

$$E = -\nabla U \tag{1.5}$$

可知,场强为 0。

实际例子:静电平衡的导体内。

(2) 否。因为电势为 0 处,电势梯度 ∇U 不一定为 0,所以 E_l 也不一定为 0。

实际例子:电偶极子连线中点处。

(3) 否。因为如果 E_1 等于 0,则电势梯度为 0,但电势不一定为 0。

实际例子:两个相同电荷连线中点处。

【例 1.1.36】 库仑定律不仅是静电学而且是整个电磁学的基础,因此库仑力是否精确地与距离平方成反比,精度如何,一直是引人关注的重要课题。例如库仑扭秤实验的直接测量,难以达到高精度,卡文迪许-麦克斯韦提出了精确验证库仑力平方反比律的方法,并设计完成了相应的间接示零实验,一直沿用至今。其基本想法:若库仑力是严格的平方反比律,则带电导体球壳内表面不带电;反之,内表面应带电。麦克斯韦从理论上导出了内表面电量与球壳电量、偏离反平方律的修正数 δ、几何因数的定量关系,于是可由实验确定 δ 应小到何程度。δ = 0 时带电导体球壳内部场强处处为 0,可用反证法。即设 δ≠0,计算球内(不在球心处)任一微小点电荷所受库仑力,从而得出 δ = 0 时的结果。由于问题的对称性,球壳上电荷分布是均匀的。

1.1.2 真空中静电场的分层进阶题

1.1.2.1 概念测试题

序号	1.1.37	1.1.38	1.1.39	1.1.40	1.1.41	1.1.42	1.1.43	1.1.44	1.1.45
答案	AB	A	B	D	B	A	C	A	B
序号	1.1.46	1.1.47	1.1.48	1.1.49	1.1.50	1.1.51	1.1.52	1.1.53	1.1.54
答案	D	D	C	A	B	C	B	D	B
序号	1.1.55	1.1.56	1.1.57	1.1.58					
答案	A	C	C	C					

【例 1.1.37】 通过扭秤可以将看不到的引力效果放大,是人能观察到引力的作用,所以用到放大法,A 正确。过程中需要控制 r 不变,研究 F 和 q 的关系,控制 q 不变研究 F 和 r 的关系,所以还用到了控制变量法。

【例 1.1.38】 由

$$mg = GMm/R^2 \text{ 和 } T = 2\pi\sqrt{\frac{h}{g}} \tag{1.6}$$

可得周期与高度的关系;由实验数据可判定电摆的周期与纸片到球心间的距离可能存在正比例关系;带电体漏电,两带电体间的引力减小,相当于公式中的 g 减小,由周期公式判定(3)(4)。

由 $mg = GMm/R^2$ 和 $T = 2\pi\sqrt{\frac{h}{g}}$ 可得 $T = \frac{2\pi Rh}{GM}$,其中 $R = R_0 + h$,地面上单

摆振动的周期 T 正比于摆球离地球中心的距离 R，故(1)错误；从表格中的数据可以看出，在误差范围内，$20/9 \approx 41/18 \approx 60/24$，故推测电摆的周期与纸片到球心之间的距离可能存在正比例关系，故(2)正确；随振动时间的延长，带电体漏电，两带电体间的引力减小，相当于公式中的 g 减小，周期增大，所以实验测得的数值偏大，假设成立，故(3)错误，(4)正确。

【例1.1.41】

$$\sqrt{2}\frac{Qq}{4\pi\varepsilon_0 a^2} + \frac{QQ}{4\pi\varepsilon_0 (\sqrt{2}a)^2} = 0 \Rightarrow Q = -2\sqrt{2}q \tag{1.7}$$

【例1.1.42】 q_0 不是足够小，静电感应将使大导体的电荷重新分布，靠近一侧的负电荷数目增多，进而使 P 点电场增强。

【例1.1.44】

$$E = 0 \Rightarrow \frac{q_a - q_c}{4\pi\varepsilon_0 (\sqrt{l}/2)^2} = \frac{q_b - q_d}{4\pi\varepsilon_0 (\sqrt{l}/2)^2} = 0, \quad U = \frac{q_a + q_c + q_b + q_d}{4\pi\varepsilon_0 (\sqrt{l}/2)} = 0$$
(1.8)

【例1.1.46】 $\frac{\mathrm{d}v}{\mathrm{d}t} < 0 \Rightarrow a < 0$，运动轨迹为曲线，存在法向加速度。

【例1.1.47】 S_1 和 S_2 很小时，

$$E_1 \approx 0, \quad \Phi_1 \approx 0$$

$$E_2 \approx \frac{q}{4\pi\varepsilon_0}\left[\frac{1}{a^2} + \frac{1}{(3a)^2}\right] = \frac{5q}{18\pi\varepsilon_0 a^2}, \quad \Phi_2 > 0$$

$$\Phi_S = \oiint_S \boldsymbol{E} \cdot \mathrm{d}\boldsymbol{S} = \frac{q}{\varepsilon_0} \tag{1.9}$$

1.1.2.2 定性测试题

序号	1.1.59	1.1.60	1.1.61	1.1.62	1.1.63	1.1.64	1.1.65	1.1.66	1.1.67
答案	AD	D	C	A	D	B	D	C	B
序号	1.1.68	1.1.69	1.1.70	1.1.71	1.1.72	1.1.73	1.1.74	1.1.75	
答案	D	A	B	C	BCD	C	D	B	

1.1.2.3 快速测试题

序号	1.1.76	1.1.77	1.1.78	1.1.79	1.1.80	1.1.81	1.1.82	1.1.83	1.1.84
答案	BD	B	D	C	C	B	C	D	B
序号	1.1.85	1.1.86	1.1.87	1.1.88	1.1.89	1.1.90	1.1.91	1.1.92	1.1.93
答案	C	B	C	B	C	C	D	C	A

【例 1.1.76】 由库仑定律可知,它们接触前的库仑力为
$$F_1 = k(5q^2)/r^2 \tag{1.10}$$
若带同种电荷,接触后的带电荷量相等,为 $3q$,此时库仑力为
$$F_2 = k(9q^2)/r^2 \tag{1.11}$$
若带异种电荷,接触后的带电荷量相等,为 $2q$,此时库仑力为
$$F_2' = k(4q^2)/r^2 \tag{1.12}$$

【例 1.1.81】 由电场分布的轴对称性,作闭合圆柱面(半径为 r,高度为 L)为高斯面。

根据 Gauss 定理
$$\oiint_S \boldsymbol{E} \cdot \mathrm{d}\boldsymbol{S} = \sum_{(S)} \frac{q}{\varepsilon_0} \tag{1.13}$$

当 $r \leqslant R$ 时,有
$$E(2\pi r L) = \frac{\rho \pi r^2 L}{\varepsilon_0}$$
即
$$E = \frac{\rho}{2\varepsilon_0} r \tag{1.14}$$

当 $r > R$ 时,有
$$E(2\pi r L) = \frac{\rho \pi R^2 L}{\varepsilon_0}$$
即
$$E = \frac{\rho}{2\varepsilon_0} \frac{R^2}{r} \tag{1.15}$$

【例 1.1.82】 添加 7 个与如图 1.21 所示相同的小立方体构成一个大立方体,使 A 处于大立方体的中心。则大立方体外围的六个正方形构成一个闭合的高斯面。由 Gauss 定理知,通过该高斯面的电通量为 q/ε_0。再根据对称性可知,通过侧面 $abcd$ 的电场强度通量等于 $q/24\varepsilon_0$。

【例 1.1.83】
$$U_M = \int_M^P \boldsymbol{E} \cdot \mathrm{d}\boldsymbol{l} = \int_{2a}^a \frac{q}{4\pi\varepsilon_0 r^2} \mathrm{d}r = -\frac{q}{8\pi\varepsilon_0 a} \tag{1.16}$$

【例 1.1.85】 静电力做功 $QU_{AB} = Q(U_A - U_B)$ 等于动能的增加。其中
$$U_A = \frac{q}{4\pi\varepsilon_0 R} + \frac{-3q}{4\pi\varepsilon_0 \cdot 2R} = -\frac{q}{8\pi\varepsilon_0 R}$$
$$U_B = \frac{q}{4\pi\varepsilon_0 \cdot 2R} + \frac{-3R}{4\pi\varepsilon_0 \cdot 2R} = -\frac{2q}{8\pi\varepsilon_0 R} \tag{1.17}$$

1.1.2.4 定量测试题

序号	1.1.94	1.1.95	1.1.96	1.1.97	1.1.98	1.1.99	1.1.100	1.1.101	1.1.102
答案	B	A	D	D	B	A	A	A	D
序号	1.1.103	1.1.104	1.1.105	1.1.106	1.1.107				
答案	B	D	D	D	A				

【例 1.1.95】 原来库仑力为 $F = kQ_1Q_2/R^2$，后来库仑力为
$$F' = k(3Q_1) \cdot (3Q_2)/(3R)^2 = kQ_1Q_2/R^2 = F \tag{1.18}$$
所以 A 对。

【例 1.1.98】 左侧与右侧半无限长带电直导线在 $(0,a)$ 处产生的场强 E_+、E_- 大小为
$$E_+ = E_- = \frac{1}{\sqrt{2}} \frac{\lambda}{2\pi\varepsilon_0 a}$$
方向如图 1.30(b)所示。

矢量叠加后，合场强 E 大小为
$$E = \frac{1}{\sqrt{2}} \frac{\lambda}{2\pi\varepsilon_0 a}$$
方向如图 1.30(b)所示。

【例 1.1.101】 若学生在答案项选择 A，说明学生对 Gauss 定理理解正确；若答案选 B，则判断此类学生对"通过 Gauss 面的总通量仅由面内电荷决定"的概念掌握发生偏差，或对"Gauss 面在两圆柱面之间"没有给予足够重视；答案为 C、D 者，则可判断此类学生曲解了 Gauss 定理。

1.1.3 真空中静电场的情景探究题

序号	1.1.108	1.1.109	1.1.110	1.1.111	1.1.112	1.1.113	1.1.114	1.1.115	1.1.116
答案	A	ABCD	ABCD	ABC	ABC	C	ABC	BCD	A
序号	1.1.117	1.1.118	1.1.119	1.1.120	1.1.121	1.1.122	1.1.123	1.1.124	1.1.125
答案	BD	C	A	B	C	C	C	C	ACD
序号	1.1.126	1.1.127							
答案	A	D							

【例 1.1.109】 如附图 1.2 所示，当蜜蜂接近花的柱头（它通过花的内部与地电连接）时，花粉粒从蜜蜂跳到柱头上，使花受精。假定带有典型的 45 pC 电荷的

一蜜蜂是球形导体,则可求出在距离蜜蜂中心为 2.0 cm 的花粉粒处蜜蜂的电场的大小约为 1011 N·C^{-1}。蜜蜂因空中飞行而带(正)电荷,花的柱头带负电荷。花粉因结构上接地而呈中性。人工授粉模仿蜜蜂带花粉的原理,使花粉更有效被收集到柱头上。

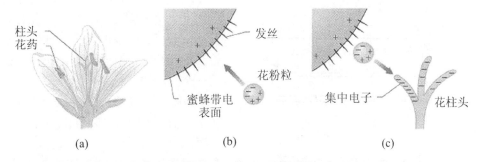

附图 1.2 蜜蜂接近花的柱头

【例 1.1.112】 如附图 1.3 所示,根据布里斯托大学 2 月 21 日发表在《科学》上的一项新研究,花的沟通方法与广告代理机构的设计一样复杂精妙。

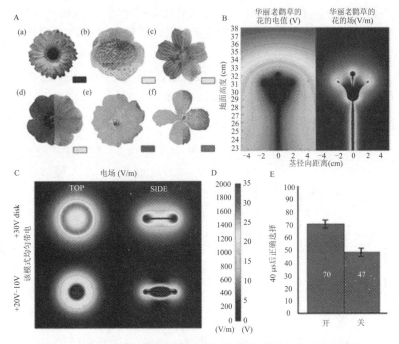

附图 1.3 华丽老鹳草的花如何告知它们的传粉者关于其珍贵的花蜜和花粉储备的真实状况

然而,任何成功的广告,它必须传达并被它的目标观众所感知理解。该研究首次揭示,诸如黄蜂的传粉者能够发现和识别花朵发出的电信号。

通过将电极放置在矮牵牛茎上,研究人员发现,当一只蜜蜂降落后,花的电位发生变化并保持几分钟,大黄蜂能检测和区分花之间不同的电场。

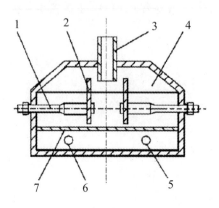

附图 1.4 花粉静电分选装置
1—极板间距调节装置,2—极板,3—屏蔽管,
4—工作室,5—电压调节装置,6—电压表,7—底板

当蜜蜂进行学习测试时,它们掌握具有可用电信号的两种颜色差异时的速度更快。毛茸茸的大黄蜂在静电作用下会毛发耸立,就像一个人的头发在旧电视屏幕前的样子。这样的电检测发现开辟了对昆虫感知和花通信的一个全新的理解。

【例 1.1.113】 装置如附图 1.4 所示,花粉静电分选装置由高压直流电源、屏蔽管、工作室、电压表、电压调节装置和极板间距调节装置等组成。工作室中的两电极板分别接电源两极,形成匀强电场。

花粉从屏蔽管上方进入,先在不受电场干扰的屏蔽管内的静止空气中自由沉降,大小不同的花粉以不同的沉降速度进入高压匀强电场,在电场中花粉由于受电场力、自身重力、空气浮力等多个力的综合作用而落到正极板的不同部位,从而得以分离。

【例 1.1.116】 假设闪电为无限长直带电柱,半径为 R,其线电荷密度已知,在半径 R 处的电场为产生明亮的闪光的电场。无限长带圆柱 R "壳"处 $E_R = \dfrac{\rho R}{2\varepsilon_0}\hat{r}$,均匀带电 $\rho = \dfrac{\lambda}{\pi R^2}$,$E_R = \dfrac{\lambda}{2\pi R \varepsilon_0}$,则 $R = \dfrac{\lambda}{2\pi E_R \varepsilon_0} = 6 \text{ m}$。

【例 1.1.123】 除尘器可看作由无限长带电同轴圆筒和圆柱组成,其截面如附图 1.5 所示,设电荷线宽度为 λ,取同轴圆柱形高斯面,根据高斯定理,有

$$\oint_S \boldsymbol{E} \cdot \mathrm{d}\boldsymbol{S} = E \cdot 2\pi r L = \dfrac{\lambda L}{\varepsilon_0} \Rightarrow E = \dfrac{\lambda}{2\pi \varepsilon_0 r} \tag{1.19}$$

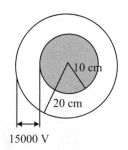

附图 1.5 静电除尘器的模型

由电势计算公式,有

$$\Delta U = \int_{R_1}^{R_2} \dfrac{\lambda}{2\pi \varepsilon_0 r} \mathrm{d}r = \dfrac{\lambda}{2\pi \varepsilon_0} \ln \dfrac{R_2}{R_1} \Rightarrow \lambda = \dfrac{2\pi \varepsilon_0 \Delta U}{\ln \dfrac{R_2}{R_1}} \tag{1.20}$$

将式(1.20)代入式(1.19),得

$$E = \frac{2\pi\varepsilon_0 \Delta U}{\ln\frac{R_2}{R_1} \cdot 2\pi\varepsilon_0 r} = \frac{\Delta U}{\ln\frac{R_2}{R_1} \cdot r} = 2.8 \times 10^6 \text{ V} \cdot \text{m}^{-1} \qquad (1.21)$$

1.2 静电场中导体和电介质的分层进阶探究题

1.2.1 静电场中导体和电介质的趣味思考题

【例 1.2.1】 电场 E' 的特征如下：

(1) 静电平衡时，在导体内部，E_0 和 E' 的矢量和处处为 0。因此 E' 的电力线在导体内部是与 E_0 反向的平行直线。

(2) 导体上的等量异号电荷，在离导体足够远处激发的场，等效于一个电偶极子激发的场，因此其电力线也等效于电偶极子电场的电力线。

(3) 导体上电荷密度大的地方，电力线的数密度较大。

(4) 在导体表面附近，E_0 和 E' 的矢量和的方向一定垂直于导体表面。

因此，E' 的方向相对于 E_0 一定位于表面法线的另一侧。E' 的电力线分布如图 1.58 所示。注意：单独考虑感应电荷的电场 E' 时，导体并非等位体，表面也并非等位面，所以感应电荷激发的电场的电力线在外表面上会有一些起于正电荷而止于负电荷。

如果撤去外电场 E_0，静电平衡被破坏，E' 的电力线不会维持这个样子。最后 E' 将因导体上的正、负电荷中和而消失。

【例 1.2.2】 可有两种理解：(1) 为了用高斯定理求场强，需作高斯面。在两种情形下，通过此高斯面的电通量都是 $E = \sigma S/2\varepsilon_0$，但在前一种情况，由于导体内部场强为 0，通过位于导体内部的底面的电通量为零，因而造成两公式不同。

(2) 如果两种情况面电荷密度相同，无限大带电平面的电力线对称地分布在带电面两侧，而导体表面电力线只分布在导体外侧，因此电力线的密度前者为后者的二分之一，故场强也为后者的二分之一。

【例 1.2.3】 场强是所有电荷共同激发的。另一带电体移近时，由于它的影响和导体上电荷分布的变化，该点的场强 E 要发生变化。当达到静电平衡时，因为表面附近的场强总与导体表面垂直，应用高斯定理，可以证明 $E = \sigma/2\varepsilon_0$ 仍然成立，不过此时的 σ 是导体上的电荷重新分布后该点的电荷密度。

【例 1.2.4】 带电体单独在导体空腔内产生的场强不为 0。静电平衡的效应表现在，这个场强与导体外表面感应电荷激发的场强在空腔内的矢量和处处为 0，从而使空腔内的场强不受壳外带电体电场的影响。

【例1.2.5】 产生静电平衡的关键在于导体中存在两种电荷,而且负电荷(电子)在电场力作用下能够自由移动,因此在外电场作用下,能够形成一附加电场,使得导体壳内的总场强为0。引力场与此不同,引力场的源只有一种,因此在外部引力场的作用下不可能产生一附加引力场,使得物质壳内部的引力场处处为0,所以屏蔽引力场是不可能的。两种场的重要差别在于:静电场的源有两种,相应的电荷之间的作用力也有两种,引力和斥力;引力场的源只有一种,相应的物质的引力相互作用只有一种引力。

【例1.2.6】 (1) A 移近时,B 的电位将升高。因为带电体 A 移近时,导体 B 上将出现感应电荷,靠近 A 的一边感应电荷为负,远离 A 的一边为正。从 A 上正电荷发出的电力线,一部分终止于负的感应电荷上,正的感应电荷发出的电力线延伸至无限远,由于同一电力线其起点的电位总是高于终点的电位,若选取无限远处的电位为0,则正的感应电荷所在处(导体 B)的电位大于0。静电平衡时,导体 B 为等位体,因此整个导体 B 的电位大于0,而在 A 未移近之前,B 的电位为0。可见,当 A 移近时,B 的电位升高了。

(2) 从 A 上正电荷发出的电力线,一部分终止于 B 上,其余延伸至无限远处,因此 B 上的负电荷电量小于 A 上的正电荷电量,且 B 上的感应电荷总是等量异号,所以 B 导体上每种电荷的电量均少于 A 上的电荷。

【例1.2.7】 导体 B 与大地等电位,电位仍为0。不论导体 B 原来是否带电,由于 A 所带电荷的符号、大小和位置的影响,B 将带负电。

【例1.2.8】 若 $q \neq 0$,金属壳的电位与带电金属物体的电位不等。应用高斯定理可证明,金属壳内表面上带负电,电量为 $-q$,从带电的金属物体上发出的电力线终止于金属壳的内表面上,因此带电金属物体的电位高于金属壳的电位。反之,若 $q = 0$,金属壳和金属物体之间无电场,电荷从它们中的一个移向另一个的过程中,没有电场力做功,所以它们之间无电位差。

由于静电屏蔽效应,金属壳带电与否,不会影响金属壳表面上所包围区域内的场强和电位差,所以,金属壳是否带电对以上证明的结论没有影响。

【例1.2.9】 (1) 与【例1.2.6】解释相同。当选无限远处电位为0时,一个不带电的绝缘导体附近放入一个带正电的物体时,这个导体的电位将升高。因此电位不为零的带正电绝缘导体 A 将使 B、C…的电位高于0。

(2) 由 A 发出的电力线总有一部分终止在其他各导体的负的感应电荷上,由于电力线指向电位降低的方向,所以其他导体的电位都会低于 A 的电位。

【例1.2.10】 应用高斯定理可证明,金属壳内表面的感应电荷为 $-q$。从电荷 $2q$ 的导体表面发出的电力线将有一部分终止于金属壳内表面的负电荷上,根据电力线起点电位高于终点电位的性质,电荷为 $2q$ 的导体的电位高于金属壳的电位。

【例1.2.11】 (1) 有影响。壳内电荷在壳的外表面产生等量同号的感应电荷,这些感应电荷影响壳外的电场强度和电位。

(2) 没有影响。腔内带电体上发出的电力线全部终止于内表面的等量异号的感应电荷上,空腔内电荷分布发生变化时,内表面上感应电荷的分布也随之发生变化,但电力线不穿过导体壳,因此只要腔内带电体的总电量不变,导体壳外表面的电荷量就一定,而这些电荷的分布状态仅取决于外表面的形状。形状一定,电荷分布就一定,壳外电场和相对于壳外任意点的电位也就一定。

(3) 对 C 内的电场强度无影响,对电位有影响,但对两点之间的电位差无影响。因为外面电荷的场强与导体壳上感应电荷的场强在腔内的矢量和处处为 0,因此外部电荷对腔内的电场强度没有影响,因而对 C 内两点之间的电位差也无影响。但是导体壳相对于壳外任意点的电位要受壳外电场,即壳外电荷大小的影响,而腔内各点的电位与导体壳的电位有关,所以腔内的电位受外部电荷大小的影响。

(4) 对 C 内的场强无影响,对电位差也没有影响,但对电位有影响。理由同上。

【例 1.2.12】 当 C 接地时,导体壳内和导体壳外将不发生任何相互影响。

【例 1.2.13】 (1) 一个孤立带电导体球的表面场强必与表面垂直,即沿半径方向,否则不会处于静电平衡状态。场的分布具有球对称性,球面上各点的电场强度数值相同,根据 $E = \sigma/\varepsilon_0$,球面上各点的电荷密度也相同,即电荷分布是均匀的。既然场强总是垂直于球面,所以球面是等位面。导体内任一点 P 的场强为 0。

(2) 当把另一带电体移近时,达到静电平衡后,球面的场强仍与表面垂直,否则将不会处于静电平衡状态。这时,场的分布不再具有球对称性,球面附近各点的场强数值不同,因而电荷分布不是均匀的。既然导体表面的场强仍处处垂直于导体表面,故表面仍为等位面。导体球的电位将升高。导体内任一点 P 的场强仍为 0。

【例 1.2.14】 (1) 具有球对称性,Q 在内球的表面上分布是均匀的。

(2) A 的移近使外球的外表面上感应出等量异号的感应电荷,但内部的电场不受 A 的影响,仍具有球对称性,内球上的电荷分布仍是均匀的。

【例 1.2.15】 (1) 外球内表面电量 $Q_1 = -Q$;外球外表面电量 $Q_2 = Q$。

(2) 设球外 P 点到球心的距离为 r,则 P 点的总场强为 $E = \dfrac{Q}{4\pi\varepsilon_0 r^2}\hat{r}$。

(3) Q_2 在 P 点产生的场强是 $E = \dfrac{Q}{4\pi\varepsilon_0 r^2}\hat{r}$。$Q$ 和 Q_1 都在 P 点激发电场,不过,其场强的矢量和为 0。如果外面球壳接地,则 $Q_2 = 0$,仍有 $Q_1 = -Q$,P 点的场强为 0。

【例 1.2.16】 内、外两球的电位既不增高也不降低,外球仍与大地等电位。由于静电屏蔽效应,两球间的电场分布没有变化。

【例 1.2.17】 内、外两球的电位要降低。由于静电屏蔽效应,两球间的电场无变化,两球间各点相对于地的电位要变化。因为每点的电位与外壳的电位有关。但是,任意两点之间的电位差没有变化,因为两点之间的电位差只由场强分布决定,场强分布不变时,电位差不变。

【例 1.2.18】 电荷 q_1 在其所在空腔内壁上感应出 $-q_1$ 的电荷,在 A 的外表面上感应出 $+q_1$ 的电荷;q_2 在其所在空腔内壁上感应出 $-q_2$ 的电荷,在 A 的外表面上感应出 $+q_2$ 的电荷;因此 A 的外表面上感应电荷的总电量为 q_1+q_2($r \gg R$, q 在球面上的感应电荷不计)。q_1 和 $-q_1$ 在空腔外产生的场强的矢量和为 0,因此,它们对 A 球面上的电荷 q_1+q_2 以及电荷 q、q_2 没有作用力。同样,q_2 和 $-q_2$ 也是如此。电荷 q 和 A 球面上的电荷 q_1+q_2 由于静电屏蔽效应,对 q_1 和 q_2 也没有作用力。由于 q 至 A 球中心的距离 $r \gg R$,电荷 q 和 A 球面上的电荷 q_1+q_2 的相互作用,可看作两个点电荷之间的相互作用,相互作用力满足库仑定律。力为 $F = \dfrac{(q_1+q_2)q}{4\pi\varepsilon_0 r^2}\hat{r}$,方向在沿 q 和 A 球心的连线上。q_1 和 q_2 之间没有相互作用力,因为它们各自发出的电力线全部终止在自己所在的空腔内表面上。q_1 只受其所在腔壁上 $-q_1$ 的作用,由于对称性,作用力相互抵消为 0。同样 q_2 所受到的作用力也为 0。

【例 1.2.19】 (1) 电荷之间的相互作用力与其他物质或电荷是否存在无关,所以点电荷 q 给点电荷 q_1 的作用力为

$$F = \frac{qq_1}{4\pi\varepsilon_0 \left(r+\dfrac{a}{2}\right)^2}\hat{r} \qquad (1.22)$$

(2) 同理 q_2 给 q 的力为

$$F = \frac{qq_1}{4\pi\varepsilon_0 \left(r-\dfrac{a}{2}\right)^2}\hat{r} \qquad (1.23)$$

(3) q_1 给 A 的力 $F=0$(A 所带总电量为 0,等量异号电荷分布具有轴对称性)。

(4) q_1 受到的合力为 0。因为所受力包括四部分:

① 空腔内表面上与其等量异号的感应电荷对其的作用力,由于感应电荷均匀分布于内球面上,由对称性可知 $F_1=0$;

② q_2 及其空腔内表面上的感应电荷 $-q_2$ 对其的作用力,$-q_2$ 在内表面上的分布也是均匀的,q_2 及 $-q_2$ 对 q_1 的作用力 $F_2=0$;

③ A 球外表面感应电荷 q_1+q_2 对其的作用,q_1+q_2 均匀分布于 A 球面上,在导体内部产生的场强为零,所以作用力 $F_3=0$;

④ q 及 A 上感应电荷对其的作用,导体外表面上感应电荷在导体内产生的场正好与引起它的电荷在导体内产生的电场互相抵消,使得导体内场强处处为 0,所以合力 $F_4=0$。

【例1.2.20】 (1)导体在靠近小球一端感应电荷为负电荷,小球受吸引力。

(2)若小球带负电,导体在靠近小球一端感应电荷为正电荷,小球仍受吸引力。

(3)导体远端接地时,导体整体带负电,小球所受力为吸引力。

(4)导体近端接地时,导体仍带负电,小球所受力为吸引力。

(5)导体在未接地前与小球接触一下,导体也带正电,小球受到排斥力。

(6)导体接地,小球与导体接触后,所有电荷将通过导体流入大地,小球与导体均不带电,因此小球与导体之间没有相互作用力。

【例1.2.21】 (1)在此情形下,带正电的 B 球将在金属壳内表面感应出负电荷,在金属壳外表面感应出正电荷, B 球和金属壳组成的体系在金属壳外部的场,只由金属壳外表面的电荷分布决定,由于金属壳外表面带正电,所以处在这个电荷的场中的带正电的试探电荷 A 将受到排斥力(这里忽略不计 A 的场对金属壳外表面电荷分布的影响,否则,在一定条件下,它们之间可能出现相互吸引的情况)。若将 B 从壳内移去,带正电的试探电荷 A 将使金属壳外表面上产生感应电荷,靠近 A 的一边出现负电荷,远离 A 的一边出现正电荷。距离不同,吸引力大于排斥力,结果 A 将受到吸引力作用。

(2)小球 B 与金属壳内部接触, B 的正电荷将分布在金属壳的外表面,处于此电场中的 A 将受到排斥力的作用。这时再将 B 从金属壳内移去,情况不变。

(3) B 不与金属壳接触,但金属壳接地时,金属壳外表面由于 A 的存在而出现的感应电荷消失。但由于带正电的 A 的存在,将在离 A 最近的一边出现负的感应电荷,它将使 A 球受到吸引力作用。将接地线拆掉后,又将 B 从壳内移去,内表面上的负电荷将分布在外表面上,最后结果是 A 球所受的吸引力增大。

(4)先将 B 移去再拆除地线,与(3)的最后结果相同,但引力大小不同。在(3)中,由于静电平衡状态下先拆除地线,各部分电荷分布不变,再将 B 从壳内移去,内壁的负电荷转移到外表面后不能入地, A 球受到的吸引力增大。在(4)中,先将 B 从壳内移去,内壁的负电荷转移到外表面后,全部从接地线入地,静电平衡后再拆除地线, A 球受到的吸引力将不增加。

【例1.2.22】 电荷放在球心,由于球对称性,球壳内、外表面上的电荷分布是均匀的。如果点电荷偏离球心,电力线不是从球心出发的,但是在内表面附近,又必须垂直于球壳的内表面,所以球壳内的场强分布不再具有球对称性,球壳内表面上的电荷分布不再均匀。但是,点电荷发出的电力线终止在内表面上,不影响球壳外部,因此,球壳外表面的电荷仍然按外表面的形状均匀分布。

【例1.2.23】 若在下面板上金属球旁放一等高的尖端金属,则球和上板之间不再出现放电火花,火花只出现在尖端金属与上板之间。这是由于导体尖端处面电荷密度大,附近的场强特别强,使得空气易于在金属尖端和上板之间被击穿而发生火花放电。

上述现象说明,曲率半径小的尖端比曲率半径大的表面易于放电。利用这种现象可以做成避雷针,避免建筑物遭受雷击;让高压输电线表面做得很光滑,其半径不要过小,避免尖端放电而损失能量;高压设备的电极做成光滑球面,避免尖端放电而漏电,以维持高电压等。

【例1.2.24】 当电容器与电源连接时,电容器将离开电介质。这是因为考虑电容器边缘效应时,两极板外表面也带上等量异号电荷,当其中一极板平面与液面平行时,由于介质极化,该极板电荷所受到的静电力小于另一极板电荷所受到的静电力。而且二者方向相反,电容器整体受一个向上的合力作用。

【例1.2.25】 从微观看,金属中有大量自由电子,在电场的作用下可以在导体内位移,使导体中的电荷重新分布。结果在导体表面产生感应电荷。达到静电平衡时,感应电荷所产生的电场与外加电场相抵消,导体中的合场强为0。导体中自由电子的宏观移动停止。在介质中,电子与原子核的结合相当紧密。电子处于束缚状态,在电场的作用下,只能做一微观的相对位移或者它们之间的连线稍微改变方向。结果出现束缚电荷。束缚电荷所产生的电场只能部分抵消外场,达到稳定时,电介质内部的电场不为0。

【例1.2.26】 当我们研究有电介质存在的电场时,由于介质受电场影响而极化,出现极化电荷,极化电荷的电场反过来改变原来电场的分布。空间任一点的电场仍是自由电荷和极化电荷共同产生的,即

$$E = E_f + E_p \tag{1.24}$$

因此,要求介质中的 E 必须同时知道自由电荷及极化电荷的分布。而极化电荷的分布取决于介质的形状和极化强度 P,$P = \varepsilon_0 \chi E$,而 E 正是要求的电场强度。这样似乎形成了计算上的循环,为了克服这一困难,引入辅助量 D。由 $\oint_S D \cdot dS = q_0$ 知,只要已知自由电荷,原则上即可求 D,再由 $D = \varepsilon_0 \varepsilon_r E$ 求 E。故 D 更基本。

【例1.2.27】 如附图1.6所示,在空腔导体内、外表面之间作一封闭面 S,把空腔包围起来,根据高斯定理

$$\oint_S E \cdot dS = \frac{1}{\varepsilon_0} \sum_S q \tag{1.25}$$

由于导体内的场强处处为0,因此内表面上电荷的代数和 $\sum_S q$ 为0。还需说明,内表面各处都

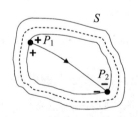

附图1.6 空腔导体内、外表面

没有净电荷。假设内表面处有正电荷 q,P_2 处有等量的负电荷 $-q$,可以从 P_1 到 P_2 画一条电场线,又由电场线的性质,P_1 的电势高于 P_2 的电势,这与静电平衡时导体是等势体相矛盾。由此可见,处于静电平衡的空腔导体,若腔内没有其他带电体,则在内表面上各处都没有净电荷。

【例1.2.28】 (1) 不对。高斯面内无自由电荷,只能说明高斯面内上总通量

为 0,但是上面各点的 D 不一定都为 0。

(2) 不对。因为面上各点 D 为 0,只能判断面内自由电荷代数和为 0,但面内不一定无电荷。

(3) 对。因为从高斯定理 $\oiint_S \boldsymbol{E} \cdot \mathrm{d}\boldsymbol{S} = \dfrac{q_0 + q'}{\varepsilon_0}$ 可知面内自由电荷电量与极化电荷电量代数和为 0,即 $q_0 + q' = 0$。又因为 $\boldsymbol{D} = \varepsilon \boldsymbol{E}$,所以面上各点 D 亦为 0,再由介质中的高斯定理 $\oiint_S \boldsymbol{D} \cdot \mathrm{d}\boldsymbol{S} = q_0$ 可知面内自由电荷代数和 q_0 为 0,进而可判断面内极化电荷电量代数和为 0。

(4) 对。因为外电荷对曲面的总贡献为 0。

(5) 不对。一般来说,D 既与自由电荷有关,也与极化电荷有关,介质的形状与缝补改变后,极化电荷的分布也会随之改变,从而引起 D 的变化。

【例 1.2.29】 假设导体腔的腔中,有任意点 a,其电势高于导体上的任意一点 b,则由电场线的性质,从高电势的 a 点到低电势的 b 点必有一条电场线,如附图 1.7 所示,a 点必存在正电荷,b 点必存在负电荷,但根据导体腔处于静电平衡的性质可知,导体腔内、腔的内表面和导体中处处都没有电荷,因此上述电场不存在。a 点电势也就不可能高于 b 点电势,同理可证 a 点电势不可能低于 b 点电势。所以 a、b 两点电势必须相等。即导体内空腔为一等势区,其电势和导体相同。

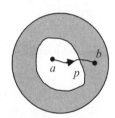

附图 1.7 导体腔

【例 1.2.30】 我们的前提条件是不论挖什么形状的空腔均不改变电容器板上的自由电荷分布情况。当挖扁形空腔时,根据对称性,在空腔中部 A 点的 D 的方向垂直柱底,也就是说 A 点的 D 仅有垂直于柱底面的法线分量,根据边界条件,D 线的法线分量连续,因而腔内 A 点的 D 与腔外的 D 与挖前没有变化(因为自由电荷分布不变),因此 A 点的 D 就是挖前介质中的 D,由于腔内为真空,所以可以将测得的场强 E 乘以 ε_0 即为介质中的 D。

当空腔为细长形时,腔内 A 点的场强 E 平行于腔的左右侧面,或者说该点的 E 对左右侧面仅有切线分量。根据边界条件,E 的切线分量连续,即腔内 A 点的 E 与腔外介质中的 E 相等。由于可认为挖后介质的 E 不变(因为空腔二端面上的极电荷可忽略),因而 A 点测得的 E 就是挖空腔前的介质中的 E。

【例 1.2.31】 如附图 1.8 所示,该电场的边值问题为

$$\varphi \big|_{x^2+y^2=a^2,\, x \geqslant 0,\, y \geqslant 0} = 0$$

双 x,y 分别求偏导,得

$$\begin{cases} \dfrac{\partial \varphi}{\partial x}\bigg|_{x=0,\,b\leqslant y\leqslant a} = 0 \quad (E\text{ 无法线分量}) \\ \dfrac{\partial \varphi}{\partial y}\bigg|_{y=0,\,b\leqslant x\leqslant a} = 0 \end{cases} \tag{1.26}$$

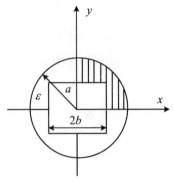

附图1.8 电缆芯线

1.2.2 静电场中导体和电介质的分层进阶题

1.2.2.1 概念测试题

序号	1.2.32	1.2.33	1.2.34	1.2.35	1.2.36	1.2.37	1.2.38	1.2.39	1.2.40
答案	D	B	B	C	A	C	C	A	D
序号	1.2.41	1.2.42	1.2.43	1.2.44	1.2.45	1.2.46	1.2.47	1.2.48	1.2.49
答案	C	C	D	B	B	B	D	D	C

1.2.2.2 定性测试题

序号	1.2.50	1.2.51	1.2.52	1.2.53	1.2.54	1.2.55	1.2.56	1.2.57	1.2.58
答案	D	B	C	D	A	D	C	B	B
序号	1.2.59	1.2.60	1.2.61	1.2.62	1.2.63	1.2.64	1.2.65	1.2.66	1.2.67
答案	B	B	A	C	D	D	B	D	D
序号	1.2.68								
答案	D								

1.2.2.3 快速测试题

序号	1.2.69	1.2.70	1.2.71	1.2.72	1.2.73	1.2.74	1.2.75	1.2.76	1.2.77
答案	C	B	C	B	B	B	B	A	D
序号	1.2.78	1.2.79	1.2.80	1.2.81	1.2.82	1.2.83	1.2.84	1.2.85	
答案	B	A	C	A	D	C	A	C	

1.2.2.4 定量测试题

序号	1.2.86	1.2.87	1.2.88	1.2.89	1.2.90	1.2.91	1.2.92	1.2.93	1.2.94
答案	A	A	A	B	C	B	B	D	B
序号	1.2.95	1.2.96	1.2.97	1.2.98	1.2.99	1.2.100	1.2.101	1.2.102	1.2.103
答案	D	B	B	B	B	D	B	A	A
序号	1.2.104	1.2.105							
答案	C	A							

【例 1.2.105】 电位函数满足泊松方程

$$\nabla^2 \varphi_1 = \frac{d^2 \varphi_1}{dx^2} = -\frac{\rho}{\varepsilon}, \quad \nabla^2 \varphi_2 = \frac{d^2 \varphi_2}{dx^2} = 0 \tag{1.27}$$

$$\varphi_1 = -\frac{\rho}{2\varepsilon_0}x^2 + Bx + C, \quad \varphi_2 = Ax + D \tag{1.28}$$

介质边界

$$\begin{cases} \varphi_1|_{x=0} = 0, \quad \varphi_2|_{x=d} = U_0, \quad \varphi_1|_{x=\frac{d}{2}} = \varphi_2|_{x=\frac{d}{2}} \\ \varepsilon_0 \frac{\partial \varphi_1}{\partial x}\bigg|_{x=\frac{d}{2}} = \varepsilon_0 \frac{\partial \varphi_2}{\partial x}\bigg|_{x=\frac{d}{2}} \\ \varphi_1|_{x=0} = C = 0, \quad \varphi_2|_{x=d} = Ad + D = U_0 \end{cases} \tag{1.29}$$

$$\Rightarrow \quad -\frac{\rho}{8\varepsilon_0}d^2 + B\frac{d}{2} = A\frac{d}{2} + D, \quad -\frac{\rho d}{2\varepsilon_0} + B = A \tag{1.30}$$

解得

$$A = \frac{U_0}{d} - \frac{\rho d}{8\varepsilon_0}, \quad B = \frac{U_0}{d} + \frac{3\rho d}{8\varepsilon_0}, \quad C = 0, \quad D = \frac{\rho d^2}{8\varepsilon_0} \tag{1.31}$$

则

$$\begin{cases} \varphi_1(x) = -\frac{\rho}{2\varepsilon_0}x^2 + \left(\frac{U_0}{d} + \frac{3\rho d}{8\varepsilon_0}\right)x \quad \left(0 \leqslant x \leqslant \frac{d}{2}\right) \\ \varphi_2(x) = \left(\frac{U_0}{d} - \frac{\rho d}{8\varepsilon_0}\right)x + \frac{\rho d^2}{8\varepsilon_0} \quad \left(\frac{d}{2} \leqslant x \leqslant d\right) \end{cases} \tag{1.32}$$

1.2.3 静电场中导体与电介质的情景探究题

序号	1.2.106	1.2.107	1.2.108	1.2.109	1.2.110	1.2.111	1.2.112	1.2.113	1.2.114
答案	ABCDE	CDE	A	ABCD	ABCD	A	BD	A	A

序号	1.2.115	1.2.116	1.2.117	1.2.118	1.2.119
答案	ABCD	B	A	A	AC

【例 1.2.109】 这时有两个电子在极强的电场中又迅速被加速到高能,同样的过程将很快被重复,这样就有四个电子,如此不断重复,最终,"雪崩"(Avalanche)发生,导致大量的电子和离子产生,同时靠着这种"摩擦",空间某个区域系统的熵发生了极大的变化,释放出大量的光和热,于是看到了绚丽的"闪电",也听到了从那里发出的惊天的"雷声",同时"看到了"非定域电子的"行踪"! 这就是"测量"的结果。

【例 1.2.111】 如附图 1.9 所示,设极板带电 $q = \sigma_0 S$,两板电势差为

$$\Delta U = E_{无电介质}(d_0 - d) + E_{有电介质} d \tag{1.33}$$

$$\Delta U = \frac{\sigma_0}{\varepsilon_0}(d_0 - d) + \frac{\sigma_0}{\varepsilon_0 \varepsilon_r} d$$

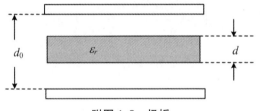

附图 1.9 极板

则

$$C = \frac{q}{\Delta U} = \frac{\varepsilon_0 \varepsilon_r S}{d + \varepsilon_r(d_0 - d)} \tag{1.34}$$

介质的厚度为

$$d = \frac{\varepsilon_r d_0 C - \varepsilon_0 \varepsilon_r S}{(\varepsilon_r - 1) C} = \frac{\varepsilon_r}{\varepsilon_r - 1} d_0 - \frac{\varepsilon_0 \varepsilon_r S}{(\varepsilon_r - 1) C} \tag{1.35}$$

实时地测量 A、B 间的电容量 C,根据上述关系式,便可以间接地测出材料的厚度,通常智能化的仪表可实时地显示出待测材料的厚度。

如果待测材料是金属导体,其 A、B 间等效电容与导体材料的厚度分别为

$$C = \frac{\varepsilon_0 S}{d_0 - d}, \quad d = d_0 - \frac{\varepsilon_0 S}{C} \tag{1.36}$$

【例 1.2.113】 导体圆管与导体棒构成一圆柱形电容器,当加以如图 1.90 所

示的电压时,可视为一个长为 x 的介质电容器 C_1 和一个长为 $L-x$ 的空气电容器 C_2 的并联,圆柱形电容器的电容为

$$C_1 = \frac{2\pi\varepsilon_0\varepsilon_r x}{\ln\dfrac{D}{d}}, \quad C_2 = \frac{2\pi\varepsilon_0\varepsilon_0(L-x)}{\ln\dfrac{D}{d}} \tag{1.37}$$

则总电容为

$$C = C_1 + C_2 = \frac{2\pi\varepsilon_0\varepsilon_r x}{\ln\dfrac{D}{d}} + \frac{2\pi\varepsilon_0(L-x)}{\ln\dfrac{D}{d}} \tag{1.38}$$

其中,$\alpha = \dfrac{2\pi\varepsilon_0 L}{\ln\dfrac{D}{d}}, \beta = \dfrac{2\pi\varepsilon_0(\varepsilon_r-1)}{\ln\dfrac{D}{d}}$,因此

$$Q = CU = \alpha U + \beta U x \tag{1.39}$$

注意:首先应分析导体圆管 A 与导体棒 C 构成一圆柱形电容器。其次,分析两部分电容存在并联关系且电容量 C 随油面高度而改变。

【例 1.2.116】 由条件能够大致描绘出过 P 点电场线如附图 1.10 所示,所以电子在 P 点受到右偏下的电场力,则电子竖直速度沿 y 轴负方向不断增加,到达 O 点时竖直速度最大,且水平方向的速度要大于 v(即 $v_{ox} > v$),到达 x 轴正方向,电子不能运动到 P' 点,应在 P' 点下方,所以速度不为 0。

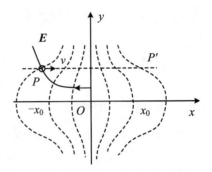

附图 1.10 静电透镜的电场线

1.3 静电能的分层进阶探究题

1.3.1 静电能的趣味思考题

【例 1.3.1】 插入电介质板后,C_2 增大。C_2 增大致使整个电路的电容增大。由于电路中的总电压 U 没有变化,所以每个电容器所储存的电量 $q_1 = q_2$ 增加,增加的电量全部由电源提供。

由于 $C_1 = \varepsilon_0 S/d$ 不变,当电容器 C_1 储存的电量增加时,其两端的电压 $U_1 = q_1/C_1$ 增大。又由于电路中的总电压不变,故电容器 C_2 两端的电压 U_2 减小。再根据 $U = Ed$ 可知,U_2 减小,则 E_2 减小;U_1 增大,则 E_1 增大。

【例 1.3.2】 电容器灌入煤油后,电容量增大。但由于切断了电源,电容器极板上的电量没有改变。由 $W_e = q^2/2C$ 可知,电容器的能量 W_e 会减少。减少的那部分能量转化成煤油分子因极化而增加的内能。

如果灌煤油时,电容器一直与电源相连,由能量公式 $W_e = CU^2/2$ 可知,C 增大而 U 不变时,电容器的能量 W_e 增大。这时电源向电容器充电,将电源的化学能转化为电容器的内能。

【例 1.3.3】 在计算点电荷组的相互作用能时,每一对点电荷之间的相互作用能计算了两次,所以求和公式中有因子 1/2。点电荷在外电场中的电位能公式没有重复计算。

【例 1.3.4】 公式中电场是外电场,因此此位能不包括偶极子正负电荷之间的相互作用能。

【例 1.3.5】 两极板带等量异号电荷,相互吸引。在移近两板的过程中,电场力做正功,外力做负功,能量减少。

电容器充电后 K 断开,两极板上的电荷保持不变。在移近两极板的过程中,电容器的电容增大,因而电压减小。由电容器储能公式 $W = \frac{1}{2}QU = \frac{1}{2}CU^2 = \frac{1}{2}\frac{Q^2}{C}$ 可知,电容器的储能减少。

【例 1.3.6】 充电后不断开 K 时,在移近两板的过程中,外力仍做负功,但电压保持不变而电容增大,电容器储能增加。增加的能量来自于电源所做的功。

在恒压下增大电容,电源一方面为电容器增加电量,另一方面提供一部分能量对外做功。能量守恒。

【例 1.3.7】 (1) 充电后断开电源,然后用力 F 把电容器中的电介质板拉出前后,电容器两极的电荷没有发生变化,但由于电介质的抽出会使其电容量减少,根据电容器的储能公式

$$W = \frac{Q^2}{2C} \tag{1.40}$$

可知,其储存的能量将增加,这部分能量来源于外力所做的功。

(2) 维持电源不断开,用力 F 把电容器中的电介质板拉出前后,电容器两端的电势差维持不变,但由于电介质的抽出仍然会使其电容量减少,根据电容器的储能公式

$$W = \frac{CU^2}{2} \tag{1.41}$$

可知,其储存的能量将减少,这是由于在电介质的抽出过程中为维持其两极板电势差不变,电场力做了功的缘故。

【例 1.3.8】 这是由于电介质极化时,表面出现束缚电荷,其附加电场与原电场方向相反,削弱了电介质内部的电场。于是要在电介质中建立起与真空中相同

的电场,就需要做更多的功,从而介质内积蓄的电场能量较多,能量密度较大。

【例1.3.9】 电势能是电场中相对于电势零点的电势高低而具有的能量,其具体大小与势能零点的选择有关;电容器存贮的能量是由充电过程中非静电力克服静电力做功而储存在电容器中的能量;电场的能量是以场的形式储存在电场空间中的能量。电势能、电容器存贮的能量归根结底都是电场的能量。

【例1.3.10】 在两半径相同、总电荷相等的条件下,带电球体电场能量大。电场能量密度为 $\omega = \frac{1}{2}\boldsymbol{D} \cdot \boldsymbol{E}$。因为在上述情况下,带电球面和带电球体两者在球外的场强是相同的,而带电球面内场强为0。带电球体内场强不为0。故带电球体的电场能量要比带电球面多出一部分。

【例1.3.11】 同【例1.3.12】的分析。

【例1.3.12】 用公式(1):设想球体是由一层层电荷逐渐聚集而成的,某一层已聚集电荷 q,即

$$q = \rho \cdot \frac{4}{3}\pi r^3 \tag{1.42}$$

再聚集 $r \to r + \mathrm{d}r$,这层电荷 $\mathrm{d}q$ 需做功:

$$\mathrm{d}A_{ex} = U_{ex}\mathrm{d}q = \frac{q}{4\pi\varepsilon_0 r}(\rho 4\pi r^2 \mathrm{d}r) = \frac{\rho r^2}{3\varepsilon_0} \cdot \rho 4\pi r^2 \mathrm{d}r \tag{1.43}$$

所以

$$W = A_{ex} = \int_0^R \frac{4\pi\rho^2}{3\varepsilon_0} \cdot r^4 \mathrm{d}r = \frac{3Q^2}{20\pi\varepsilon_0 R} \tag{1.44}$$

用公式(2):此处 U 是在电荷已分布完毕下空间各点确定的电势,都不再随时间变化。

根据对称性和 Gauss 定理得

$$\begin{cases} \boldsymbol{E}_{\mathrm{in}} = \frac{\rho}{3\varepsilon_0}\hat{\boldsymbol{r}}, r \in [0, R] \\ \boldsymbol{E}_{\mathrm{out}} = \frac{Q}{4\pi\varepsilon_0 r^2}\hat{\boldsymbol{r}}, r \in [R, +\infty) \end{cases} \tag{1.45}$$

球内离球心 r 处的电势为

$$\begin{aligned} U &= \int_r^\infty \boldsymbol{E} \cdot \mathrm{d}\boldsymbol{r} = \int_r^R \boldsymbol{E}_{\mathrm{in}} \cdot \mathrm{d}\boldsymbol{r} + \int_R^\infty \boldsymbol{E}_{\mathrm{out}} \cdot \mathrm{d}\boldsymbol{r} \\ &= \frac{\rho}{3\varepsilon_0}\int_r^R \boldsymbol{r} \cdot \mathrm{d}\boldsymbol{r} + \frac{Q}{4\pi\varepsilon_0}\int_R^\infty \frac{\boldsymbol{r} \cdot \mathrm{d}\boldsymbol{r}}{r^3} = \frac{\rho}{6\varepsilon_0}(3R^2 - r^2) \end{aligned} \tag{1.46}$$

由此得

$$W = \frac{1}{2}\int U \mathrm{d}q = \frac{1}{2}\int_0^R \frac{\rho^2}{6\varepsilon_0}(3R^2 - r^2) \cdot 4\pi r^2 \mathrm{d}r = \frac{3Q^2}{20\pi\varepsilon_0 R} \tag{1.47}$$

用公式(3):球体的场强分布为

$$\begin{cases} \boldsymbol{E}_{\text{in}} = \dfrac{\rho}{3\varepsilon_0}\hat{r}, r \in [0, R] \\ \boldsymbol{E}_{\text{out}} = \dfrac{Q}{4\pi\varepsilon_0 r^2}\hat{r}, r \in [R, +\infty) \end{cases} \tag{1.48}$$

$$W = \frac{1}{2}\iiint_V \varepsilon_0 E^2 \mathrm{d}V = \frac{\varepsilon_0}{2}\int_0^R \left(\frac{Qr}{4\pi\varepsilon_0 R^3}\right)^2 4\pi r^2 \mathrm{d}r + \frac{\varepsilon_0}{2}\int_0^R \left(\frac{Q}{4\pi\varepsilon_0 r^2}\right)^2 4\pi r^2 \mathrm{d}r$$

$$= \frac{3Q^2}{20\pi\varepsilon_0 R} \tag{1.49}$$

1.3.2 静电能的分层进阶题

1.3.2.1 概念测试题

序号	1.3.13	1.3.14	1.3.15	1.3.16	1.3.17
答案	D	A	D	C	A

【例 1.3.14】 球体内的静电能大于球面内的静电能,球体外的静电能小于球面外的静电能。

1.3.2.2 定性测试题

序号	1.3.18	1.3.19	1.3.20	1.3.21	1.3.22
答案	A	D	D	D	D

【例 1.3.22】 电场能量密度 $\omega = \dfrac{1}{2}\boldsymbol{D}\cdot\boldsymbol{E}$,而

$$\boldsymbol{D} = \varepsilon_0 \boldsymbol{E} + \boldsymbol{P} \tag{1.50}$$

代入,则有

$$\omega = \frac{1}{2}(\varepsilon_0 \boldsymbol{E} + \boldsymbol{P})\cdot\boldsymbol{E} = \frac{1}{2}\varepsilon_0 E^2 + \frac{1}{2}\boldsymbol{P}\cdot\boldsymbol{E} \tag{1.51}$$

在电介质中,有

$$\boldsymbol{P}\cdot\boldsymbol{E} > 0, \quad \omega = \frac{1}{2}\varepsilon_0 E^2 + \frac{1}{2}\boldsymbol{P}\cdot\boldsymbol{E} > \frac{1}{2}\varepsilon_0 E \tag{1.52}$$

因此,电介质中的电场能量密度比真空电场能量密度大 $\dfrac{1}{2}\boldsymbol{P}\cdot\boldsymbol{E}$,这是单位体积中极化分子的电势能。

1.3.2.3 快速测试题

序号	1.3.23	1.3.24	1.3.25	1.3.26	1.3.27	1.3.28	1.3.29
答案	C	B	C	BCD	C	C	C

【例 1.3.26】 注意甲、乙两粒子运动性质的不同。根据运动曲线特点可以判定,在粒子运动过程中,甲受到的是引力,也就是说,电场力对甲做正功,而乙受到的是斥力,电场力对乙做负功。

(1) 由于初动能相同,而在运动过程中,电场力对甲粒子做正功,其动能将增加;而对乙粒子做负功,其动能将减少。所以两粒子分别在 c 点和 d 点的动能并不相同。答案 A 错误。

(2) 根据上面的分析可知,甲、乙必然带异种电荷。答案 B 正确。

(3) 甲从无穷远处运动到 c 点的过程中,电场力对甲粒子做正功,所以其电势能减少。取无穷远处为零电势时,甲在 c 点的电势能为负值。而乙从无穷远处运动到 d 点的过程中,电场力对甲粒子做负功,所以其电势能增加,乙在 d 点的电势能为正值。所以甲粒子经过 c 点时的电势能小于乙粒子经过 d 点时的电势能。答案 C 正确。

(4) 从 a 运动 b 的过程中,由于 a、b 点等势,所以电场力对两粒子做的功都为零。又由于初动能相同,所以两粒子经过 b 点时的动能必然相同。答案 D 正确。

1.3.2.4 定量测试题

序号	1.3.30	1.3.31	1.3.32	1.3.33	1.3.34	1.3.35	1.3.36	1.3.37	1.3.38
答案	D	D	B	A	B	C	A	C	B
序号	1.3.39								
答案	B								

1.3.3 静电能的情景探究题

序号	1.3.40	1.3.41	1.3.42	1.3.43	1.3.44
答案	B	D	B	AB	C

【例 1.3.40】 建立立方体模型其中心是正离子,则它与其他离子之间的相互作用能为

$$W^+ = \frac{1}{4\pi\varepsilon_0}\left(-\frac{6e^2}{a} + \frac{12e^2}{\sqrt{2}a} - \frac{8e^2}{\sqrt{3}a} + \cdots\right) = -\frac{0.8738e^2}{4\pi\varepsilon_0 a} \tag{1.53}$$

单个负离子与其他离子相互作用能相等,所以

$$W = \frac{1}{2}N(W^+ + W^-) = -\frac{0.8738Ne^2}{4\pi\varepsilon_0 a} \tag{1.54}$$

【例1.3.41】 设极板高为 $b = b_1 + b_2$,宽为 a,则 $S = ab$,b_1 为电容器中液柱的高度,b_2 为电容器中空气柱的高度,则

$$\begin{cases} C = \dfrac{(b_1\varepsilon + b_2\varepsilon_0)a}{d} = \dfrac{[b\varepsilon_0 + b_1(\varepsilon - \varepsilon_0)]a}{d} \\ F = \left(\dfrac{\partial W_e}{\partial b_1}\right)_U = \dfrac{(\varepsilon - \varepsilon_0)aU^2}{2d} \end{cases} \tag{1.55}$$

平衡时,$F = mg$,g 为重力加速度。由于 $m = dah\rho$,因此

$$h = \frac{m}{da\rho} = \frac{F}{ad\rho g} = \frac{(\varepsilon - \varepsilon_0)U^2}{2d^2\rho g} \tag{1.56}$$

【例1.3.42】 图1.116(a)所示为一个电容器两个极板之间的电子隧穿现象。电子隧穿前,电容器的能量为 $W_1 = Q^2/2C$,当 $Q > 0$ 时,一个电子从负极隧穿到正极,此时电容器的能量为 $W_2 = (Q-e)^2/2C$,因此,隧穿前后的能量改变为

$$\Delta W = W_1 - W_2 = e(Q - e/2)/C \tag{1.57}$$

隧穿后的体系能量不可能增加,即 $W_2 < W_1$ 或 $\Delta W > 0$,则得 $Q > \dfrac{e}{2}$。

设电容器隧穿前的电压为 $U = Q/C$,则 $C|U| > e/2$,即 $U > e/2C$ 或 $U < -e/2C$。这就是电子隧穿发生的条件:当 $Q > \dfrac{e}{2}$ 或 $U > e/2C$ 时,电子发生隧穿;当 $0 < Q < e/2$ 时,电子不发生隧穿。同样,当 $Q < 0$ 时,电子隧穿发生的条件是 $Q < -e/2$ 或 $U < -e/2C$。此外当 $Q = 0$,即 $U = 0$ 时,电子也不能发生隧穿。

【例1.3.43】 如图1.117(b)所示,通过控制栅的偏压调节量子点中的静电能,此时量子点中的电荷包括 Q_g 和 Q_0,大小分别为

$$Q_g = C_g(U_g - U_0), \quad Q_0 = C_0 U_0 \tag{1.58}$$

量子点中的总电荷数是这两部分的代数和。隧穿结的存在保证了量子点可以储存一定数目的电荷,即

$$Q = Q_0 - Q_g + Q_p \tag{1.59}$$

设 n 为量子点相对于电中性所具有的额外电子数目,则

$$U = \frac{C_g U_g - ne}{C_0 + C_g} = \frac{C_g U_g - ne}{C} \tag{1.60}$$

栅极电容和隧穿结电容中储存的能量为

$$W = \frac{Q_0^2}{2C_0} + \frac{Q_g^2}{2C_g} \tag{1.61}$$

将式(1.58)~式(1.60)代入上式,得

$$W = \frac{C_g^2(U_g - U_0)^2}{2C_g} + \frac{C_0^2 U_0^2}{2C_0} = \frac{C_0 C_g U_0^2 + Q^2}{2C} \tag{1.62}$$

【例 1.3.44】 在离球心为 r 处的电势为

$$U = \frac{q}{4\pi\varepsilon_0}\left[\left(\frac{1}{a} + \frac{1}{r}\right)e^{-\frac{2r}{a}} - \frac{1}{r}\right] \tag{1.63}$$

核外电荷分布的自能为

$$W = \frac{1}{2}\iiint_V U\rho dV = \frac{1}{2}\frac{q}{4\pi\varepsilon_0}\int_0^\infty \left[\left(\frac{1}{a} + \frac{1}{r}\right)e^{-\frac{2r}{a}} - \frac{1}{r}\right]\left(-\frac{q}{\pi a^3}e^{-\frac{2r}{a}}\right)4\pi r^2 dr$$

$$= \frac{5q^2}{64\pi\varepsilon_0 a} \tag{1.64}$$

第 2 章 静 磁 部 分

2.1 稳恒磁场的分层进阶探究题

2.1.1 稳恒磁场的趣味思考题

【例 2.1.1】 地磁场的北极（N 极）位于地理南极附近，南极（S 极）位于地理北极附近，所以地磁场的主要分量是从地理南极到地理北极。

【例 2.1.2】 日常生活中遇到的磁铁都有南北两极。把一个磁铁剖成两半，又会变出新的南北两极，是不能分的。相比之下，带电物体便没有这个要求。正电荷和负电荷都可独立存在，想拿多远拿多远。但是，19 世纪的麦克斯韦等人已确立了电和磁本质是一样的，都是同一种基本作用力的产物，二者可互相转变，特征也有极大的类似之处。正负电荷既然能独立存在，为何正负磁极就不能呢？其实是可以的，磁单极是存在的——只是我们不知道怎么去找。1931 年，在这个基础上，狄拉克正式把这个大胆的猜想变成了符合量子物理的理论。最关键的是，他指出，如果磁单极子存在，那么我们就能解释为何现实中的电荷是量子化的，为什么最小的电荷是一个电子，而不能出现半个电子的电荷（密立根油滴实验）。遗憾的是直到现在我们都没有找到磁单极子确实存在的证据。还有另一方法——制造模拟磁单极子，来看看它们能否告诉我们一些新事情。

平时讲"电能生磁，磁能生电"，实际上，电和磁在电磁场理论中的地位并不是完全对等的。最明显的例子是电有独立的电荷，磁却没有独立的磁荷。磁荷总是成对出现的，如果你一刀把条形磁铁断开，得到的不是两个独立的南磁极或北磁极，而是南北磁极俱全的两个小磁铁。利用通电螺线管可以进一步理解这种现象的起因，如附图 2.1 所示。

将通电螺线管从中间切成两半，便会得到两个完整的小一些的通电螺线管。实际上，条形磁铁产生磁性的原理和通电螺线管没有本质区别。磁现象都源于某种电流（或等效电流），而电流源于电荷的运动，电荷是电磁场的守恒荷。说到这里也许你会认为,电荷是一切电磁现象的"基础"。但问题又出现了,为什么自然界中的电荷总是基本电荷 e 的整数倍呢?假如世界上有一种无限细的弦,一端无限长,另一端有一个端点。这个端点就像通电螺线管的一端会发出许多磁力线。它看起来就像只有一个磁极的磁铁,所以叫作磁单极子(Magnetic Monopole),如附图 2.2 所示。

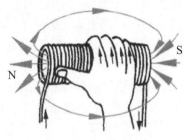 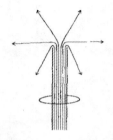

附图 2.1　通电螺线管　　　　　附图 2.2　半无限长螺线管

假设附近有一个磁单极子,为了不产生某些让人不待见的结果,狄拉克用量子力学证明,这个磁单极子带有的磁荷 g 和周围的某个探测电荷 Q 必须满足等式 Q = ng,其中 n 是整数。即在量子力学中可存在磁单极子,并且磁单极子的磁荷须是电荷 Q 倒数的整数倍。也可反过来说,在量子力学中引入磁单极子可帮助解释为什么所有物质的电荷总是基本电荷 e 的整数倍。

狄拉克说:"如果大自然没有用这个招数才叫奇怪呢。"如今关于为什么会存在基本电荷 e,物理学家通常会从群论的角度解释:电磁场的 U(1) 规范群被嵌入了某个统一的规范理论中;由于后者是一个非阿贝尔半单群,因而 U(1) 是紧致的;这必然导致电荷量子化,就像角动量算符 J_z 的本征值是量子化的一样。于是被反过来使用:既然应该有一个统一的规范理论,其中电荷是量子化的,那么这个理论必然包含磁单极子。需说明的是,狄拉克的磁单极子更像一个数学模型,而统一理论中的磁单极子可从统一理论导出,因而可被实验检验。宇宙中存在 4 种基本相互作用:强核力、电磁力、弱核力和引力。在量子场论中,电磁力和弱核力可统一为一种电弱力。物理学家认为,在非常苛刻的条件下,电弱力可继续和强核力统一为另一种单一的力,这样的理论就是一个统一的规范理论。Hooft 和 Polyakov 证明,统一的规范理论在希格斯场的作用下发生对称性破缺时,必然会存在磁单极子的解。现在观察到的强核力、电磁力和弱核力应是在宇宙早期,某个统一的规范场发生对称性破缺的结果,因此,宇宙中本该存在大量磁单极子。但实际上在实验室中几乎没有找到任何磁单极子。

物理学家说早期宇宙的加速膨胀即暴胀大大稀释了磁单极子在空间中的分布,所以它必然存在,但找不到。无论如何,研究磁单极子对于研究宇宙,研究作用力的统一理论都非常重要。现实中很难得到的东西,有人在自旋冰、液晶、斯格明子格点、铁磁金属中模拟了磁单极子,但这些方法过于间接。D·S·霍尔等人用近20万个自旋为1的有铁磁性的发生了玻色-爱因斯坦凝聚的铷-87原子进行了模拟。合成电磁场的矢势 A 由超流速度模拟,合成磁场由旋度模拟。经过精心的操作,得出铷-87原子的自旋指向变化会导致其超流速度和旋度的行为可以模拟狄拉克磁单极子的行为。至于对基础理论产生多大影响,有待时间的检验。

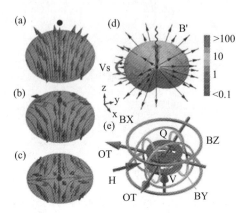

由附图2.3可知,(a)~(c)是理论上的原子自旋指向随着磁场零点(黑点)((a)在上方,(b)进入,(c)在中心处)的变化。螺线即狄拉克的弦奇异性所在的地方。(d)中超流速度为v_s,箭头代表方向,右侧代表大小,其中v_e是赤道处的超流速度。黑色箭头代表合成磁场B'。将(d)图与前面通电螺线管一端的磁力线进行比较,可发现它确实非常像一个磁单极子。

附图2.3 模拟磁单极子的实验示意图

【例2.1.3】 Oersted实验发现,在载流长直导线附近平行放置的磁针受力沿垂直于导线的方向偏转,即磁针的N极垂直于由导线和磁针构成的平面向外(即向纸面外)运动,磁针的S极则垂直于由导线和磁针构成的平面向内运动,形成偏转。如果电流反向,则磁针反向偏转。这种电流使与之平行的磁针偏转现象,表明电流对磁针有作用,即电流的磁效应,它揭示了电、磁现象之间的联系。

磁极受到电流的作用力是一种新型的作用力——横向力。它与当时已知的非接触物体之间的万有引力、电力、磁力具有不同的特征,它是把被作用的物体推开或拉近,即都是排斥或吸引的有心力。而电流对磁极的作用却明显不同,是使磁针围绕着电流沿横向偏转,即使磁针在与由磁针和电流构成的平面垂直的平面内偏转。它表明电流对磁极的作用力是横向力,这是Oersted实验又一重大发现。它突破了以往关于非接触物体之间的作用力均为有心力的局限,拓宽了作用力的类型。这是十分重要的发现,不容忽视。

Oersted实验揭示了电、磁现象多方面的联系,开辟了一个崭新的广阔研究领域,激起了许多物理学家的兴趣和关注。于是一些具有重大意义的研究课题很快凝聚,并取得了重要的成果和突破,迎来了电磁学发展的高潮。

横向力对毕-萨-拉定律(Biot-Savart-Laplace,B.S.L)的启示是把发现定量规律的研究引向了正确的方向,试图寻找电流元对磁极作用力与r和α的定量关系。

横向力对安培定律的建立的作用:Ampere的示零实验三表明,作用在电流元上的力是与电流元垂直的力,即是横向力,应有$\oint_L d\boldsymbol{F}_{12} \cdot d\boldsymbol{l}_2 = 0$,也就是要求$d\boldsymbol{F}_{12} \cdot d\boldsymbol{l}_2$为全微分。在此条件下,三个待定常量只剩下一个待定常量。

【例 2.1.4】 Biot-Savart 实验得出：从磁极到导线作垂线，作用在磁极上的力与这条垂线和导线都垂直，它的大小与磁极到导线的距离成反比。

弯折载流导线对磁极作用力的实验：$H = k\dfrac{I}{r}\tan\dfrac{\alpha}{2}$，找到电流对磁极作用力与电流方位的关系。

弯折载流导线的特殊实验得出特殊的结果。这种从特殊到一般的做法并不严格，但是建立物理定律的常用手段。毕-萨-拉定律为我们提供了一个由特殊实验得出普遍规律的典型例证。

【例 2.1.5】 Ampere 的四个示零实验得出：

示零实验一表明：当电流反向时，它产生的作用力是反向的。

示零实验二表明：电流元具有矢量的性质。

示零实验三表明：作用在电流元上的力是与电流元垂直的力，即是横向力，应有 $\oint_L d\boldsymbol{F}_{12} \cdot d\boldsymbol{l}_2 = 0$，也就是要求 $d\boldsymbol{F}_{12} \cdot d\boldsymbol{l}_2$ 为全微分。

示零实验四表明：所有几何线度（电流元长度、相互距离）增加同一倍数时，作用力不变。

【例 2.1.6】 毕-萨-拉定律建立，包括实验工作和理论分析，从中得到的启示是：Biot-Savart 牢牢把握住横向力的特征，巧妙设计了弯折载流导线对磁极作用力的特殊实验，找到了作用力与电流元方位的关系，然后，经过适当的分析，顺利地得出了电流元对磁极作用力的定量规律。

【例 2.1.7】 以 Oersted 实验及一系列有关电现象与磁现象之间联系的实验为背景，Biot-Savart 提出了寻找电流元对磁极作用力定量规律的问题。Ampere 则独具慧眼，从错综的现象与联系中，提炼出磁现象的本质是电流，物质的磁性来源于其中的分子电流，电流之间的作用力是基本作用力等重要看法，从而提出了寻找电流元之间相互作用力定量规律的问题。显然就问题的深度、广度和重要性而言，均非 Biot-Savart 提出的问题所能比拟。为了得出 Ampere 试图寻找的定量规律，需要克服困难有：与 Biot-Savart 一样，Ampere 也遇到了不存在孤立的恒定电流元、无法进行直接实验测量的困难。然而，Ampere 的问题要复杂得多，首先，作用力的方向难以确定，其次，作用力的大小除与两电流元的大小及其间距离有关外，还与 $I_1 d\boldsymbol{l}_1$、$I_2 d\boldsymbol{l}_2$、r_{12} 三者之间的多种角度有关。试图用某些特殊闭合载流回路之间相互作用的实验来解决这些问题，可以说几乎是没有希望的。为此，Ampere 独辟蹊径，精心设计了四个示零实验，通过实验显示的零结果，揭示出电流元之间相互作用所应具有的主要特征。而在与此紧密联系的理论分析中，通过沿连线假设并采用矢量的点乘和叉乘来表示三个矢量之间的各种角度关系。示零实验与理论分析珠联璧合，最终使这些似乎难以克服的困难迎刃而解。

【例 2.1.8】 毕-萨-拉定律成立条件：只适用于恒定情形。对于非恒定电流如运动电荷产生的磁场，由于有推迟效应，其形式复杂得多。例如匀速运动点电荷产

生的磁场为

$$\boldsymbol{B} = \frac{\mu_0}{4\pi} \frac{q\boldsymbol{v} \times \boldsymbol{r}}{r^3 \left(1 - \frac{v^2}{c^2}\sin^2\theta\right)^{3/2}} \left(1 - \frac{v^2}{c^2}\right) \tag{2.1}$$

式中,q 与 v 是点电荷的电量与速度,$\boldsymbol{B}$ 是与点电荷相距 r 处的磁场,θ 是 $\boldsymbol{v}$ 与 $\boldsymbol{r}$ 的夹角,c 是真空中的光速。

安培定律的成立条件:既适用于恒定情形,也适用于非恒定情形。

两者的成立条件明显不同。毕-萨-拉定律可看作是关于电流元之间相互作用力的 Ampere 定律的一部分,即 Ampere 定律包括了毕-萨-拉定律。

由毕-萨-拉定律可证明恒定磁场的定理和 Ampere 环路定理,它表明磁场是无源有旋的矢量场。

【例 2.1.9】 根据安培定律,在图 2.4 所示的情况下,有

$$\mathrm{d}\boldsymbol{F}_{12} = I_2\mathrm{d}\boldsymbol{l}_2 \times \mathrm{d}\boldsymbol{B}(\boldsymbol{r}_{12}) = I_2\mathrm{d}\boldsymbol{l}_2 \times \frac{I_1\mathrm{d}\boldsymbol{l}_1 \times \boldsymbol{r}_{12}}{r_{12}^3} \tag{2.2}$$

其中,$\boldsymbol{r}_{12}$ 是电流元 $I_1\mathrm{d}\boldsymbol{l}_1$ 到 $I_2\mathrm{d}\boldsymbol{l}_2$ 的矢径。

$$\mathrm{d}\boldsymbol{F}_{21} = I_1\mathrm{d}\boldsymbol{l}_1 \times \mathrm{d}\boldsymbol{B}(\boldsymbol{r}_{21}) = I_1\mathrm{d}\boldsymbol{l}_1 \times \frac{I_2\mathrm{d}\boldsymbol{l}_2 \times \boldsymbol{r}_{21}}{r_{21}^3} \tag{2.3}$$

其中,$\boldsymbol{r}_{21}$ 是电流元 $I_2\mathrm{d}\boldsymbol{l}_2$ 到 $I_1\mathrm{d}\boldsymbol{l}_1$ 的矢径。

在图 2.4 所示的情况下,$\mathrm{d}\boldsymbol{F}_{12} = 0$,$\mathrm{d}\boldsymbol{F}_{21} = I_1\mathrm{d}l_1 \dfrac{I_2\mathrm{d}l_2}{r^2}$,方向沿 z 轴负向。

(1) $\mathrm{d}\boldsymbol{F}_{12} = 0$,$\mathrm{d}\boldsymbol{F}_{21} = I_1\mathrm{d}l_1 \dfrac{I_2\mathrm{d}l_2\sin\theta}{r^2}$ 大小变小,且随 θ 不同而变化,最小值为 0。方向与 θ 有关,可沿 z 轴正向或 z 轴负向。

(2) $\mathrm{d}\boldsymbol{F}_{12} = 0$,$\mathrm{d}\boldsymbol{F}_{21} = I_1\mathrm{d}l_1 \dfrac{I_2\mathrm{d}l_2}{r^2}$ 大小不变,方向始终与 $I_2\mathrm{d}\boldsymbol{l}_2$ 方向相反。

(3) $\mathrm{d}\boldsymbol{F}_{12} = 0$,$\mathrm{d}\boldsymbol{F}_{21} = I_1\mathrm{d}l_1 \dfrac{I_2\mathrm{d}l_2\sin\theta}{r^2}$ 大小变小,且随 θ 不同而变化,最小值为 0。方向与 θ 有关,可沿 z 轴正向或 z 轴负向。

(4) $\mathrm{d}\boldsymbol{F}_{12} = I_2\mathrm{d}l_2 \dfrac{I_1\mathrm{d}l_1\sin\theta}{r^2}$ 大小变小,且随 θ 不同而变化,最小值为 0,方向沿 x 轴正向或负向。大小始终不变,方向是在 xz 平面内,垂直于 $\mathrm{d}\boldsymbol{l}_1$。

【例 2.1.10】 由安培定律可知

$$\mathrm{d}\boldsymbol{F}_{12} = I_2\mathrm{d}\boldsymbol{l}_2 \times \boldsymbol{B}(\boldsymbol{r}_{12}) = I_2\mathrm{d}\boldsymbol{l}_2 \times \frac{\mu_0}{4\pi} \oint_L \frac{I_1\mathrm{d}\boldsymbol{l}_1 \times \boldsymbol{r}_{12}}{r_{12}^3} \tag{2.4}$$

$$\boldsymbol{F}_{12} = \int \mathrm{d}\boldsymbol{F}_{12} = \frac{\mu_0 I_1 I_2}{4\pi} \oint_{L_1}\oint_{L_2} \frac{\mathrm{d}\boldsymbol{l}_2 \times (\mathrm{d}\boldsymbol{l}_1 \times \boldsymbol{r}_{12})}{r_{12}^3}$$

$$= \frac{\mu_0 I_1 I_2}{4\pi} \oint_{L_1}\oint_{L_2} \left[\mathrm{d}\boldsymbol{l}_1\left(\mathrm{d}\boldsymbol{l}_2 \cdot \frac{\boldsymbol{r}_{12}}{r_{12}^3}\right) - \frac{\boldsymbol{r}_{12}}{r_{12}^3}(\mathrm{d}\boldsymbol{l}_1 \cdot \mathrm{d}\boldsymbol{l}_2)\right]$$

$$= -\frac{\mu_0 I_1 I_2}{4\pi} \oiint_{L_1 L_2} \frac{\boldsymbol{r}_{12}}{r_{12}^3}(\mathrm{d}\boldsymbol{l}_1 \cdot \mathrm{d}\boldsymbol{l}_2) \tag{2.5}$$

其中

$$\oint_{L_2} \mathrm{d}\boldsymbol{l}_2 \cdot \frac{\boldsymbol{r}_{12}}{r_{12}^3} = \iint_S \nabla \times \frac{\boldsymbol{r}_{12}}{r_{12}^3} \mathrm{d}\boldsymbol{S} = 0 \tag{2.6}$$

同理,得

$$\boldsymbol{F}_{12} = \int \mathrm{d}\boldsymbol{F}_{12} = \frac{\mu_0 I_1 I_2}{4\pi} \oiint_{L_1 L_2} \frac{\mathrm{d}\boldsymbol{l}_2 \times (\mathrm{d}\boldsymbol{l}_1 \times \boldsymbol{r}_{12})}{r_{12}^3}$$

$$= -\frac{\mu_0 I_1 I_2}{4\pi} \oiint_{L_1 L_2} \frac{\boldsymbol{r}_{12}}{r_{12}^3}(\mathrm{d}\boldsymbol{l}_1 \cdot \mathrm{d}\boldsymbol{l}_2) \tag{2.7}$$

因为

$$\boldsymbol{r}_{12} = -\boldsymbol{r}_{21}$$

所以

$$\boldsymbol{F}_{12} = -\boldsymbol{F}_{21}(利用矢量分析公式 \boldsymbol{A} \times (\boldsymbol{B} \times \boldsymbol{C}) = (\boldsymbol{A} \cdot \boldsymbol{C})\boldsymbol{B} - (\boldsymbol{A} \cdot \boldsymbol{B})\boldsymbol{C}) \tag{2.8}$$

即两个电流元之间的相互作用力不满足牛顿第三定律,但任意两个闭合载流回路 L_1 和 L_2 之间的相互作用力满足牛顿第三定律。

【例 2.1.11】 由安培定律判断,$\boldsymbol{B}$ 沿 x 轴正向。

【例 2.1.12】 (1) 磁场一定是均匀的。(2) 存在电流时,磁场不均匀。证明:作圆柱形高斯面,由高斯定理可证明 $B_1 = B_2$;作矩形环路,由环路定理,L 不包围电流时,$B_3 = B_4$,L 包围电流时,$B_3 \neq B_4$,见附图 2.4。

【例 2.1.13】 如附图 2.5 所示,磁感应线是平行直线,作一个长方形闭合回路 $abcd$。

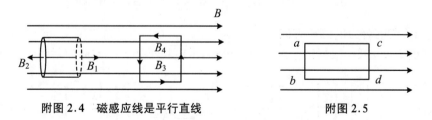

附图 2.4 磁感应线是平行直线   附图 2.5

因为空间区域无电流,由安培环路定理,有 $\oint \boldsymbol{B} \cdot \mathrm{d}\boldsymbol{l} = 0$,即 $B_1 ac - B_2 bd = 0$,则 $B_1 = B_2$。

【例 2.1.14】 由磁场的高斯定理

$$\oiint_S \boldsymbol{B} \cdot \mathrm{d}\boldsymbol{S} = 0 \tag{2.9}$$

穿过半球面的磁感应线全部穿过圆面 S,因此有

$$\Phi = \boldsymbol{B} \cdot \boldsymbol{S} = \pi R^2 B \cos\alpha \tag{2.10}$$

【例 2.1.15】 验算

$$\int_{-\infty}^{+\infty} \boldsymbol{B} \cdot \mathrm{d}\boldsymbol{l} = 2\int_0^{+\infty} B \mathrm{d}x = 2\int_0^{+\infty} \frac{\mu_0 R^2 I}{2(R^2 + r_0^2)^{3/2}} \mathrm{d}x$$

$$= \mu_0 R^2 I \int_0^{\infty} \frac{\mathrm{d}x}{(R^2 + r_0^2)^{3/2}} = \mu_0 I \tag{2.11}$$

此结果与闭合环路积分的结果一致。原因是对于有限的电流分布来说,无限远处磁场为0。可以想象在无限远处,从 $-\infty$ 到 $+\infty$ 连接一条曲线 L',使积分闭合,但在 L' 段,由于 $B=0$,对环路积分无贡献。

【例 2.1.16】 由对称性可知,螺线管内外任一点的磁感强度的方向必定都平行于轴线。作矩形安培环路 L,使其长为 l 的一边沿螺线管的轴线,对边在螺线管外,其上各点的磁感强度为 B_0,即 $B_0 = 0$。

$$\oint_L \boldsymbol{B} \cdot \mathrm{d}\boldsymbol{l} = \mu_0 nIL - B_0 L = \mu_0 nI \tag{2.12}$$

这一结论成立的近似条件是:密绕螺线管,且螺线管长 $\gg$ 螺线管半径 R。

【例 2.1.17】

$$\oint_L \boldsymbol{B} \cdot \mathrm{d}\boldsymbol{l} = \mu_0 I \tag{2.13}$$

【例 2.1.18】 根据安培定律 $\mathrm{d}\boldsymbol{F} = I\mathrm{d}\boldsymbol{l} \times \boldsymbol{B}$,线圈上每一段电流元因所在处磁场方向不同而受力方向不同,因此将磁场分解成为两个分量:一个分量沿半径指向线圈的圆心,另一个分量垂直线圈平面,且与磁矩方向相反。

$$\mathrm{d}\boldsymbol{F}_1 = I\mathrm{d}\boldsymbol{l} \times \boldsymbol{B}_1, \quad \boldsymbol{F}_1 = \oint_L I\mathrm{d}\boldsymbol{l} \times \boldsymbol{B}_1$$

方向与 m 方向相同。

$$\mathrm{d}\boldsymbol{F}_2 = I\mathrm{d}\boldsymbol{l} \times \boldsymbol{B}_2, \quad \boldsymbol{F}_2 = \oint_L I\mathrm{d}\boldsymbol{l} \times \boldsymbol{B}_2 = 0 \tag{2.14}$$

即线圈所受的合力沿磁矩方向。

【例 2.1.19】 根据洛伦兹力公式可知,带电粒子受力的方向如附图 2.6 所示。

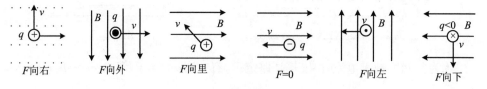

附图 2.6

【例 2.1.20】 电流产生磁场,电子在磁场中运动受到洛伦兹力作用,射线将向下偏转。电流反向后,磁场反向,射线将向上偏转。

【例 2.1.21】 电子在磁场中受洛伦兹力作用而做匀速圆周运动 $R = mv/qB$,

$T = 2\pi m/qB$,与 v 无关。因此两电子同时回到出发点。

【例 2.1.22】 (1) 径迹 a、b、c 是负电子，d、e 是正电子。

(2) 径迹 c 的粒子能量最大，径迹 a 的粒子能量最小。

【例 2.1.23】 设带电粒子的运动速度与气体流速相等。当磁流体发电机中的等离子体(气体流)通过电极 1、2 之间时，正离子受到一个向上的力，偏向上极板，上极板成为正极；负离子受到向下的力偏向下极板，下极板成为负极。

设正、负极板的电量分别为 $+q$ 和 $-q$，电位分别为 U_1 和 U_2，则两极板的电位能差等于洛伦兹力把 $+q$ 电荷从负极板移到正极板所做的功，$qU_1 - qU_2 = qvBd$，即

$$U_{12} = U_1 - U_2 = vBd \tag{2.15}$$

或者，最初以速度 v 运动的带电粒子在磁场中受到洛伦兹力作用而偏转，积累在两极板上的正负电荷形成电场，当离子所受电场力与洛伦兹力平衡时，离子不再偏转而沿前进方向通过两极板之间，有

$$qvB = q\frac{U}{d}$$

即此时两极板之间的电压为

$$U = vBd \tag{2.16}$$

【例 2.1.24】 在载流线圈附近，由弱到强的磁场位形，叫作磁镜。当一个带电粒子沿磁感应线做回旋运动由较弱的磁场区域进入较强的磁场区域时，随着 B 的增加，其横向动能 $mv_\perp^2/2$ 也要增加。在梯度不是很大的非均匀磁场中，磁矩 M 是不变量，$M = \dfrac{mv_\perp^2/2}{B}$；但由于洛伦兹力是不做功的，带电粒子的总动能 $mv^2/2 = m(v_\perp^2 + v_\parallel^2)$ 保持不变，于是纵向动能 $mv_\parallel^2/2$ 和纵向速度减小。当区域中的磁场变得足够强时，纵向速度 $v_\parallel$ 可能变为零，这时引导中心沿磁感应线的运动被抑止，而后沿反方向运动。带电粒子的这种运动方式就像光线遇到镜面发生反射一样。因此磁镜两端对做回旋运动的带电粒子能起反射作用。

例如：地球磁场中心弱，两极强，是一个天然的磁镜。内、外两个环绕地球的辐射带，就是地磁场所俘获的带电粒子组成的。

【例 2.1.25】 等离子柱中通以电流时，描述此电流所产生的磁场的磁感线是与柱共轴的圆形曲线，磁感线的绕向与电流方向满足右手螺旋关系。在这个磁场的作用下，等离子柱中的正、负离子都做螺旋运动。等离子柱中的磁场是不均匀的，离轴线越远，磁场越强，这种非均匀磁场使得正、负离子向弱磁场区(轴线)漂移，因而出现等离子体电流的箍缩效应。

【例 2.1.26】 分别与电源两电极相连的导线扭在一起时，任意两小段相邻的导线中电流方向相反，相当于两等值反向的电流元，因而在空间产生的磁场是很微弱的。

【例 2.1.27】 当柔软导线通入电流后，每一小段导线都受到导线的其他部分

对它作用的磁场力,因此导线的形状将发生变化。当达到平衡时,每一小段导线所受到的磁场力应垂直于导线向外,且被导线中的张力所平衡。这时导线的形状是圆形的。

【例 2.1.28】 (1) 截面为矩形的非磁性管,其宽度为 d,高度为 h,管内有导电液体自左向右流动,在垂直液面流动的方向加一指向纸面内的匀强磁场,当磁感应强度为 B 时,可通过测量液体上表面的 a 与下表面的 b 两点间的霍尔电势差 U_H,确定液体流量。

导电液体自左向右在非磁性管道内流动时,在洛伦兹力作用下,其中的正离子积累于上表面,负离子积累于下表面,于是在管道中又形成了从上到下的匀强霍尔电场 E_H,它同匀强磁场 B 一起构成了速度选择器。因此在稳定平衡的条件下,对于以速度 v 匀速流动的导电液体,无论是对其中的正离子还是负离子,都有

$$U_H = vBh, \quad qE_H = q\frac{U_H}{h} = qvB \tag{2.17}$$

所以流速 $v = \dfrac{U_H}{Bh}$,液体流量

$$Q = vhd = \frac{U_H d}{B} \tag{2.18}$$

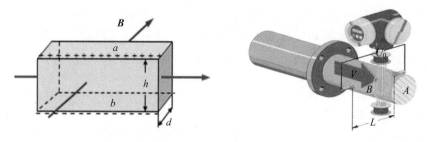

附图 2.7

(2) 截面为圆形的非磁性管,B 为磁感应强度,D 为测量管内径,U 为流量信号(电动势),v 为液体平均轴向流速,L 为测量电极之间的距离。因此,霍尔电势为

$$U = kBLv \tag{2.19}$$

式中,k(无量纲)为常数。

在圆形管道中,体积流量是

$$Q = \frac{\pi D^2}{4}v \tag{2.20}$$

把方程式(2.19)和式(2.20)合并得液体流量

$$Q = \frac{\pi D^2}{4kL} \cdot \frac{U}{B} \quad \text{或} \quad Q = K\frac{U}{B} \tag{2.21}$$

式中,K 为校准系数,通常是靠湿式校准来得到的。

2.1.2 稳恒磁场的分层进阶题

2.1.2.1 概念测试题

序号	2.1.29	2.1.30	2.1.31	2.1.32	2.1.33	2.1.34	2.1.35	2.1.36	2.1.37
答案	C	C	A	D	B	C	A	A	D
序号	2.1.38	2.1.39	2.1.40	2.1.41	2.1.42	2.1.43	2.1.44	2.1.45	2.1.46
答案	C	C	D	D	C	B	B	C	A

【例 2.1.31】 安培分子电流假设告诉我们,物质微粒内部存在一种环形电流,即分子电流。分子电流使每个物质微粒都成为微小的磁体,当分子电流的取向一致时,整个物体体现磁性,若分子电流取向杂乱无章,那么整个物体不显磁性。当磁体的温度升高时,分子无规则运动加剧,分子电流取向变得不一致,磁性应当减弱。

【例 2.1.38】 磁通量可形象地理解为穿过某一面积里的磁感线的条数,而沿相反方向穿过同一面积的磁通量一正、一负,要有抵消。

本题中,条形磁铁内部的所有磁感线,由下往上穿过 A、B 两个线圈,而在条形磁体的外部,磁感线将由上向下穿过 A、B 线圈,不难发现,由于 A 线圈的面积大,那么向下穿过 A 线圈的磁感线多,也即磁通量抵消掉得多,这样穿过 A 线圈的磁通量反而小。

【例 2.1.39】 导线 MN 周围的磁场并非匀强磁场,靠近 MN 处的磁场强些,磁感线密一些,远离 MN 处的磁感线疏一些,当线框在 Ⅰ 位置时,穿过平面的磁通量为 $\varPhi_1$,当线圈平移至 Ⅱ 位置时,磁通量为 $\varPhi_2$,则磁通量的变化量为负,当到线框翻转到 Ⅱ 位置时,磁感线相当于从"反面"穿过原平面,则磁通量为负,但磁通量的变化量是正,所以 $\varPhi_1 < \varPhi_2$。

2.1.2.2 定性测试题

序号	2.1.47	2.1.48	2.1.49	2.1.50	2.1.51	2.1.52	2.1.53	2.1.54	2.1.55
答案	D	D	A	C	D	D	B	B	C
序号	2.1.56	2.1.57	2.1.58	2.1.59	2.1.60	2.1.61	2.1.62	2.1.63	2.1.64
答案	E	A	D	D	A	C	C	B	B

2.1.2.3 快速测试题

序号	2.1.65	2.1.66	2.1.67	2.1.68	2.1.69	2.1.70	2.1.71	2.1.72	2.1.73
答案	D	C	D	C	B	B	B	B	D
序号	2.1.74	2.1.75	2.1.76	2.1.77	2.1.78	2.1.79			
答案	C	D	B	D	B	C			

2.1.2.4 定量测试题

序号	2.1.80	2.1.81	2.1.82	2.1.83	2.1.84	2.1.85	2.1.86	2.1.87	2.1.88
答案	D	C	A	A	C	B	C	A	B
序号	2.1.89	2.1.90	2.1.91	2.1.92	2.1.93	2.1.94	2.1.95	2.1.96	2.1.97
答案	D	D	C	C	A	B	D	D	A
序号	2.1.98	2.1.99							
答案	B	C							

【例 2.1.92】 无限长直载流导线在空间产生的磁感应强度为

$$B = \frac{\mu_0 I}{2\pi r} \tag{2.22}$$

距离直导线 r,在无限长薄电流板上选取一个长度为 $\mathrm{d}l$ 的直电流元 $I\mathrm{d}l$,电流 $\mathrm{d}I = \frac{I}{a}\mathrm{d}r$。电流元 $I\mathrm{d}l = \frac{Il}{a}\mathrm{d}r$ 受到的安培力为

$$\mathrm{d}F = I\mathrm{d}lB(\text{方向向右})$$

长度为 $\mathrm{d}l$ 的薄电流板受到的力为

$$F = \int_a^{2a} \mathrm{d}lB\mathrm{d}I \rightarrow F = \int_a^{2a} \frac{\mu_0 I^2 \mathrm{d}l}{2\pi ar}\mathrm{d}r = \frac{\mu_0 I^2 \mathrm{d}l}{2\pi a}\ln 2 \tag{2.23}$$

电流板单位长度受到的力

$$f = \frac{F}{\mathrm{d}l} = \frac{\mu_0 I^2}{2\pi a}\ln 2$$

上式就是导线与电流板间单位长度内作用力的大小。

2.1.3 稳恒磁场的情景探究题

序号	2.1.100	2.1.101	2.1.102	2.1.103	2.1.104	2.1.105	2.1.106	2.1.107	2.1.108
答案	B	C	A	C	BD	C	AD	C	A
序号	2.1.109	2.1.110	2.1.111	2.1.112	2.1.113	2.1.114	2.1.115	2.1.116	2.1.117
答案	D	D	A	B	AD	A	B	D	D
序号	2.1.118	2.1.119	2.1.120	2.1.121	2.1.122	2.1.123	2.1.124		
答案	ABD	A	ACD	D	D	A	B		

【例 2.1.118】 根据平衡条件得，$qvB = q \cdot \dfrac{E}{d}$，解得电动势 $E = Bdv$，所以可以通过增大 B、d、v 来增大电动势。故选项 A、B、D 正确，选项 C 错误。

【例 2.1.124】 M、N 两点电势差是由于带电粒子受到洛伦兹力在管壁的上下两侧堆积电荷产生的。到一定程度后，上下两侧堆积的电荷不再增多，M、N 两点电势差达到稳定值 ε，此时洛伦兹力和电场力平衡，有

$$qvB = qE, \quad E = \frac{\varepsilon}{d}, \quad v = \frac{\varepsilon}{DB}$$

圆管的横截面积为

$$S = \frac{\pi d^2}{4} \tag{2.24}$$

故流量为

$$Q = Sv = \frac{\pi \varepsilon d}{4B} \tag{2.25}$$

2.2 静磁场中磁介质的分层进阶探究题

2.2.1 静磁场中磁介质的趣味思考题

1. 磁介质

【例 2.2.1】 样品受到向上的磁力，说明它受到磁场的斥力，它靠近螺线管开口处的这一端与螺线管开口处具有相同的磁性，因而样品是抗磁质的。

【例 2.2.2】 铁磁质内有许多小磁畴，铁磁质被磁化时，其中的小磁畴的磁矩方向在相当程度上是按外磁场方向排列的。当撤去外磁场后，它们就存在恢复无

序排列的现象。在这个过程中,由于相邻磁畴在转向时相互阻碍,不可能达到完全无序,于是有剩磁。外界提供能量,有助于磁畴无序化的进程。因此永磁铁落地时,振动的能量会使它部分退磁。一根原来没有磁性的铁条沿南北放置,受到地磁场磁化。在磁化过程中,也包含有小磁畴转向,使磁矩方向与地磁方向一致,外界提供能量有助于这种转向,因此敲它几下,就可能磁化。

【例 2.2.3】 磁铁在其周围空间产生磁场,使位于它附近的铁块磁化,而且铁块和磁铁相对的两端具有相反的磁性,因而相互吸引。

【例 2.2.4】 蹄形磁铁的两极没有吸上铁片时,在磁铁内部产生退磁场,不断削弱磁铁的磁性。蹄形磁铁吸上铁片后,由铁磁质构成了一个闭合磁路,这时磁极消失了,退磁场也消失了,磁铁的磁性不再被削弱,因而可保持较强的磁性。条形磁铁在不用时要成对地将相反磁极靠在一起放置,也是同样道理。

【例 2.2.5】 顺磁质的磁性主要来源于分子的固有磁矩沿外磁场方向的取向排列。当温度升高时,由于热运动的缘故,这些固有磁矩更易趋向混乱,而不易沿外磁场方向排列,使得顺磁质的磁性因磁导率明显地依赖于温度。铁磁质的磁性主要来源于磁畴的磁矩方向沿外磁场方向的取向排列。当温度升高时,各磁畴的磁矩方向易趋向混乱而使铁磁质的磁性减小,因而铁磁质的磁导率会明显地依赖于温度。当铁磁质的温度超过居里点时,其磁性还会完全消失。至于抗磁质,它的磁性来源于抗磁质分子在外磁场中所产生的与外磁场方向相反的感生磁矩,不存在磁矩的方向排列问题,因而抗磁质的磁性和分子的热运动情况无关,这就是抗磁质的磁导率几乎与温度无关的原因。

2. 基本定理

【例 2.2.6】 样品磁化时,外界通过磁场对样品做功,使其中分子的固有磁矩沿磁场方向排列。在保持低温的情况下,样品的内能不变。根据热力学第一定律 $(Q = \Delta E + A)$,可得 $Q = A < 0$,样品向周围环境放出热量。退磁时,分子固有磁矩由有序排列回到无序排列,样品通过磁场对外界做功。在绝热的条件下,根据热力学第一定律,可得 $\Delta E = - A < 0$,内能减少,因而样品温度降低。磁冷却的原理和过程可以分如下几步说明:

(1) 把顺磁样品放入低温环境中(如温度 1 K 的 He(气),He 又和周围的液 He 维持 1 K 下的热平衡)。

(2) 加外磁场(磁感强度约为 1 T),使顺磁样品等温磁化,顺磁质的固有磁矩在外磁场的作用下会排列起来。在此过程中,外界对磁场做功,顺磁质的内能增加;同时样品放出热量,被周围的 He(气)吸收,整个系统仍维持 1 K 的温度不变。

(3) 迅速抽出样品周围的 He(气),使样品处于绝热隔离状态。

(4) 去掉外磁场,顺磁质的磁场又趋于混乱。此过程中,样品对外做功,内能减少,样品温度下降。一般情况下,样品的温度可以降到 10^{-6} K。

【例 2.2.7】 关于铁的磁性,这段描述说明,高温可以退去铁叶中可能存在的磁性;铁叶出火后,以尾向北的过程是铁叶按一定方向重新磁化的过程,将鱼尾没入水中,则是说明铁在常温下磁化才变成永磁体,鱼尾是 N 极,鱼首是 S 极,铁叶成了指南鱼;将制好的指南鱼收于铁盒中,则说明当时已认识到密闭的铁盒具有磁屏蔽作用。

关于地磁场,这段描述说明,地球表面附近存在磁场,磁场方向沿南北向,而且向下倾斜(即磁场的竖直分量方向向下),正因为有这些认识,才利用地磁场对铁叶进行磁化,并令鱼尾正对北方,且斜向下,以便获得最好的磁化效果。

【例 2.2.8】 磁感应强度 B 是描述磁场本身性质(强度和方向)的物理量。磁场强度 H 是在磁介质中出现束缚电流时,为描述方便而引入的一个辅助物理量,通过它可以得到磁感应强度。

【例 2.2.9】 由于铁磁质的 μ_r 不是一个常数,因此不能用 $B = \mu_r\mu_0 H$ 来进行计算,而应当查阅手册中该铁磁材料的 B-H 曲线图,找出对应于计算 H 值的磁感强度 B 值。

3. 磁介质边值关系与唯一性定理

【例 2.2.10】 当计算上半空间的磁场时,可认为整个空间充满磁导率为 μ_1 的磁介质,在下半空间有一镜像电流 I',且 I' 与 I 关于分界面对称。上半空间任一点的磁场由电流 I 和镜像电流 I' 共同产生,即

$$H_1 = \frac{I}{2\pi r}a_\varphi + \frac{I'}{2\pi r'}a_\varphi' \tag{2.26}$$

当计算下半空间的磁场时,可认为整个空间充满磁导率为 μ_2 的磁介质,在上半空间有一镜像电流 I'',且 I'' 与电流 I 位置重合。下半空间任一点的磁场由电流 I 和镜像电流 I'' 共同产生,即

$$H_2 = \frac{I + I''}{2\pi r''}a_\varphi'' \tag{2.27}$$

在分界面上,当 $r = r' = r''$ 时,磁场的边界条件为 $H_{1t} = H_{2t}$,$B_{1n} = B_{2n}$,可看出

$$H_{1t} = \frac{I}{2\pi r}\sin\varphi - \frac{I'}{2\pi r}\sin\varphi, \quad H_{2t} = \frac{I + I''}{2\pi r}\sin\varphi$$

$$B_{1n} = \frac{\mu_1 I}{2\pi r}\cos\varphi + \frac{\mu_1 I'}{2\pi r}\cos\varphi, \quad B_{2n} = \frac{\mu_2(I + I'')}{2\pi r}\cos\varphi \tag{2.28}$$

由边界条件得

$$I - I' = I + I'', \quad \mu_1(I + I') = \mu_2(I + I'') \tag{2.29}$$

联立得

$$I' = -I'' = \frac{\mu_2 - \mu_1}{\mu_2 + \mu_1}I \tag{2.30}$$

根据两种磁介质参数 μ_1 和 μ_2 的不同,由式可确定镜像电流 I' 和 I'' 的大小和方向分别为:

(1) 当 $\mu_2 > \mu_1$ 时,则 $I' > 0$,$I'' < 0$,说明 I' 与 I 方向一致,I'' 与 I 方向相反。

(2) 当 $\mu_2 < \mu_1$ 时，则 $I' < 0, I'' > 0$，说明 I' 与 I 方向相反，I'' 与 I 方向相同。

(3) 当 μ_1 有限，$\mu_2 \to \infty$，即第二种媒质为铁磁物质时，则 $I' = I, I'' = -I$，此时，铁磁质中各点的磁场强度 H_2 为 0，而磁感应强度的大小为

$$B_2 = \lim_{\mu_2 \to \infty} \mu_2 H_2 = \lim_{\mu_2 \to \infty} \left[\mu_2 \left(I + \frac{\mu_1 - \mu_2}{\mu_1 + \mu_2} I \right) \cdot \frac{1}{2\pi r} \right] = \frac{\mu_1 I}{\pi r} \quad (2.31)$$

(4) 当 $\mu_1 \to \infty$，μ_2 为有限时，则 $I' \approx I, I'' \approx -I$，说明当电流 I 位于磁物质中时，下半空间的磁感应强度比电流位于整个空间充满磁介质 μ_2 时产生的磁感应强度增加了一倍。

4. 磁路定理

【例 2.2.11】(1) 由于气隙很窄，磁场发散不大，气隙中的磁场截面积与铁芯截面积近似相等，根据磁通连续定理，可知气隙中的 B 和铁芯中的 B 是相同的。

(2) 电磁铁的气隙较宽，磁场发散显著，气隙中的 B 小于铁芯中的 B。

(3) 由磁路公式

$$Bl/\mu_0 \mu_r + B\delta/\mu_0 = NI \quad (2.32)$$

可知，对于铁芯($\mu_r \gg 1$)近似有

$$B\delta/\mu_0 = NI \quad (2.33)$$

因此，在安匝数相同的情况下，气隙 δ 越大，B 越小。

【例 2.2.12】 电机和变压器的磁路常采用硅钢片制成，它的导磁率高，损耗小，有饱和现象存在。

【例 2.2.13】 磁滞损耗是由于 B 交变时铁磁物质磁化不可逆，磁畴之间反复摩擦，消耗能量而产生的。它与交变频率 f 成正比，B_m 与磁密幅值的 α 次方成正比。即

$$p_h = C_h f B_m^n V \quad (2.34)$$

涡流损耗是由于通过铁芯的磁通 Φ 发生变化时，在铁芯中产生感应电势，再由于这个感应电势引起电流（涡流）而产生的电损耗。它与交变频率 f 的平方和 B_m 的平方成正比，即

$$p_e = C_e \Delta^2 f^2 B_m^2 V \quad (2.35)$$

【例 2.2.14】 铁磁材料按其磁滞回线的宽窄可分为两大类：软磁材料和硬磁材料。磁滞回线较宽，即矫顽力大、剩磁也大的铁磁材料称为硬磁材料，也称为永磁材料。这类材料一经磁化就很难退磁，能长期保持磁性。常用的硬磁材料有铁氧体、钕铁硼等，这些材料可用来制造永磁电机。磁滞回线较窄，即矫顽力小、剩磁也小的铁磁材料称为软磁材料。电机铁芯常用的硅钢片、铸钢、铸铁等都是软磁材料。

【例 2.2.15】

$$R_m = \frac{l}{\mu A} \quad (2.36)$$

其中，μ 为材料的磁导率，l 为材料的导磁长度，A 为材料的导磁面积。磁阻的单

位为 A·Wb^{-1}。

【例 2.2.16】 (1) 电流通过电阻时有功率损耗,磁通通过磁阻时无功率损耗;(2) 自然界中无对磁通绝缘的材料;(3) 空气也是导磁的,磁路中存在漏磁现象;(4) 含有铁磁材料的磁路几乎都是非线性的。

【例 2.2.17】 (1) 直流磁路中磁通恒定,而交流磁路中磁通随时间交变进而会在激磁线圈内产生感应电动势;(2) 直流磁路中无铁芯损耗,而交流磁路中有铁芯损耗;(3) 交流磁路中磁饱和现象会导致电流、磁通和电动势波形畸变。

【例 2.2.18】 起始磁化曲线是将一块从未磁化过的铁磁材料放入磁场中进行磁化所得的 $B = f(H)$ 曲线;基本磁化曲线是对同一铁磁材料,选择不同的磁场强度进行反复磁化,可得一系列大小不同的磁滞回线,再将各磁滞回线的顶点连接所得的曲线。二者区别不大。磁路计算时用的是基本磁化曲线。

【例 2.2.19】 有安培环路定律、磁路的欧姆定律、磁路的串联定律和并联定律。不能,因为磁路是非线性的,存在饱和现象。

5. 综合问答

【例 2.2.20】 在线圈 W_1 中外加 u_1 时,在 W_1 中产生交变电流 i_1,i_1 在 W_1 中产生交变磁通 Φ,Φ 通过线圈 W_2 在 W_2 和 W_1 中均产生感应电势 e_2 和 e_1,当 i_1 增加时,e_1 从 b 到 a,e_2 从 d 到 c;当 i_1 减少时,e_1 从 a 到 b,e_2 从 c 到 d。

【例 2.2.21】 目前无损检测一般采用的方法有磁粉探伤、超声波探伤和 X 射线探伤等方法。磁粉探伤依据的是介质表面磁场分布的不连续性,可采用磁粉显示;超声波和 X 射线探伤利用了波动在介质分界面反射的现象。这些方法有的仪器结构复杂、操作繁琐,有的数据处理麻烦、价格较高,对于家用容器的检测就更加不方便。

根据 LC 振荡电路的磁回路特性,一旦介质内部出现裂纹,将会引起磁导率的突变,从而使回路的电磁参数发生变化。将这一结果用于铁磁材料表面和内部伤痕、裂纹的检测中,其检测方法原理简单,操作方便,检测灵敏度高。LC 磁回路的基本模型如附图 2.8 所示。

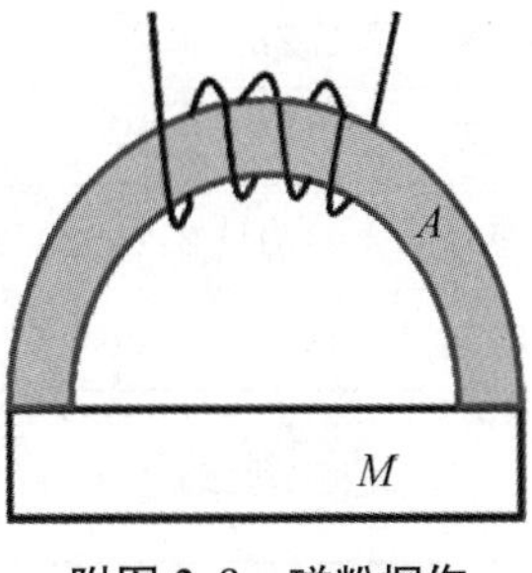

A 是带线圈的磁芯,M 是待检测的材料,如容器壁。磁回路最基本的规律是安培环路定律:

$$\oint_L \boldsymbol{H} \cdot \mathrm{d}\boldsymbol{l} = \sum I_i \qquad (2.37)$$

附图 2.8 磁粉探伤

假定整个回路采用高导磁率材料组成,而且回路中绕有 N 匝线圈,线圈中电流为 I,若同一种材料中磁场强度相同,则环路定理就可写成

$$NI = \sum H_i l_i = \sum \frac{B_i l_i}{\mu_0 \mu_i} \qquad (2.38)$$

式中,H_i 总是沿 l_i 方向。当回路中第 i 段的截面积为 S_i 时,$B_i S_i = \Phi_i$,由于环路内各处截面的磁通都相同,$\Phi_i = \Phi$。于是有

$$NI = \sum H_i l_i = \sum \frac{B_i l_i}{\mu_0 \mu_i} = \sum \frac{\Phi_i l_i}{\mu_0 \mu_i S_i} = \Phi \sum \frac{l_i}{\mu_0 \mu_i S_i} \quad (2.39)$$

式中，令 $NI = \varepsilon_m$，$\sum \frac{l_i}{\mu_0 \mu_i S_i} = R_m$ 分别为磁回路的磁动势和磁阻，则

$$\Phi = \frac{\varepsilon_m}{R_m} \quad (2.40)$$

根据磁回路中自感电动势，得

$$\varepsilon = -L\frac{dI}{dt} = -\frac{dN\Phi}{dt} \quad (2.41)$$

由式(2.40)得

$$L = N\frac{d\Phi}{dI} = N^2\frac{dI}{R_m dI} = \frac{N^2}{R_m} \quad (2.42)$$

由于该回路为 LC 振荡电路，电路的振荡频率 f 为

$$f = \frac{1}{2\pi}\sqrt{\frac{1}{LC}} = \frac{R_m}{2\pi\sqrt{CN}} \quad (2.43)$$

由式(2.43)可见，在回路几何参数一定的情况下，振荡频率由回路中的磁导率决定。在磁回路图中，假定由容器壁 M 与带线圈的磁芯 A 组成回路，若维持几何参数不变，只要容器壁是均匀的，那么不同地方的回路振荡频率便相同。在材料内部若出现气泡、裂纹，则在其边界部位磁导率出现较大变化，振荡频率就会出现跳变。据此可探测到材料表面和内部伤痕、裂纹。

2.2.2 静电场中磁介质的分层进阶题

1. 概念测试题

序号	2.2.22	2.2.23	2.2.24	2.2.25	2.2.26	2.2.27	2.2.28	2.2.29	2.2.30
答案	B	A	C	C	C	A	A	A	A

序号	2.2.31	2.2.32	2.2.33
答案	A	D	

2. 定性测试题

序号	2.2.34	2.2.35	2.2.36	2.2.37	2.2.38	2.2.39	2.2.40	2.2.41	2.2.42
答案	A	A	B	C	A	B	B	D	C

序号	2.2.43
答案	A

3. 快速测试题

序号	2.2.44	2.2.45	2.2.46	2.2.47	2.2.48	2.2.49	2.2.50	2.2.51	2.2.52
答案	A	D	A	C	B	B	B	D	A
序号	2.2.53								
答案	A								

4. 定量测试题

序号	2.2.54	2.2.55	2.2.56	2.2.57	2.2.58	2.2.59	2.2.60	2.2.61	2.2.62
答案	D	C	A	A	A	B	AC	F	D
序号	2.2.63								
答案	B								

2.2.3 静电场中磁介质的情景探究题

序号	2.2.64	2.2.65	2.2.66	2.2.67	2.2.68	2.2.69	2.2.70	2.2.71	2.2.72
答案	B	B	A	A	A	B	D	B	AC
序号	2.2.73	2.2.74							
答案	C	B							

第 3 章 电 磁 部 分

3.1 电磁感应的分层进阶探究题

3.1.1 电磁感应的趣味思考题

【例 3.1.1】 为了寻找能够产生感应电流的电磁感应现象,在静止或恒定条件下所做的种种实验,均以失败告终,一无所获。

1822 年,安培和他的助手在无意中制作了一个过阻尼冲击电流计,但忽视了这一重大发现。

1823 年,科拉顿把强磁铁插入螺线管中或从其中拔出,想看看由此闭合的螺线管线圈中是否会产生感应电流。或许是为了避免磁铁棒插入或拔出时对磁针的影响,他将长导线与螺线管相连,把螺线管和长导线的一端放在屋内,而把长导线的另一端与检验其中是否存在电流的小磁针置于邻屋内,两屋之间挖一小洞,长导线穿过小洞到达与之平行的小磁针附近又再返回与螺线管构成闭合回路。由于没有助手,他只身往返于一墙之隔的两个房间,在磁铁棒插入螺线管或拔出之后,再到邻屋观看小磁针是否偏转,结果毫无动静,一无所获。或许由于期待的是一种持久恒定的效应,结果与电磁感应现象擦肩而过,失之交臂,确实遗憾!

1824 年,法拉第把强磁铁放在线圈内,在线圈附近放小磁针,结果小磁针并不偏转,表明线圈并未因其中放了强磁铁而产生感应电流。

1825 年,法拉第把导线回路放在另一通有强电流的回路附近,期望在导线回路中能感应出电流,但也没有任何结果。

1828 年,法拉第又设计了专门的装置,使导线回路和磁铁处于不同位置,仍然未见导线回路中产生电流。

从上述的失败经历中可以看出,意识或领悟到电磁感应是一种在运动、变化过程中出现的非恒定的暂态效应何等艰难!

【例 3.1.2】 经过多次失败之后,1831 年夏,法拉第再次回到磁产生电流的课题,终于取得了突破,发现了寻找已久的电磁感应现象。

法拉第圆环实验:如附图 3.1 所示,使电池充电,把 B 边的线圈连接成一个线圈,并用一根铜线把它的两端连接起来,这根铜线正好经过远处一根磁针(离环约 3 英尺,1 英尺 = 0.3048 米)的上方。然后把 A 边一个线圈的两端接到电池上,立刻对磁针产生一个明显的作用。磁针振动并且最后停在原来的位置上。在断

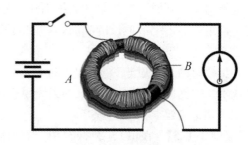

附图 3.1　法拉第圆环实验

开 A 边与电池的接线时,磁针又受到扰动。法拉第立刻意识到,这就是他寻找十年之久的磁产生电流的现象,并领悟到这是一种在变化和运动过程中出现的非恒定的暂态效应之后,便势如破竹,紧接着做了几十个实验,法拉第将其概括成五类:① 变化着的电流;② 变化着的磁场;③ 运动的恒定电流;④ 运动的磁铁;⑤ 在磁场中运动的导体。电磁感应现象法拉第定名为"电磁感应",与静电感应类比:二者不同,感应电流并不与原电流有关,而是与原电流的变化有关。法拉第认为,感应电流来源于感应电动势,并且用动态的、相互联系的力线图像来解释感应电动势产生的原因。

【例 3.1.3】 感应电流是由与导体性质无关的感应电动势产生的,感应电动势正是在各种情形下产生感应电流的原因,电磁感应现象的实质和关键是感应电动势。"电的紧张状态"的变化是产生感应电动势的原因。

法拉第提出,在磁体或电流的周围必定存在着一种"电的紧张状态",磁铁或电流的运动与变化所引起的"电的紧张状态"的变化,正是产生感应电动势的原因。这种"电的紧张状态"是由磁铁或电流产生的存在于物质或空间中的张力状态,这种状态的出现、消失以及变化的过程,均能产生感应电动势,使处于这种状态中的导体产生感应电流。"无论导线是垂直地还是倾斜地跨过磁力线,也无论它是沿某一方向或另一方向,该导线都把它所跨过的力线所表示的力汇总起来。"因而"形成电流的力(即感应电动势)正比于所切割的磁力线数"这就是法拉第描绘的电磁感应的物理图像。

法拉第甚至进一步猜想,电磁作用应以波动的形式传播。他认为磁力从磁极出发的传播类似于水面上波纹的振动或者空气粒子的声振动,也就是说,他打算把振动理论应用于磁现象,就像对声所做的那样,而且这也是光现象的最可能解释。

【例 3.1.4】 法拉第发现了电磁感应现象并进行了深入的研究,做出了卓越的开创性贡献,当之无愧地赢得以他来命名电磁感应定律的荣誉。法拉第的力线描绘的近距离作用图像,使许多电磁感应现象的定性解释变得简明、直观、形象、统一。在法拉第看来,力线是物质的,是认识电磁现象必不可少的组成部分,具有重

要的地位,它甚至比产生或汇集力线的源更富有研究价值,从而为物理学开辟了一个全新的研究领域。法拉第的力线对于超距作用观点来说虽然不是致命的,但在超距作用观点占统治地位的当时,这些物理思想是难能可贵的、开创的,具有深远的意义。

法拉第的力线思想鼓舞 W. Thomson 和 Maxwell 等人继续深入研究。经过 Maxwell 的创造性工作,法拉第的力线思想获得了恰当的定量数学描述,最终导致电磁场理论的建立。

【例 3.1.5】 在(1)、(2)、(3)中,当导体线圈运动时,穿过线圈内的磁通量不发生变化,线圈中的感应电动势为零,所以不产生感应电流;在(4)中,穿过线圈内的磁通量发生变化,线圈中产生感应电动势,有感应电流。

【例 3.1.6】 当电路不闭合时,感生电动势仍然存在的现象。为此,可采用图 3.3 所示的实验装置。图中 C 为线圈,S 为碰撞开关,A、B 为靠得很近但不接触的绝缘金属平板。装置左边的虚线框中的部分相当于一个电池,右边的虚线框中的部分就是装置的"迁移"——用以显示感生电动势存在的显示装置。当条形磁铁从线圈中迅速抽出时,线圈中的磁通量迅速变小,线圈导线中的自由电子在涡旋电场的作用下,向某一平板堆聚,从而使两平板带上大量异号电荷。当条形磁铁冲击碰撞开关,切断了 A 板与线圈的通路,A 板上的大量电荷就被保留下来了。这时,A 板上的对地电压是不大的(充其量等于磁铁抽出产生的最大感生电动势),它不一定能使验电器张开一个明显可见的角度。然后,移开 B 板,使平行板电容器的电容大大减小,这时,A 板的对地电压就大大增大了,验电器箔片就张开了一个明显可见的角度。验电器箔片的张开,说明平行板两极板上带上了电荷,说明在磁铁抽出线圈——线圈内磁通量变化时,两极板间——线圈的两端存在着电压,即线圈内存在着电动势——由电磁感应而产生的感生电动势。

【例 3.1.7】 回路中感应电动势的大小,由穿过回路的磁通量的变化率决定。

在图 3.4 的右图中,若矩形线圈初始时刻($t=0$)时法线与均匀磁场的磁感应线平行,则经过时间 t 后,通过线圈的磁通量为 $\Phi = BS\cos\omega t$。故感应电动势 $\varepsilon = -d\Phi/dt = BS\omega\sin\omega t$。位置 a 时,感应电动势最大;位置 b 时,感应电动势为零。

【例 3.1.8】 感应电动势的方向与穿过回路的磁通量变化率的方向相反。

(1) 上题 a、b 中,感应电动势均为逆时针方向;

(2) 原线圈中电流减小时,副线圈中向下的磁通量减少,所以感应电流方向为由下端进入,由上端流出。感应电动势方向向上。

【例 3.1.9】 (1) 开关 K 接通的瞬时,有电流通过电阻 R,方向为从右到左;

(2) 开关 K 接通一些时间之后,磁通量不变,电阻 R 中无电流通过;

(3) 开关 K 断开的瞬间,有电流通过电阻 R,方向为从左到右。

当开关 K 保持接通时,线圈的左端起磁北极的作用。

【例 3.1.10】 当左边电路中的电阻 R 增加时,左边回路逆时针方向的电流减小,穿过右边回路的向下的磁通量减少,由楞次定律可知,右边电路中的感应电流方向为顺时针方向。

【例 3.1.11】 感应电流产生的磁场应反抗或补偿原来磁场磁通量的变化。当导线向右移动时,穿过闭合回路的磁通量增加,因此感应电流产生的磁场应与原磁场方向相反。由此可知,区域 A 中磁感应强度 B 的方向为向里。

【例 3.1.12】 磁铁插入环 a 时,穿过环 a 的磁通量增加,环中感应电流的磁场和原磁铁的磁场方向相反,所以磁铁和环 a 中感应电流间的相互作用力是斥力,所以环向后退。而环 b 有缺口,当磁铁插入时,环中只有感应电动势,而没有感应电流,环 b 和磁铁之间没有作用力,所以环不动。

当用 S 极插入环 a 时,环 a 中感应电流的磁场方向向里,因此感应电流的方向为顺时针方向。

【例 3.1.13】 (1)【例 3.1.9】中,感应电流的能量是由外力 F 推动导线做功转换而来的。

当导线向右运动时,出现感应电流 i,感应电流受到磁场安培力作用,安培力方向与 F 方向相反,阻碍导线移动。要保持导线继续向右移动,必须施加外力 F。F 抵抗安培力所做的功转变成了感应电流的能量。

(2)【例 3.1.11】中,感应电流的能量是由电源的电能通过磁场转换而来的。如同变压器的原理。

【例 3.1.14】 在图 3.11 所示的情况下,导线只有在做第二、第三两种运动时,导线中有感应电动势。因为导线运动过程中切割磁力线。两种情况的感应电动势方向如图 3.11 所示。

【例 3.1.15】 金属中无涡流。因为穿过金属中任何一个闭合回路的磁通量都未发生变化。

【例 3.1.16】 一块金属在均匀磁场中旋转,有两种情况:一是当金属旋转时,穿过金属中任意闭合回路的磁通量不变,这样就不会有涡流,如图 3.12(a)所示;二是当金属旋转时,穿过金属中的磁通量发生变化,金属中将出现涡流,如图 3.12(b)所示。

【例 3.1.17】 电子加速所得到的能量来自发电机。因为发电机对电磁铁的线圈供给能量,使磁铁具有变化着的磁场,从而在环形室内感应出涡旋电场;电子在涡旋电场的作用下被加速,获得足够的动能。即电子加速所得到的能量是通过变化着的磁场这一媒介传递给电子的。

【例 3.1.18】 根据互感的定义 $M = \Phi_{21}/I_1$,要使两个线圈的 M 最大,就要使一个线圈通以一定的电流 I_1 时,在另一个线圈中产生的磁通量尽可能大。为达此目的,应当将两个线圈互相重叠地绕在一起,从而使每个线圈通电时产生的磁感线尽可能多地穿过另一个线圈。

【例 3.1.19】 与上题同理。将两线圈轴线互相垂直放置时互感系数为零。

【例 3.1.20】 可使三个线圈的轴线彼此垂直,同时它们的中心在一条直线上。当每个线圈通电时,其磁力线都不穿过另一个线圈。两两之间的互感系数为零。

【例 3.1.21】 (1) 开关 K 接通时,两个灯泡同时有电流通过,但 S_1 先达到最亮,S_2 后达到最亮。因为通过 S_1 的电流分成两部分,一部分通过 S_2,一部分通过 R,在它流过的线路中,没有自感线圈,不受自感电动势的阻碍作用,通电后立即达到最大值。而通过 L 的电流,由于自感的阻碍作用是逐渐增加的,它也分成两部分,一部分通过 S_2,一部分通过 R。即通过 S_2 和 R 的电流也是逐渐增加的,通电后不会立刻达到最大值,必须经过一段时间,通过 L 的电流稳定后,灯泡 S_2 的电流才达到最亮。稳定时,两灯泡亮度相同。

(2) 开关 K 断开时,S_2 先暗,S_1 后暗。断开电源后,通过 L 的电流不能立即消失,在自感电动势的推动下,从原来通过 L 的电流开始,按指数规律逐渐衰减。此断路时的暂态电流,要通过与 L 构成闭合回路 S_1 而不会通过 S_2。因此,断路瞬间,无自感电流通过的 S_2 先暗,有自感电流通过的 S_1 后暗。

【例 3.1.22】 线圈自感系数的大小取决于线圈的匝数、几何尺寸和介质的磁导率。

【例 3.1.23】 双线紧靠在一起,反方向并排绕制,彼此产生磁通量互相抵消,自感系数为 0。

【例 3.1.24】 (1) 接通电源时,有

$$L\frac{\mathrm{d}i}{\mathrm{d}t} + iR = \varepsilon \Rightarrow i = \frac{\varepsilon}{R}(1 - \mathrm{e}^{-\frac{R}{L}t})$$

$$u_L = L\frac{\mathrm{d}i}{\mathrm{d}t} = -L\frac{\varepsilon}{R}\left(-\frac{R}{L}\right)\mathrm{e}^{-\frac{R}{L}t} = \varepsilon\mathrm{e}^{-\frac{R}{L}t}$$

$$u_R = iR = \frac{\varepsilon}{R}(1 - \mathrm{e}^{-\frac{R}{L}t})R = \varepsilon(1 - \mathrm{e}^{-\frac{R}{L}t})$$

其曲线如附图 3.2 所示。

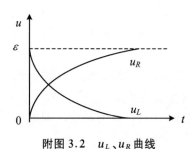

附图 3.2 u_L、u_R 曲线

(2) 短路时,有

$$L\frac{\mathrm{d}i}{\mathrm{d}t} + iR = 0 \Rightarrow i = \frac{\varepsilon}{R}\mathrm{e}^{-\frac{R}{L}t}$$

其曲线如附图 3.3 所示。

$$u_L = L\frac{\mathrm{d}i}{\mathrm{d}t} = L\frac{\varepsilon}{R}\left(-\frac{R}{L}\right)\mathrm{e}^{-\frac{R}{L}t} = -\varepsilon\mathrm{e}^{-\frac{R}{L}t}, \quad u_R = iR = \frac{\varepsilon}{R}\mathrm{e}^{-\frac{R}{L}t}$$

【例 3.1.25】 (1) 充电时,有

$$\frac{q}{C} + iR = \varepsilon \Rightarrow q = C\varepsilon(1 - \mathrm{e}^{-\frac{1}{RC}t})$$

$$i = \frac{\mathrm{d}q}{\mathrm{d}t} = -C\varepsilon\left(-\frac{1}{RC}\right)\mathrm{e}^{-\frac{1}{RC}t} = \frac{\varepsilon}{R}\mathrm{e}^{-\frac{1}{RC}t}$$

$$u_C = \frac{q}{C} = \varepsilon(1 - \mathrm{e}^{-\frac{1}{RC}t}), \quad u_R = iR = \varepsilon\mathrm{e}^{-\frac{1}{RC}t}$$

其曲线如附图 3.4 所示。

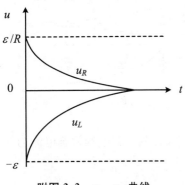

附图 3.3　u_L、u_R 曲线

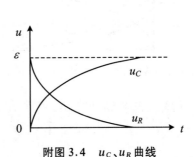

附图 3.4　u_C、u_R 曲线

(2) 放电时,有

$$\frac{q}{C} + iR = 0 \Rightarrow q = C\varepsilon\mathrm{e}^{-\frac{1}{RC}t}$$

$$i = \frac{\mathrm{d}q}{\mathrm{d}t} = C\varepsilon\left(-\frac{1}{RC}\right)\mathrm{e}^{-\frac{1}{RC}t} = -\frac{\varepsilon}{R}\mathrm{e}^{-\frac{1}{RC}t},$$

$$u_C = \frac{q}{C} = \varepsilon\mathrm{e}^{-\frac{1}{RC}t}, \quad u_R = iR = -\varepsilon\mathrm{e}^{-\frac{1}{RC}t}$$

其曲线如附图 3.5 所示。

【例 3.1.26】 (1) 开关 K 接通后,对 C 充电通过 R_3 的电流 i_3 按指数规律衰减,相应地,$u_3 = i_3 R_3$ 也按指数规律衰减。当 C 充电达到最大值时,i_3 减为零,u_3 也为零。随着充电过程的进行,电容器极板上电荷增多,u_C 也越来越高,从 0 开始,按指数规律增加,它所达到的稳定值,比 u_3 的初始值更大。因为初始时,$u_C = 0$,$u_3 = u_2$;稳定时,$u_3 = 0$,$u_C = u_2$。而并联部分两端的电压 u_2 是在不断增加的。所以稳定时的 u_C 大于初始时的 u_3。对于

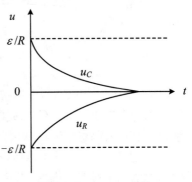

附图 3.5　u_C、u_R 曲线

R_2,开始时通过它的电流,是由 R_2 和 R_3 组成的并联电路两端的电压决定的。

随着 i_3 的衰减,相当于并联电阻升高,u_2 和 i_2 也相应升高。稳定时,电容器分路上 $i_3=0$,u_2 和 i_2 仅取决于 R_1 和 R_2 的串联电路。R_1 的电压 u_1 是电源电动势和并联部分电压 u_2 之差,u_2 逐渐增加,u_1 必逐渐减少,相应地,i_1 也逐渐减少。稳定时 $i_1=i_2$,如附图 3.6 所示。

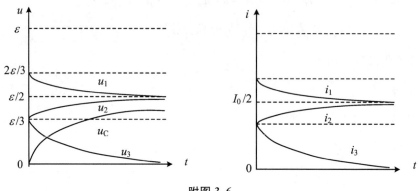

附图 3.6

(2) 开关 K 断开时,R_2 和 R_3 组成的回路中,有电容放电的暂态电流为

$$i = -\frac{1}{2}\frac{\varepsilon}{R_2+R_3}\mathrm{e}^{-\frac{t}{(R_2+R_3)U}} = -\frac{1}{4}I_0\mathrm{e}^{-\frac{t}{2RC}}$$

相应的电压也按指数规律衰减,只是 R_3 上的电流和电压与通电时方向相反,如附图 3.7 所示。

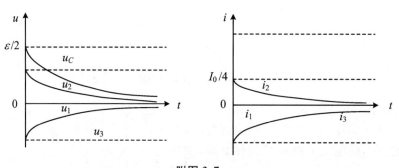

附图 3.7

【例 3.1.27】 开始时,电压按电容分配的说法 $U_1:U_2 = C_2:C_1 = 2:1$ 是正确的。因为在电源和 C_1、C_2 构成的回路中,$R \approx 0$,充电常数 $\tau = RC \approx 0$。即开关一接通,充电过程就完成了。由于静电感应和电荷守恒,各极板上的电量是相等的。$u_1 = Q/C_1$,$u_2 = Q/C_2$,所以 $U_1:U_2 = C_2:C_1 = 2:1$。而此时电压按电阻分配的说法是不对的。因为 $U_1:U_2 = R_1:R_2$ 是在稳恒条件下,或是在通过 R_1 和 R_2 的电流相同的条件下才成立的。而在题设情况下,通过 R_1 和 R_2 的电流是不相同的。通过 R_1 的电流,是在 C_1 充以电压 u_1 时,R_1C_1 回路中的放电电流;而通

过 R_2 的电流,是 C_2 充以电压 u_2 时, C_2R_2 回路的放电电流。在电源接通时, C_1 和 C_2 两端的电压立即达到 u_1 和 u_2,由于 R_1 和 R_2 两端的电压与 C_1 和 C_2 两端的电压相同,$I_1=u_1/R_1$,$I_2=u_2/R_2$,$I_1/I_2=4/1$。电流不相同,电压不应按电阻大小成正比分配。

由于 $I_1>I_2$,随着时间的推移,在两个电容器(或两个电阻)之间,将会堆积正电荷,将导致 C_1 两极板间的电压 u_1 降低,同时 C_2 两极板间的电压 u_2 升高,而 u_1 降低使 I_1 减少,u_2 升高使 I_2 增大,直到 $I_1=I_2$,电荷堆积不再继续增加,这个过程才会稳定下来。这时由于通过 R_1 和 R_2 的电流相等,电压分配将由电阻大小决定。而中间的任何时刻,电压分配既不完全按电容分配,也不完全按电阻分配,而是介于两者之间。由题意可知,R_1 和 R_2 都是趋于无穷大,因此 I_1 和 I_2 都趋于 0,两电容器之间电荷堆积的过程无限缓慢,而且 I_1 和 I_2 越接近时,堆积过程越慢。实际上,要达到 $I_1=I_2$ 需要一个无限长的时间。所以在通常情况下,电压分配更接近于由电容决定。如果 R_1 和 R_2 较小,上述过程较短。开始时,电压按电容分配,然后将经历一个既不按电容又不按电阻分配的过程,而且比较迅速地过渡到按电阻分配。

3.1.2 电磁感应的分层进阶题

3.1.2.1 概念测试题

序号	3.1.28	3.1.29	3.1.30	3.1.31	3.1.32	3.1.33	3.1.34	3.1.35	3.1.36
答案	C	D	A	D	D	BC	C	A	CD
序号	3.1.37	3.1.38	3.1.39	3.1.40	3.1.41	3.1.42	3.1.43	3.1.44	3.1.45
答案	B	BD	BDF	B	A	D	E	BC	C
序号	3.1.46								
答案	B								

【例 3.1.35】 根据楞次定律,感应电流的方向应该与 I 相反,又由于是超导体,移走后感应电流应该始终存在,所以选项 C、D 是错误的。而选项 A、B 此时产生的到底是感生电动势还是动生电动势呢?

有的人认为是感生电动势。理由是:线圈不动,磁体在运动,磁铁的运动导致线圈周围的磁场发生变化,在线圈周围产生一个感生的电场,因此此时的电动势是感生电动势。

也有人这么理解,运动是相对的,现在以线圈为参考系,那么线圈是不动的,则此时的电动势应该是感生电动势。如果以磁铁为参考系,那么线圈相对磁铁是运动的,相当于线圈在切割磁感线,所以此时的电动势是动生电动势。

我们先来澄清一下动生电动势和感生电动势的概念：

法拉第电磁感应定律指出,只要闭合电路的磁通量发生了变化,就会有感应电动势,事实上磁通量变化的原因有3种：

(1) B 不随时间变化(恒定磁场)而闭合电路的整体或局部在运动,这样产生的感应电动势是动生电动势；

(2) B 随时间变化而闭合电路的任一部分都不动,这样产生的感应电动势叫作感生电动势；

(3) B 随时间变化且闭合电路也在运动,不难看出,这时候既有动生电动势,又有感生电动势,实际上这个时候的电动势是两者的叠加。

3.1.2.2 定性测试题

序号	3.1.47	3.1.48	3.1.49	3.1.50	3.1.51	3.1.52	3.1.53	3.1.54	3.1.55
答案	D	B	D	A	C	B	A	A	C
序号	3.1.56	3.1.57	3.1.58	3.1.59	3.1.60	3.1.61	3.1.62	3.1.63	3.1.64
答案	D	B	A	AB	AB	C	D	D	C
序号	3.1.65	3.1.66	3.1.67						
答案	C	D	BD						

【例 3.1.47】 (1) 线圈 a 输入正弦交变电流,线圈 b 可输出交变电流,故选项 A 错误；

(2) 线圈 a 输入恒定电流,电流产生恒定磁场,穿过线圈 b 的磁通量不变,不为 0,故选项 B 错误；

(3) 线圈 b 输出的交变电流产生变化的磁场,对线圈 a 的磁场造成影响,故选项 C 错误；

(4) 线圈 a 的磁场变化时,穿过线圈 b 的磁通量发生变化,线圈 b 中一定产生感生电场。

【例 3.1.48】 (1) 线框在运动过程中,面积不变,磁感应强度不变,穿过线框的磁通量不变,不产生感应电流,故选项 A 错误；

(2) 在线框转动过程中,穿过闭合线框的磁通量发生变化,能产生感应电流,故选项 B 正确；

(3) 线框与磁场平行,线框在运动过程中,穿过线框的磁通量始终为零,不发生变化,没有感应电流产生,故选项 C 错误；

(4) 线框与磁场平行,线框在运动过程中,穿过线框的磁通量始终为零,不发生变化,没有感应电流产生,故选项 D 错误。

【例 3.1.59】 设两个半环式的螺线管的自感系数为 L',如图 3.38 所示,将两个半环式的螺线管顺串联,螺线管中感应电动势为自感与互感电动势之和。

$$\varepsilon_1 = -\left(L'\frac{dI}{dt} + M\frac{dI}{dt}\right) = -(L' + M)\frac{dI}{dt}$$

$$\varepsilon_2 = -\left(L'\frac{dI}{dt} + M\frac{dI}{dt}\right) = -(L' + M)\frac{dI}{dt}$$

$$\varepsilon_1 = \varepsilon_1 + \varepsilon_2 = -2(L' + M)\frac{dI}{dt}$$

顺串联实际就是一个螺绕环,比较 $\varepsilon_L = -L\frac{dI}{dt}$, $L = L' + 2M$,即 $L' < L/2$。

【例 3.1.65】 对右边回路,有

$$\varepsilon_1 = vBl, \quad i = \frac{\varepsilon_1}{R} = \frac{vBl}{R}$$

由于互感,左边线圈磁链为

$$\Psi = Mi = M\frac{vBl}{R}$$

左边感生电动势为

$$\varepsilon_2 = \frac{d\Psi}{dt} = \frac{MBl}{R} \cdot \frac{dv}{dt}$$

感生电源 ε_2 为常数,指向如附图 3.8 所示,则 M 上带有定量的负电荷。故选 B。

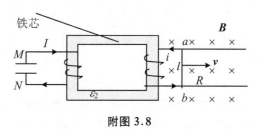

附图 3.8

【例 3.1.67】 不使用整块硅钢而采用很薄的硅钢片,这样做的目的是增大铁芯中的电阻,来减少电能转化成铁芯的内能,提高效率,是防止涡流而采取的措施。

3.1.2.3 快速测试题

序号	3.1.68	3.1.69	3.1.70	3.1.71	3.1.72	3.1.73	3.1.74	3.1.75	3.1.76
答案	B	C	B	D	B	B	B	B	B
序号	3.1.77	3.1.78	3.1.79	3.1.80	3.1.81	3.1.82	3.1.83	3.1.84	3.1.85
答案	C	A	B	C	C	C	C	B	B

【例 3.1.70】 连接 oa, ob, oa' 和 ob',可知 $\triangle oa'b' > \triangle oab$。
根据法拉第电磁感应定律有

$$|\varepsilon| = \left|\frac{d\Phi}{dt}\right| = S\left|\frac{dB}{dt}\right|$$

而本题非静电场——感生涡旋电场是垂直于径向的,故有

$$\varepsilon_{oa} = \varepsilon_{ob} = \varepsilon_{oa'} = \varepsilon_{ob} = 0$$

于是得金属棒在两个位置时感应电动势的关系为 $\varepsilon_2 > \varepsilon_1$。故选 B。

【例 3.1.85】 小球在通电线圈的磁场中运动,小球中产生涡流,故小球要受到安培力作用阻碍它与线圈的相对运动,做阻尼振动。

3.1.2.4 定量测试题

序号	3.1.86	3.1.87	3.1.88	3.1.89	3.1.90	3.1.91	3.1.92	3.1.93	3.1.94
答案	C	B	D	C	D	B	D	A	C
序号	3.1.95	3.1.96	3.1.97	3.1.98	3.1.99	3.1.100	3.1.101		
答案	D	B	C	B	D	C	C		

【例 3.1.90】

$$\Phi_m = \iint_S \boldsymbol{B} \cdot d\boldsymbol{S} = \int_0^x kx\cos\omega t \cdot x\tan\theta dx = \frac{1}{3}(x^3 k\cos\omega t)(\tan\theta)$$

$$\varepsilon = -d\Phi_m/dt$$

因为

$$x = vt, \quad dx/dt = v$$

所以

$$\varepsilon = x^3 k\omega \tan\theta \sin(\omega t)/3 - k\cos\omega t \tan\theta \, x^2 (dx/dt)$$

注意:闭合路径同时出现动生电动势和感生电动势的情况,通常用法拉第电磁感应定律 $\varepsilon = -d\Phi/dt$ 来计算闭合路径中的感应电动势。此方法计算得出的是整个回路的感应电动势,它可能是动生与感生电动势的总和。

对本题,$\varepsilon = v^3 t^3 k\omega \tan\theta \sin(\omega t)/3 - kv^3 t^2 \tan\theta \cos\omega t$。其中,第一项是感生电动势,第二项是动生电动势。

【例 3.1.94】 线圈内磁场为

$$B = \frac{\mu_0 I}{2\pi a}$$

则磁通量为

$$\Phi = BS = \frac{\mu_0 I \pi r^2}{2\pi a} = \frac{\mu_0 I r^2}{2a}$$

$$\varepsilon = -\frac{d\Phi}{dt} \Rightarrow i = \frac{dq}{dt} = \frac{\varepsilon}{R} = -\frac{1}{R}, \quad \frac{d\Phi}{dt} dq = -\frac{d\Phi}{R}$$

所以

$$\Delta q = -\frac{\Delta \Phi}{R} = -\frac{0 - \Phi}{R} = \frac{\mu_0 I r^2}{2aR}$$

3.1.3 电磁感应的情景探究题

序号	3.1.102	3.1.103	3.1.104	3.1.105	3.1.106	3.1.107	3.1.108	3.1.109	3.1.110
答案	B	ACD	BC	A	B	AC	A	AB	AC
序号	3.1.111	3.1.112	3.1.113	3.1.114	3.1.115	3.1.116	3.1.117	3.1.118	3.1.119
答案	C	D	D	C	A	A	C	D	BD
序号	3.1.120	3.1.121	3.1.122	3.1.123	3.1.124	3.1.125	3.1.126		
答案	D	AC	C	AD	D	D	AD		

【例 3.1.104】 由左手定则可知,正电荷向 B 板偏转,负电荷向 A 板偏转,所以 B 板是电源的正极,故 A 错误,B 正确;当发电稳定时,等离子体垂直于 B 的方向喷入磁场后不会发生偏转,此时离子受到的洛伦兹力和电场力平衡,有 $qE/d = qvB$,所以 $E = Bdv$,选项 C 正确。

【例 3.1.105】 根据安培力公式,推力 $F_1 = I_1 Bb$,其中

$$I_1 = \frac{U}{R}, \quad R = \rho \frac{b}{ac}$$

则

$$F_1 = \frac{U}{R}Bb = \frac{U_{ac}}{\rho}B = 796.8 \text{ N}$$

对海水推力的方向沿 y 轴正方向(向右)

$$U_{感} = Bu_{感}b = 9.6 \text{ V}$$

根据欧姆定律,得

$$I_2 = \frac{U'}{R} = \frac{(U - Bv_4 b)ac}{\rho b} = 600 \text{ A}$$

安培推力为

$$F_2 = I_2 Bb = 720 \text{ N}$$

对船的推力为

$$F = 80\% F_2 = 576 \text{ N}$$

推力的功率为

$$P = F v_s = 80\% F_2 v_s = 2880 \text{ W}$$

【例 3.1.113】 在磁极绕转轴从 M 到 O 匀速转动时,穿过线圈平面的磁场方向向上,磁通量增大,根据楞次定律可知,线圈中产生顺时针方向的感应电流,电流由 F 经 G 流向 E;在磁极绕转轴从 O 到 P 匀速转动时,穿过线圈平面的磁场方向向上,磁通量减小,根据楞次定律可知线圈中产生逆时针方向的感应电流,电流由

E 经 G 流向 F,故选项 A 错误。根据导线切割磁感线产生感应电动势公式 $E=BLv$,从 M 到 O 运动时,可知当磁铁运动时线圈处的磁感应强度先增后减,可知感应电动势先增加后减小,则电流先增大再减小;从 O 到 P 运动时,线圈处的磁感应强度先增后减,可知感应电动势先增加后减小,电流也先增大再减小,故整个过程中电流先增大再减小,然后再增大,再减小,故选项 B、C 错误,选项 D 正确。

【例 3.1.114】 磁悬浮列车的原理并不深奥。它是运用磁铁"同性相斥,异性相吸"的性质,使某一极磁铁受到的斥力和重力平衡,悬浮起来,即"磁性悬浮"。科学家将"磁性悬浮"这种原理运用在铁路运输系统上,使列车完全脱离轨道而悬浮行驶,由于磁悬浮列车是悬浮在轨道上行驶的,导轨与机车之间不存在任何实际的接触,成为"无轮"状态,故其几乎没有轮、轨之间的摩擦,从而可高速行驶。

【例 3.1.115】 (1) 列车在启动时由静止开始,到达一定的速度是一个加速过程,进站时速度不断减小,最后停下来。速度不断减小,所以不是一个匀速直线运动,故选项 A 错误但符合题意。

(2) 为产生极强的磁性使列车悬浮,制作电磁铁的线圈宜选择超导材料,因为超导材料无电阻,不会产生电流的热效应,故选项 B 正确但不符合题意。

(3) 列车的悬浮是利用列车底部和下方轨道间的同名磁极互相排斥,达到减小两者之间的摩擦阻力的目的,从而提高车速,故选项 C 正确但不符合题意。

(4) 列车的悬浮,即车轮与车轨间的摩擦力完全消失,所以车体与轨道间无阻力、无震动,运动平稳,故选项 D 正确但不符合题意。

【例 3.1.116】 在将超导圆环 B 放入磁性稳定的圆柱形磁铁 A 的过程中,B 在做切割磁感线运动,产生感应电流,并在超导圆环 B 中形成电流,当其稳定时,由于超导材料的电阻为零,电流在超导圆环中流动时就没有能量损失,因此电流大小保持不变。

【例 3.1.117】 磁铁由位置 1 运动到位置 2,线圈中的磁通量由 Φ_1 变化到 Φ_2,则 $\Delta\Phi = \Phi_2 - \Phi_1$。该过程中的感应电动势 $E = \dfrac{\Delta\Phi}{\Delta t}$,可见感应电动势的大小和线圈超导与否无关,故选项 B 不正确;超导线圈的电阻趋近于零,故感应电流 $I = \dfrac{E}{R}$ 会很大,所以答案为 C。

【例 3.1.118】 (1) 超导体的电阻为零,不会放热,所以电能无法转化为内能。
(2) 超导体的电阻为零,也就避免了内能的损耗,适合做输电线路。

选项 A,保险丝是利用电流的热效应,当电流过大时,自动熔断来保护电路。电阻为零无法将电能转化为内能,无法熔断,不符合题意。

选项 B,灯丝必须在白炽状态下才能正常发光,电阻为零无法将电能转化为内能,无法放热,不符合题意。

选项 C,电炉丝需要将电能转化为内能,电阻为零无法将电能转化为内能,不符合题意。

选项 D,根据焦耳定律 $Q = I^2Rt$ 可知,对于远距离输电,当电阻为零时,可使导线损耗为零,便可提高传输效率,符合题意。故选 D。

【例 3.1.120】 开关 S 由断开到闭合瞬间,回路中电流增大,在 L 上产生自感电动势,阻碍引起电流的变化。

【例 3.1.121】 日光灯工作时,电流通过镇流器、灯丝和启动器构成回路,使启辉器发出辉光,相当于启辉器短路接通,同时电流加热灯丝,灯丝发射大量电子,之后启辉器断开瞬间,镇流器产生很大的自感电动势,该电动势与电源电压一起加在灯管两端,灯管中气体放电、发光,此时启辉器已无作用,所以启辉器可用手动的开关来代替。

【例 3.1.122】 产生感应电动势的最根本原因是因为有磁通量的变化,有了 $\Delta\Phi$,才能产生感应电动势 ε,有了 ε 才有感应电流 I,从这个因果关系不难发现选项 C 是正确的。

【例 3.1.123】 在图 3.72 所示的电路中,P 灯与电感 L 并联,Q 灯与电容器并联,然后这两部分电路串联接在电源上,当开关 S 闭合时,电感对电流的增大起阻碍作用,电感 L 上的电流逐渐增大,达到稳定后,P 灯无电流,Q 灯达到最亮,所以选项 A 正确;开关 S 闭合,电路稳定后,S 断开时,电感 L 与 P 灯组成闭合回路,电感中的电流经 P 灯,使 P 灯突然亮一下再熄灭,电容器 C 所带的电荷量经 Q 灯放电,Q 灯不立即熄灭,而是逐渐熄灭,所以选项 D 正确。

【例 3.1.124】 在电路(a)中自感线圈 L 与灯泡 D 串联,D 与 L 电流相等,断开 S 使产生自感电动势使 D 与 L 中的电流值从稳定状态逐渐减小,D 将渐渐变暗,而不是立即熄灭。在电路(b)中,D 与 L 并联,稳定时 L 中的电流比 D 中电流大,断开 S 的瞬间,L 中电流从稳定值逐渐减小,故断开 S 的瞬间,通过灯泡 D 的电流变大,D 将先变得更亮,然后渐渐变暗,故选项 D 正确。

【例 3.1.125】 电流表指针的偏转方向与电流方向有关:电流自右向左时,指针向右偏;电流自左向右时,指针向左偏。当开关 S 断开瞬间,G_1 中电流立即消失,而 L 由于自感作用,电流不能立即消失,电流沿 L、G_1 和 G_2 的方向在由它们组成的闭合回路中继续维持一个很短的时间,即 G_2 中的电流按原方向自右向左逐渐减为 0,而 G_1 中的电流方向和原方向相反,变为自左向右,和 G_2 中的电流同时减为 0,也就是 G_1 指针先立即偏向左方,然后缓慢地回到零点,而 G_2 指针缓慢地回到零点,故选项 D 正确。

【例 3.1.126】 开关 S 处于闭合状态时有:$I_a = I_b = I_c$,$I_2 = I_c$,$I_1 = I_b + I_c$。开关 S 从闭合状态突然断开时,由于自感现象,流经灯泡 a 的电流由 I_a 突然变为 I'_a,而 $I'_a = I_1 > I_a$,所以灯泡 a 先变亮,然后逐渐变暗;而灯泡 b、c 都逐渐变暗。故选项 A、选项 D 正确。

3.2 磁场能量的分层进阶探究题

3.2.1 磁场能量的趣味思考题

【例3.2.1】 螺线管 A 自感系数较大。因为自感系数 $L = \mu n^2 V$，n 为单位长度上的线圈匝数。

【例3.2.2】 评价存储器的标准有容量、速度、非易失性、功耗和价格。

铁电存储器的应用领域如下：

强耐辐射能力——空间和航天技术应用；优异的读写耐久性——电视频道存储器、游戏机数字存储器汽车里程表和复印机计数器等应用；低电压工作和低功耗——移动电话及射频识别系统中的存储器；高速写入和编程能力，低功耗、长耐久性等——IC 卡最理想的存储器。

【例3.2.3】 软磁材料主要是指那些容易反复磁化，且在外磁场去掉后，容易退磁的磁性材料，具有高磁导率和低矫顽力。软磁材料在电子工业中主要是用来导磁，可用作变压器、线圈、继电器等电子元件的导磁体。

硬磁材料是指那些难以磁化，且除去外场以后，仍能保留高的剩余磁化强度的材料，又称永磁材料，具有高的矫顽力。硬磁材料主要用来储藏和供给磁能，作为磁场源。硬磁材料在电子工业中广泛用于各种电声器件，在微波技术的磁控管中亦有应用。

【例3.2.4】 （1）两线圈储存的磁场能量：两线圈的储能是在它们的电流没有达到稳定状态之前的过程中建立起来的。当两线圈的电流达到稳定状态时，磁场储存的能量不再因流过电流而发生改变。因此，计算磁场储能，只需考虑两线圈电流达到稳定前电流转化为磁场的能量。为此，假设先给线圈 1 通以电流，当其从 0 达到 I_1 过程中，线圈 1 自身由于自感，必然在此期间将电能转化为磁场能量，即线圈 1 在此过程中储存的磁场能量为 $W_1 = \frac{1}{2} L_1 I_1^2$。

当线圈 2 通以电流时，除了线圈 2 的自感会将电能转化为磁场能外，线圈 1 对线圈 2 还有互感。保持线圈 1 的电流在线圈 2 的电流从零增大到 I_2 过程中始终不变，那么，电源 1 必然克服线圈 1 的互感电动势做功，从而又将一部分电能转化为磁场能。因此，在此过程中，电能转化为磁场能量的总能量值为 $W_2 = \frac{1}{2} L_2 I_2^2$。

$$W_{21} = -\int \varepsilon_{21} I_1 \mathrm{d}t = -\int M_{21} I_1 \frac{\mathrm{d}i_2}{\mathrm{d}t} \mathrm{d}t = -\int_0^{I_2} M_{21} I_1 \mathrm{d}i_2 = M_{21} I_1 I_2$$

在上述两个过程中,电能转化为磁场能的总能量值为

$$W = W_1 + W_2 + W_{21} = \frac{1}{2}L_1 I_1^2 + \frac{1}{2}L_2 I_2^2 + M_{21} I_1 I_2$$

(2) 两线圈的互感系数相等。

如果首先让线圈 2 通以电流 I_2,然后保持 I_2 不变,再通以电流 I_1,则与(1)类似,系统储存的总能量为

$$W' = W_1 + W_2 + W_{21} = \frac{1}{2}L_1 I_1^2 + \frac{1}{2}L_2 I_2^2 + M_{21} I_1 I_2$$

显然,上述过程的最终状态完全相同,因而磁场储存的能量应当相同,于是

$$W = W' \Rightarrow M_{12} = M_{21}$$

【例 3.2.5】 在用力将铁片与磁铁拉开一段微小距离 ΔL 的过程中,拉力 F 可认为不变,因此 F 所做的功为 $W = F \cdot \Delta L$;以 ω 表示间隙中磁场的能量密度,由题给条件 $\omega = B^2/2\mu$,根据磁能量密度的定义可得,ΔL 间隙中磁场的能量 $E = \omega V = (B^2/2\mu) \cdot A \cdot \Delta L$。

由题意可知,F 所做的功等于 ΔL 间隙中磁场的能量,即 $W = E$,所以

$$F \cdot \Delta L = (B^2/2\mu) \cdot A \cdot \Delta L$$

得

$$B = \sqrt{\frac{2\mu F}{A}}$$

【例 3.2.6】 $W_m = \frac{1}{2}LI^2$ 表示回路或线圈具有储能的作用。其能量与回路的电流 I 成正比,与回路的电惯性度量 L 成正比。$W_m = \frac{1}{2}\frac{B^2}{\mu}V$ 表示只要磁感应强度存在,则在磁场所存在的空间中就有能量存在,即磁场具有能量。

【例 3.2.7】 由安培定理知,$2\pi rH = NI$(N 为匝数),所以

$$\omega_m = \frac{1}{2}HB = \frac{\mu N^2 I^2}{8\pi^2 r^2}$$

显然,内半径附近的磁能密度大一些。

【例 3.2.8】 恒定的磁通通过磁路时不会在磁路中产生功率损耗,即直流磁路中没有铁损耗。这是因为铁损耗包括涡流损耗和磁滞损耗,其中涡流损耗是由交变磁场在铁芯中感应出的涡流而产生的功率损耗,而磁滞损耗是因铁芯被反复磁化时的磁滞现象而引起的功率损耗。由于恒定磁通既不会在铁芯中产生涡流又不会使铁芯交变磁化,所以恒定磁通通过磁路时不会产生功率损耗。

【例 3.2.9】 不是,应为铁损。

【例 3.2.10】 磁滞损耗由于磁场 B 交变时铁磁物质磁化不可逆,磁畴之间反复摩擦,消耗能量而产生的。它与交变频率 f 成正比,与磁密幅值 B_m 的 α 次方成正比。涡流损耗是由于通过铁芯的磁通 Φ 发生变化时,在铁芯中产生感应电势,再由于这个感应电势引起电流(涡流)而产生的电损耗。它与交变频率 f 的平方和

B_m 的平方成正比。

【例 3.2.11】 顺磁质的磁性主要来源于分子的固有磁矩沿外磁场方向的取向排列。当温度升高时,由于热运动的缘故,这些固有磁矩更易趋向混乱,而不易沿外磁场方向排列,使得顺磁质的磁性因磁导率明显地依赖于温度。

铁磁质的磁性主要来源于磁畴的磁矩方向沿外磁场方向的取向排列。当温度升高时,各磁畴的磁矩方向易趋向混乱而使铁磁质的磁性减小,因而铁磁质的磁导率会明显地依赖于温度。当铁磁质的温度超过居里点时,其磁性还会完全消失。

至于抗磁质,它的磁性来源于抗磁质分子在外磁场中所产生的与外磁场方向相反的感生磁矩,不存在磁矩的方向排列问题,因而抗磁质的磁性和分子的热运动情况无关,这就是抗磁质的磁导率几乎与温度无关的原因。

3.2.2 磁场能量的分层进阶题

3.2.2.1 概念测试题

序号	3.2.13	3.2.14	3.2.15	3.2.16	3.2.17	3.2.18	3.2.19	3.2.20	3.2.21
答案	D	E	A	BC	A	D	A	A	B
序号	3.2.22								
答案	C								

【例 3.2.18】
$$W_m = \frac{1}{2}LI^2 \Rightarrow \frac{W_P}{W_Q} = \frac{L_P}{L_Q} \cdot \left(\frac{I_P}{I_Q}\right)^2 = 2 \times \left(\frac{1}{2}\right)^2 = \frac{1}{2}$$

【例 3.2.19】 因磁能密度 $w_e = \frac{1}{2}\frac{B^2}{\mu}$,故

当两线圈内的磁场方向相同时,小线圈内磁场变化为 $N \to 2N$,所以 $B \to 2B$,则 $w \to 4w$。

当两线圈内的磁场方向相反时,小线圈内的磁场变为 $B=0$,所以 $w=0$。

3.2.2.2 定性测试题

序号	3.2.23	3.2.24	3.2.25	3.2.26	3.2.27	3.2.28	3.2.29	3.2.30	3.2.31
答案	A	C	BD	A	B	A	B	A	CD
序号	3.2.32								
答案	C								

【例 3.2.23】 由于两导线所产生的磁通在两导线之间的方向都相同,整个闭

合回路的自感 L 为
$$LI = \Psi = \Psi_{11} + \Psi_{12} + \Psi_{22} + \Psi_{21}$$
其中 Ψ_{12} 为右边导线给闭合回路的互感磁链数，Ψ_{21} 为左边导线给的互感磁链数，即 $\Psi_{12} = \Psi_{21} > 0$，而 $\Psi_1 = \Psi_2 > 0$。

由于在两导线间距离增大时，电流 I 不变。Ψ_{12} 和 Ψ_{21} 都将增大，最后 L 增大，所以总磁能增大。

3.2.2.3 快速测试题

序号	3.2.33	3.2.34	3.2.35	3.2.36	3.2.37	3.2.38	3.2.39
答案	C	C	A	A	A	B	B

【例 3.2.33】 长直密绕螺线管自感系数为
$$L = \mu n^2 V = \mu \frac{N^2}{l} \pi r^2$$
所以自感系数之比为
$$\frac{L_1}{L_2} = \frac{\mu_1}{\mu_2} \cdot \frac{r_1^2}{r_2^2} = 2 \times \frac{1}{4} = \frac{1}{2}$$
而磁能 $W_m = \frac{1}{2} LI^2$，又两线圈串联，$I_1 = I_2$，所以磁能之比为
$$\frac{W_{m1}}{W_{m2}} = \frac{L_1}{L_2} = \frac{1}{2}$$
故选 C。

【例 3.2.34】 由互感系数定义，有
$$\Phi_{12} = M_{12} I_2, \quad \Phi_{21} = M_{21} I_1$$
因为 $M_{12} = M_{21}$，而 $I_1 = I_2$，所以 $\Phi_{21} = \Phi_{12}$。故选 C。

【例 3.2.37】
$$\begin{cases} B = \mu_0 nI \\ n = \frac{20}{0.01} = 2000 \end{cases} \Rightarrow \omega_m = \frac{B^2}{2\mu_0} = \frac{1}{2} \mu_0 n^2 I^2 = 22.6 \, \text{J} \cdot \text{m}^{-3}$$

【例 3.2.39】

$$\begin{cases} H_m L + 2H_g x = NI \\ \mu H_m = \mu_0 H_g \end{cases} \Rightarrow \begin{cases} H_m = \frac{\mu_0 NI}{\mu_0 L + 2\mu x} \\ B_m = \frac{\mu \mu_0 NI}{\mu_0 L + 2\mu x} \end{cases} \Rightarrow \begin{cases} \Psi = \frac{\mu \mu_0 A N^2 I}{\mu_0 L + 2\mu x} \\ W_m = \frac{\mu \mu_0 A N^2 I^2}{2(\mu_0 L + 2\mu x)} \\ F = -\frac{\mu^2 N^2 I^2 A}{\mu_0 L^2} \end{cases}$$

3.2.2.4 定量测试题

序号	3.2.40	3.2.41	3.2.42	3.2.43	3.2.44	3.2.45	3.2.46	3.2.47
答案	C	C	D	D	A	B	A	A

【例 3.2.42】 $L_P = 2L_Q, R_P = 2R_Q$，因为
$$I_P R_P = I_Q R_Q$$
所以
$$I_Q = 2I_P, \quad W_m = \frac{1}{2}LI^2, \quad W_P/W_Q = 1/2$$

【例 3.2.45】
$$w = \frac{B^2}{2\mu} = \frac{1}{2}\mu H^2 = \frac{1}{2}BH$$
真空中距该导线垂直距离为 a 的某点的磁感应强度大小为
$$B = \frac{\mu_0 I}{2\pi a}, \quad H = \frac{I}{2\pi a}$$

3.2.3 磁场能量的情景探究题

序号	3.2.48	3.2.49	3.2.50	3.2.51	3.2.52	3.2.53	3.2.54
答案	BD	A	AD	A	B	B	B

【例 3.2.48】 设 $B = kI$，轨道之间的距离为 d，则发射过程中，安培力做功为 $kI^2 dL$，由动能定理得 $kI^2 dL = mv^2$，要使弹体的出射速度增加至原来的 2 倍，可采用的办法是只将电流 I 增加到原来的 2 倍；或将弹体质量减小到原来的一半，轨道长度 L 变为原来的 2 倍，其他量不变，故选 B、D。

【例 3.2.52】 试题分析：本题关键是根据题意得到磁场能量密度的定义，然后根据功能关系求得条形磁铁与铁片 P 之间的磁场所具有的能量。因为 F 所做的功等于 ΔL 间隙中磁场的能量，所以先分别求出 F 所做的功和 ΔL 间隙中磁场的能量，然后根据等量关系得出一等式，即可解得在用力将铁片与磁铁拉开一段微小距离 ΔL 的过程中，拉力 F 可认为不变，因此 F 所做的功为 $W = F \cdot \Delta L$；以 ω 表示间隙中磁场的能量密度，由题给条件 $\omega = B^2/2\mu$，根据磁能量密度的定义可得，ΔL 间隙中磁场的能量 $E = \omega V = (B^2/2\mu) \cdot A \cdot \Delta L$。

由题意可知，F 所做的功等于 ΔL 间隙中磁场的能量，即 $W = E$；所以 $F \cdot \Delta L = (B^2/2\mu) \cdot A \cdot \Delta L$，解得 $B = \sqrt{\dfrac{2\mu F}{A}}$。

测试点：本题考查磁能量密度，弹簧测力计的使用与读数、磁场、功的计算，同时考查考生从新情境中提取物理信息的能力。

第4章 电路部分

4.1 稳恒电流的分层进阶探究题

4.1.1 稳恒电流的趣味思考题

【例 4.1.1】 所谓电力线,是一些曲线,曲线上每一点的切线方向和该点电场强度 E 的方向一致。所谓电流线,也是一些曲线,在曲线上每一点的切线方向是和该点电流密度 j 的方向一致的。在真空中,电子的运动轨迹一般不是逆着电力线的。只是在电子的初速度为 0,电力线是直线的情况下,电子才逆着电力线运动。但是,在金属导体中情况就不同了,这时 j 与 E 的关系遵从欧姆定律 $j = \sigma E$,即在金属导体中的任一点,j 的方向与 E 的方向一致。某点 j 的方向就是该点电流线的方向,E 的方向就是该点电力线的方向。所以,金属导体内电流线与电力线永远重合。

【例 4.1.2】 因为在静电场中不存在流动电荷,其电势分布无法用磁电式电表直接测量,稳恒电流场与相应的静电场的电场在空间的分布规律有着相同的数学形式(或相似的物理规律),而稳恒电流场的电场在空间的分布规律有着相同的数学形式或相似的物理规律,稳恒电流场电势分布可以用电表直接进行测量,所以可以用稳恒电流场模拟静电场。

【例 4.1.3】 讨论稳恒电流场和机翼周围的速度场具有相同的数学模拟,即它们可由同一个微分方程来描述,并且具有相同的边界条件。

(1) 无旋稳恒电流场

设在导电微晶中有稳恒电流分布,即电流密度 j 不随时间而变化。按照散度的定义

$$\nabla \cdot j = \lim_{\Omega \to 0} \frac{1}{\Omega} \left[\oint_S j \cdot dS \right] \tag{4.1}$$

式中 S 是闭合曲面,Ω 是 S 所围的体积。上式右边的曲面积分是单位时间里从 Ω

流出的总电量,从而上式右边的极限表示单位时间里从单位体积流出的电量。若考虑的区域无电流源,则此项为 0,亦即 $\nabla \cdot \boldsymbol{j} = 0$。虽然电流密度是无旋的,必定存在势

$$\varphi : \boldsymbol{j} = -\nabla \varphi \tag{4.2}$$

由以上二式得 $\nabla \varphi = 0$,这就是拉普拉斯方程,在二维场中可记作

$$\frac{\partial^2 \varphi}{\partial x^2} + \frac{\partial^2 \varphi}{\partial y^2} = 0 \tag{4.3}$$

(2) 流体的二维无旋稳恒流场

飞机机翼周围的空气流动可以看作是无旋稳恒流场,我们来研究它的数学模拟。把流体的速度分布记作 $\boldsymbol{v}$,按照散度的定义

$$\nabla \cdot \boldsymbol{v} = \lim_{\Omega \to 0} \left[\frac{1}{\pi} \oint_S \boldsymbol{v} \cdot d\boldsymbol{S} \right] \tag{4.4}$$

上式右边是从单位体积流出的流量,若我们考虑的区域里没有流体的源,则此项为零,即 $\nabla \cdot \boldsymbol{v} = 0$。既然流动是无旋的,必然存在速度势 $U : \boldsymbol{v} = -\nabla U$。又由以上两式,得到拉普拉斯方程 $\nabla U = 0$。在二维场中表示为

$$\frac{\partial^2 U}{\partial x^2} + \frac{\partial^2 U}{\partial y^2} = 0 \tag{4.5}$$

从上面分析可知,稳恒电流场和飞机机翼周围的速度场具有相同的数学模拟,所以可用稳恒电流来模拟机翼周围的速度场。

【例 4.1.4】 在稳恒电路中,导体内外的稳恒电场是由导体表面分布的电荷及由于导线的不均匀等原因引起导线内的体电荷共同激发的,在稳恒条件下,这些电荷分布不随时间改变。

【例 4.1.5】 电荷分布的最终要求是导线内部各点的场强沿着导线的方向,如果导线形状发生变化,原来的电荷分布将不再能保证导线中各点的 E 仍沿导线方向,于是电荷分布将自动调整,通过一个短暂的不稳定调整过程(10^{-19} s 左右)使导体内的 E 与变化后导体的表面平行,电荷分布不发生变化进入新的稳恒状态。

【例 4.1.6】 电流表内接法:由于电压表、电流表均有内阻(设为 R_L 与 R_A),不能严格满足欧姆定律,电压表所测电压为 $(R_L + R_A)$ 两端电压,这种"接入误差"或"方法误差"是可以修正的。测出电压 U 和电流 I,则 $\frac{U}{I} = R_L + R_A$,所以

$$R_L = \frac{U}{I} - R_A = R'_L + R_A \tag{4.6}$$

接入误差是系统误差,只要知道 R_A,就可把接入误差计算出来加以修正。通常是适当选择电表和接法,使接入误差减少至能忽略的程度。由上式可看出,当 $R_A \ll R_L$ 时,其影响可忽略,换言之,若 $R_L \gg R_A$,应采用内接法。

【例 4.1.7】 可能。当有电流通过导体时,导体中的电流密度 $j \neq 0$。在 $j \neq 0$ 的地方,虽然有电荷流动,但只要能保证该处单位体积内的正、负电荷数值相等(即

无净余电荷),就保证了电荷体密度 $\rho=0$。在稳恒电流情况下,可以做到这一点,条件是导体要均匀,即导体的电导率 σ 为一恒量。下面从理论上再加以证明:

电流的稳恒条件是它的微分形式为 $\nabla \cdot \boldsymbol{j}=0$,把欧姆定律的微分式 $\boldsymbol{j}=\sigma\boldsymbol{E}$ 代入上式,并加上导体是均匀的($\sigma=$ 恒量)这一条件,得

$$\nabla \cdot \boldsymbol{j} = \nabla \cdot (\sigma\boldsymbol{E}) = \sigma \nabla \cdot \boldsymbol{E} = 0 \tag{4.7}$$

而 $\nabla \cdot \boldsymbol{E} = \dfrac{\rho}{\varepsilon_0}$ 代入上式得到 $\dfrac{\sigma\rho}{\varepsilon_0}=0$,式中 ε_0 为真空的介电常数,它不等于 0。故最后得到 $\rho=0$。

【例 4.1.8】 开路转换式的优点是,各量程的分流电阻是独立的,各量程之间互不影响,便于调整。但电路的误差和阻尼时间随各量程分流电阻阻值改变而变化;同时由于各转换装置的接触电阻包括在测量电路之内,所以仪表误差不稳定。最大缺点是当转换开关 K 接触不良,或者造成分流电阻断路时,将会有很大的电流通过表头而将表头烧毁。使用时不够安全。闭路抽头式电路的最大优点是使用安全。当转换开关接触不良时,表头仅有极小的电流通过。若转换开关造成分流电阻断路,表头没有电流通过;与仪表测量机构形成闭合回路的电阻值不随量程改变而变化。因此仪表的阻尼时间是不变化的。由于量程转换开关方式引起的接触电阻与分流电阻的阻值无关,只串联在电路中,所以引起的误差极小。闭路抽头式电路的缺点主要是分流电阻中某一电阻阻值的变化,不同程度地影响各量程,因此调整误差有一定的困难。一般要经过几次反复才能将各量程的阻值调整好。

【例 4.1.9】 如附图 4.1 所示,在 A、B 之间任找一点,该点到 O 点的距离为 r,则

$$j_1 = \frac{I}{2\pi r a}, \quad j_2 = \frac{I}{2\pi(R-r)a} \tag{4.8}$$

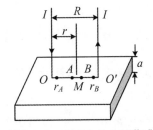

附图 4.1 无限大的金属薄膜

A、B 两点间的电压为

$$U_{AB} = \int \boldsymbol{E} \cdot \mathrm{d}\boldsymbol{l} = \int_{r_A}^{R-r_B} \rho(j_1+j_2)\mathrm{d}r = \frac{\rho I}{2\pi a}\left[\int_{r_A}^{R-r_B}\frac{\mathrm{d}r}{r} - \int_{r_A}^{R-r_B}\frac{\mathrm{d}(R-r)}{R-r}\right]$$

$$= \frac{\rho I}{2\pi a}\left[\ln\frac{R-r_B}{r_A} - \ln\frac{r_B}{R-r_A}\right] = \frac{\rho I}{2\pi a}\ln\frac{(R-r_B)(R-r)}{r_A r_B} \tag{4.9}$$

【例 4.1.10】 如附图 4.2 所示 R 与 r 并联，故

$$R_{ab} = \frac{rR}{R+r} \tag{4.10}$$

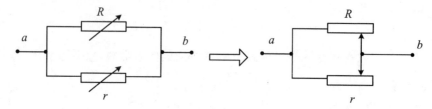

附图 4.2 等效电路

设 R 不变，r 改变 Δr 时，则 R_{ab} 的改变为

$$(\Delta R_{ab})_R = \frac{R(r+\Delta r)}{R+r+\Delta r} - \frac{Rr}{R+r} \approx \frac{R\Delta r}{r+R} - \frac{rR\Delta r}{(r+R)^2} = \left(\frac{R}{r+R}\right)^2 \Delta r \tag{4.11}$$

设 r 不变，R 改变 ΔR 时，则 R_{ab} 的改变为

$$(\Delta R_{ab})_r \approx \frac{r\Delta R}{r+R} - \frac{rR\Delta R}{(r+R)^2} = \left(\frac{r}{r+R}\right)^2 \Delta R \tag{4.12}$$

两者之比为

$$\frac{(\Delta R_{ab})_R}{(\Delta R_{ab})_r} = \left(\frac{R}{r}\right)^2 \frac{\Delta r}{\Delta R} \tag{4.13}$$

当 $\Delta R = \Delta r$ 时，便有

$$\frac{(\Delta R_{ab})_R}{(\Delta R_{ab})_r} = \left(\frac{R}{r}\right)^2 \tag{4.14}$$

因 $R \gg r$，故得

$$(\Delta R_{ab})_R \gg (\Delta R_{ab})_r \tag{4.15}$$

【例 4.1.11】 灯泡丝烧断重新接上后，灯丝的长度 L 比原来小些，又根据 $R = \rho \frac{L}{S}$，R 比原来小些，又因为灯泡上的电压 U 不变，由 $P = \frac{U^2}{R}$ 知 R 减小，P 便增大。所以灯泡的实际功率大于额定功率，从而比原来亮些。根据 $P = \frac{Q}{t}$ 知，当 Q 不变时，P 与 t 成反比，故 P 增大，t 减小，灯泡寿命降低。

【例 4.1.12】 将平行板电容器的两个极板与干电池（如 15 V 或 22.5 V 的电池）两极相连，作为电池的两新极板。为使两新电极的电容增大，可将极板紧紧相靠，靠得越近，电容越大。为了使它们靠得很近又不接触，可在其中一块极板上套上一只干净的塑料食品袋，以作为两极板间的绝缘介质。这时，虽然两极板间的电势差仍等于电池的电动势（如 15 V 或 22.5 V），但由于两极板的电容比较大，所以两极板上的电量已相当多。然后把两极板与电池断开，将其中的另一块极板与一只金箔验电器的导棒相接触，即可见验电器箔片张开了一个明显的角度，说明电池

两端有电荷。

【例 4.1.13】 (1) 电源是把其他能转化为电能的装置。内阻和用电器是电能转化为热能等其他形式能的装置。如化学电池将化学能转化成电能,而电路中发光灯泡是将电能转化成光、热能。

(2) 做功。在电源部分,非静电力做正功,$W_{非} = q\varepsilon$,将其他形式的能转化成电能。而内阻上电流做功,将电能转化成内能,$W_{内} = qU'$(U' 为内阻上的电势降)。在外电路部分,电流做功 $W_{外} = qU$(U 为路端电压),电能转化成其他形式的能。可见,整个电路中的能量循环转化,电源产生多少电能,电路就消耗多少,收支平衡。

$$W_{非} = W_{内} + W_{外} \quad \text{或} \quad q\varepsilon = qU' + qU \tag{4.16}$$

【例 4.1.14】 在(a)图中,由 $R = U^2/P$ 知,两灯上电压不能同时达到 110 V,故不可能都正常发光,A 被排除。在(b)图中,由 $R = U^2/P$ 知 $R_A < R_B$,当 R_A 与变阻器 R 并联后,该部分电阻更小,不可能与 B 同时正常发光,所以 B 被排除。在(c)图中,想让 A、B 都正常发光,则两个电灯上电压都应为 110 V,即 A 与 B 和 R 并联后的阻值相同,则 A 的功率与并联部分的功率相同。所以总功率为 $2P_A = 200$ W。同理,(d)图中 R 上分压与 A、B 并联部分相同,则两部分电阻与电功率相同,所以总功率为

$$2(P_A + P_B) = 280 \text{ W} \tag{4.17}$$

【例 4.1.15】 本题的关键是电路中有电动机,不是纯电阻电路,因而欧姆定律不再适用。突破点是利用电压表与 R 的阻值,求出电路中的电流,再求出各部分的电压和功率。

由部分电路欧姆定律知,电路中电流

$$I = U_{bc}/R = 0.3/3 = 0.1 \text{ A} \tag{4.18}$$

由闭合电路欧姆定律知

$$U_{ab} = \varepsilon - Ir - U_{bc} = 6 \text{ V} - 0.1 \times 1 \text{ V} - 0.3 \text{ V} = 5.6 \text{ V} \tag{4.19}$$

所以电动机得到的功率为电流对它做功的功率,即

$$P_D = U_{ab}I = 5.6 \times 0.1 \text{ W} = 0.56 \text{ W} \tag{4.20}$$

P_D 转化为两部分,即机械功率和电机导线内阻上的发热功率,电动机转化的机械功率为

$$P_M = P_D - I^2R_M = (0.56 - 0.12 \times 2) \text{ W} = 0.54 \text{ W} \tag{4.21}$$

【例 4.1.16】 电池在充电时,由电路端电压 $U = \varepsilon + Ir$ 知,$U > \varepsilon$。所以路端电压可以超过电动势。由 $I = \dfrac{U - \varepsilon}{r}$ 知,当 $U > 2\varepsilon$ 时,通过电池内的电流 I 就会超过其短路电流 $I' = \dfrac{\varepsilon}{r}$,因为 $U > 2\varepsilon$,则有

$$I > \frac{2\varepsilon - \varepsilon}{r} = \frac{\varepsilon}{r} = I' \tag{4.22}$$

【例 4.1.17】 当 c 滑动到某一位置时，回路总电流为

$$I = \frac{\varepsilon}{\frac{RR_{ac}}{R+R_{ac}} + R_{bc} + r} \tag{4.23}$$

当电阻 R 两端电压为

$$U = \frac{\varepsilon}{\frac{RR_{ac}}{R+R_{ac}} + R_{bc} + r} \cdot \frac{RR_{ac}}{R+R_{ac}} = \frac{\varepsilon RR_{ac}}{RR_{ac} + (R_{bc}+r)(R+R_{ac})} \tag{4.24}$$

设 $R_{ac} = kx$，则有

$$U = \frac{\varepsilon Rkx}{Rkx + [k(l-x)+r](R+kx)} = \frac{\varepsilon Rkx}{R(kl+r) + x(k^2l + kr - kx)} \tag{4.25}$$

由上式知，R 两端电压与 x 不成正比。当 $k^2l + kr - kx = 0$ 即 $x = kl + r$ 时，U 与 x 成正比。

【例 4.1.18】 由附图 4.3 知，当 K 合向 a 时，调 R_1 使 G 为 0，有

$$\varepsilon_s = I_s R_s \tag{4.26}$$

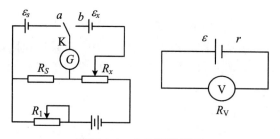

附图 4.3 电路及等效图

当 K 合向 b 时 R_1 不变，调 R_x 使 G 为 0，有

$$\varepsilon_x = I_s R_x \tag{4.27}$$

式(4.27)和式(4.26)相除得

$$\varepsilon_x = \frac{\varepsilon_s}{R_s} R_x \tag{4.28}$$

当用电压表直接测电源电动势，如附图 4.3 所示，有

$$I = \frac{\varepsilon}{R + r} \tag{4.29}$$

电压表的示值为

$$U = \frac{\varepsilon}{R_V + r} R_V = \frac{\varepsilon}{1 + \frac{r}{R_V}} \tag{4.30}$$

所以

$$\varepsilon = U\left(1 + \frac{r}{R_V}\right) \tag{4.31}$$

通过比较可知,补偿法测电动势时,ε_x 只与 ε_s、R_s、R_x 有关。只要知道检流计的灵敏度、R_s、R_x 准确度,就可以准确测量出 ε_x 值。而用电压测电动势时,ε 不仅与电压内阻 R_V 有关,而且还与自身内阻 r 有关,测量值比实际值小,只有当 $R_V \gg r$ 时,$\varepsilon = U$ 才比较准确。

【例 4.1.19】 支路电流法是以支路电流为待求变量,分别列写 KCL 和 KVL 方程,其中在列写 KVL 方程时,要使用欧姆定律,以便用支路电流表示支路电压。步骤如下:

(1) 选择全部未知支路电流为变量,给各电流规定参考方向。
(2) 对任意 $n-1$ 个结点列写独立的 KCL 方程。
(3) 利用欧姆定律对网孔列写独立的 KVL 方程。
(4) 以上刚好得到求解支路电流所需要的全部独立方程,联立求解这些方程,便得到支路电流的解答,进而求出支路电压或功率的解答。

4.1.2 稳恒电流的分层进阶题

4.1.2.1 概念测试题

序号	4.1.20	4.1.21	4.1.22	4.1.23	4.1.24	4.1.25	4.1.26	4.1.27	4.1.28
答案	B	B	B	A	A	B	A	D	C

序号	4.1.29	4.1.30	4.1.31
答案	ABC	ABD	D

【例 4.1.30】 当滑片 R 由 a 向 b 滑动时,外电路电阻逐渐减小,因此电流逐渐增大,可知选项 A、B 正确;当滑片 R 滑到 b 端时,外电路电阻等于 R_1,与内阻相同,此时电源输出功率最大,因此,选项 C 不正确;判断选项 D 时,可把 R_1 看成内阻的一部分,即内阻为 $2r$,因此当 R 处于 a 端时,$R_{ex} = R_{in} = 2r$,此时 R_2 上的功率最大,所以选项 D 正确。

4.1.2.2 定性测试题

序号	4.1.32	4.1.33	4.1.34	4.1.35	4.1.36	4.1.37	4.1.38	4.1.39	4.1.40
答案	C	C	A	A	D	A	C	D	B

序号	4.1.41	4.1.42
答案	B	C

【例4.1.36】 直铁丝和直铜丝串联,所以两者电流强度相等,$I_1 = I_2$,由 $I = \iint_S \boldsymbol{j} \cdot \mathrm{d}\boldsymbol{S}$,两者截面积相等,知 $j_1 = j_2$,因为 $\boldsymbol{j} = \sigma\boldsymbol{E}$,又 $\sigma_{\text{Fe}} < \sigma_{\text{Cu}}$,所以 $E_1 > E_2$。

4.1.2.3 快速测试题

序号	4.1.43	4.1.44	4.1.45	4.1.46	4.1.47	4.1.48	4.1.49	4.1.50	4.1.51
答案	A	A	B	B	C	B	A	A	D

【例4.1.47】

$$R_{ab} = \frac{12R_L}{12 + R_L}, \quad U_{ab} = \varepsilon \cdot \frac{R_{ab}}{6 + R_{ab}} = \frac{200R_L}{12 + 3R_L} \tag{4.32}$$

$$P_L = \frac{U_{ab}^2}{R_L} = \frac{4000R_L}{(12 + 3R_L)^2} \Rightarrow \frac{\mathrm{d}P_L}{\mathrm{d}R_L} = 0 \Rightarrow R_L = 4\ \Omega \tag{4.33}$$

4.1.2.4 定量测试题

序号	4.1.52	4.1.53	4.1.54	4.1.55	4.1.56	4.1.57	4.1.58	4.1.59
答案	A	C	B	C	C	A	D	D

4.1.3 稳恒电流的情景探究题

序号	4.1.60	4.1.61	4.1.62	4.1.63	4.1.64	4.1.65
答案	C	AC	AC	ABC	C	AD

4.2 交流电路的分层进阶探究题

4.2.1 交流电路的趣味思考题

【例4.2.1】 在交流电路中电阻器是耗能元件,电容器与电感线圈是贮能元件。电容器所贮存的电场能取决于它两端的电压,即

$$W_C = \frac{1}{2}Cu^2 \tag{4.34}$$

电感线圈所贮存的磁能取决于通过它的电流,即

$$W_L = \frac{1}{2}Li^2 \qquad (4.35)$$

在直流电路中,可认为电流、电压的频率 $f=0$,所以感抗 $X_L = \omega L = 2\pi fL \to 0$,而容抗

$$X_C = \frac{1}{\omega C} = \frac{1}{2\pi fC} \to \infty \qquad (4.36)$$

也就是说,纯电感线圈对直流电流相当于短路,纯电容对直流电流相当于开路。因此,直流电流能通过电感线圈,而不能通过电容器。当交流电压频率很高时,X_L 数值很大,X_C 数值很小,所以高频电流容易通过电容器而不容易通过电感线圈。

【例 4.2.2】 在含有动态元件电容的电路中,电容未充电,原始储能为零时是一种稳态,电容充电完毕,储能等于某一数值时也是一种稳态。电容由原始储能为零开始充电,直至充电完毕,使得储存电场能量达到某一数值时所经历的物理过程称为暂态。水是一种稳态,冰是一种稳态,水凝结成冰所经历的物理过程和冰溶化成水所经历的物理过程都是暂态;火车在站内静止时是一种稳态,火车加速至速度为 v 时也是一种稳态,从静止加速到速度 v 中间所经历的加速过程是暂态。

【例 4.2.3】 含有动态元件的电路在换路时才会出现暂态过程,这是由于 L 和 C 是储能元件,而储能就必然对应一个吸收与放出能量的过程,即储存和放出能量都是需要时间的。在 L 和 C 上能量的建立和消失是不能跃变的。因此,暂态分析研究问题的实质实际上是为了寻求储能元件在能量发生变化时所遵循的规律。掌握了这些规律,人们才可能在实际当中尽量缩短暂态过程经历的时间,最大限度地减少暂态过程中可能带来的危害。

【例 4.2.4】 一阶电路中时间常数 τ 仅由一阶电路中的电路参数 R、L、C 来决定,与状态变量和激励无关。时间常数 τ 决定了状态变化的快慢程度,在暂态分析中起关键作用。时间常数 τ 实际上反映了响应经历了过渡过程的 63.2% 所需要的时间。

【例 4.2.5】 交流电的瞬时值是随时间做周期性变化的,不能正确反映它的做功能力;同时,交流电在一周期内的平均值为零,所以也不能用平均值来说明能量问题。为了反映交流电所产生的效果,表征交流电的大小,引入有效值的概念,它是根据电流的热效应而定的,分别用交流电、直流电通过相同阻值的电阻,在交流电的一个周期内产生的热量相同,则直流电的值即为交流电的有效值。有效值等于瞬时值的平方在一个周期内平均值的开方,又称为方均根值。对于正弦交流电而言,有效值等于最大值的 $\frac{1}{\sqrt{2}}$。

【例 4.2.6】 只有在 Z_1 和 Z_2 的阻抗角 φ_1 和 φ_2 相等时,上式才成立。

【例 4.2.7】 求出该段电路的总阻抗 Z,如果其虚部为负值,则该电路呈现电容性;如果其虚部为正值,则该电路呈现电感性;如果其虚部为零,则该电路呈现纯

阻性(谐振)。或者根据该电路的总电压 u 与总电流 i 的相位差 $\varphi(=\varphi_u-\varphi_i$,也是阻抗角)来判断:如果 $\varphi<0$,则该电路呈现电容性;如果 $\varphi>0$,则该电路呈现电感性;如果 $\varphi=0$,则该电路呈现纯阻性(谐振)。也可以根据电路总的无功功率 Q 的值来判断:如果 $Q<0$,则该电路呈现电容性;如果 $Q>0$,则该电路呈现电感性;如果 $Q=0$,则该电路呈现纯阻性(谐振)。

【例 4.2.8】 电感上电压与电流的相位不再相等,而是电压超前电流 90°,显然这是因为二者呈微分关系的缘故;另一方面,感抗表示了电感电压与电流之间的大小关系,其物理含义与电阻相似,都表示对电流的阻碍作用,但感抗与频率有关,这是电阻所没有的特点。

【例 4.2.9】 如图 4.31 所示,并联在电容器 C_S 两端的电压表内阻很高,可以认为开路。在端子 1,2 间接入被测线圈(线圈电感 L_x,电阻 R_x),可认为是 RLC 串联谐振电路。当调节电容 C_S(必要时还要调节高频振荡器的输出信号频率)使电路处于谐振状态时,电路中的电流最大,电容器 C 两端的电压 U_c 也近似为最大。电压 U_c 的数值,被并联于它两端的电压表所测量。因此,当电压表的读数为最大时,可判断电路已处于谐振状态,此时电压 U_c 的数值为振荡电源电压的 Q 倍。如果把电源电压数值固定,电压表的面盘按一定比例刻度,即可直接读出线圈的 Q 值。根据串联谐振条件 $\omega L_x = \dfrac{1}{\omega C_S}$ 可推导出被测线圈的电感 L_x 为

$$L_x = \frac{1}{\omega^2 C_S} = \frac{1}{4\pi^2 f^2 C_S} \tag{4.37}$$

【例 4.2.10】 发供电设备输出的有功功率不是固定值,而是与负载的性质(即负载的阻抗角 φ)有关。在阻抗模一定的前提下,φ 越小,输出的有功功率越大,因此,一般不用有功功率表征发供电设备的容量。通常是用额定电压和额定电流来设计发供电设备,用视在功率来标示它的容量。

【例 4.2.11】 并联电容后,负载的工作状态不受影响,而电容提供的容性无功功率($Q_C<0$)和感性负载需要的感性无功功率($Q_L>0$)将相互抵消一部分,使得电路总的无功功率 $|Q|(=|Q_C+Q_L|)$ 降低,电路总的有功功率 P 仍等于感性负载并联电容前的有功功率,因此,电路的视在功率 S 降低,功率因数 $\lambda(=P/S)$ 得以提高。感性负载串联电容虽然也可以提高电路的功率因数,但会改变负载的电压,如果负载是用电压源供电的,就会影响负载的正常工作,所以不能采用。

【例 4.2.12】 (1) 电路中总的无功功率为 0,功率因数为 1,电路呈纯阻性;(2) 电路阻抗模 $|Z|=R$ 最小;(3) 电路中的电流达到最大;(4) 电容电压等于电感电压,但相位相反,有效值都等于电源电压的 Q_f 倍。当 Q_f 很大时,U_L 和 U_C 远大于电源电压 U,故又称为电压谐振。

【例 4.2.13】 (1) 电路中总的无功功率为 0,功率因数为 1,电路呈纯阻性;(2) 电路阻抗模 $|Z|=R$ 最大;(3) 电容电流等于电感电流,但相位相反,有效

值都等于干路电流的 Q_f 倍。当 Q_f 很大时,I_L 和 I_C 远大于干路电流 I,故又称为电流谐振。

【例 4.2.14】 在交流电路中,电阻值和频率无关,RLC 串联电路的电流与电阻电压是同相位;电容具有"通高频、阻低频"的特性;电感具有"通低频、阻高频"的特性。RLC 串联电路具有特殊的幅频特性和相频特性,有选频和滤波作用。

【例 4.2.15】 交流电路的电压和电流有大小和相位的变化,通常用复数法及其矢量图解法来研究。

RLC 串联电路如附图 4.4 所示,交流电源电压为 $\dot{U}_S$,则

$$\dot{U}_S = \dot{U}_R + \dot{U}_L + \dot{U}_C \quad (4.38)$$

RLC 电路的复阻抗为

$$Z = R + j\left(\omega L - \frac{1}{\omega C}\right) \quad (4.39)$$

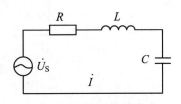

附图 4.4 RLC 串联电路

回路电流为

$$\dot{I} = \frac{\dot{U}_S}{Z} = \frac{\dot{U}_S}{R + j\left(\omega L - \frac{1}{\omega C}\right)}$$

电流大小为

$$I = \frac{U_S}{|Z|} = \frac{U_S}{\sqrt{R^2 + \left(\omega L - \frac{1}{\omega C}\right)^2}} \quad (4.40)$$

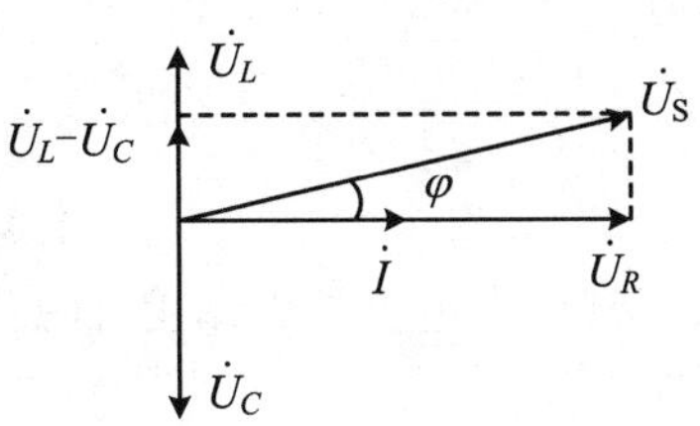

矢量图解法如附图 4.5 所示,总电压 $\dot{U}_S$ 与电流 $\dot{I}$ 之间的相位(或 $\dot{U}_S$ 与电阻电压 $\dot{U}_R$ 的相位)为 $\varphi = \mathrm{arctg}\dfrac{\omega L - \dfrac{1}{\omega C}}{R}$,可见,RLC 串联回路相位 φ 与电源频率 $f(\omega = 2\pi f)$ 有关。

附图 4.5 RLC 串联电压矢量图

【例 4.2.16】 在 RLC 串联电路中,当信号的频率 f 为谐振频率 $f_0 = \dfrac{1}{2\pi\sqrt{LC}}$,即感抗与容抗相等 $\left(\omega_0 L = \dfrac{C}{\omega_0}\right)$ 时,电路的阻抗有最小值($Z = R$),电流有最大值 $\left(I_0 = \dfrac{U_S}{|Z|} = \dfrac{U_S}{R}\right)$,电路为纯电阻,这种现象称为 RLC 串联谐振。

【例 4.2.17】 RLC 串联回路电流 I 与电源的频率 $f(\omega = 2\pi f)$ 有关,RLC 串联电路的 I-f 的关系曲线称为 RLC 串联电路的幅频特性曲线,如附图 4.6 所示。

【例 4.2.18】 谐振时,回路的感抗(或容抗)与回路的电阻之比称为回路的品

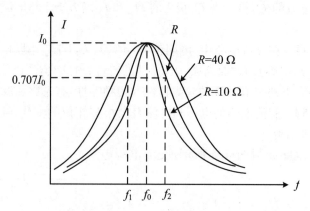

附图 4.6 RLC 串联幅频曲线

质因数,用 Q 表示为

$$Q = \frac{\omega_0 L}{R} \quad 或 \quad Q = \frac{1}{\omega_0 CR} \tag{4.41}$$

【例 4.2.19】 RLC 串联幅频曲线如附图 4.6 所示,将电流 $I = 0.707 I_0$ 的两点频率 f_1、f_2 的间距定义为 RLC 回路的通频带 $\Delta f_{0.7}$,有

$$2\Delta f_{0.7} = f_2 - f_1 = \frac{f_0}{Q} \tag{4.42}$$

当 RLC 电路中 L、C 不变时,根据 $2\Delta f_{0.7} = \dfrac{f_0}{Q}$ 和 $Q = \dfrac{\omega_0 L}{R}$,电阻 R 越大,品质因数 Q 越小,通频带 $2\Delta f_{0.7}$ 越宽,滤波性能就越差,如附图 4.6 所示。

【例 4.2.20】 谐振时电感与电容电压有最大值,是电源电压的 Q 倍,即

$$U_{L0} = I_0 \omega_0 L = \frac{U_S}{R}\omega_0 L = QU_S, \quad U_{C0} = I_0 \frac{1}{\omega_0 C} = \frac{U_S}{R\omega_0 C} = QU_S \tag{4.43}$$

谐振时电容和电感两端的电压比信号源电压 U_S 大 Q 倍,有电压放大作用,注意元件的耐压。

【例 4.2.21】 RLC 串联电路的 φ-f 关系曲线称为 RLC 串联电路相频特性曲线,如附图 4.7 所示。

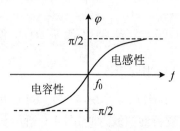

附图 4.7 RLC 串联相频曲线

【例 4.2.22】 RLC 串联电路的相频特性曲线,如附图 4.7 所示,分三种情况讨论:

(1) 当 $f = f_0$ 时,$\varphi = 0$,谐振时,电源电压 U_S 与电流 I_S 同相位。

(2) 当 $f > f_0$ 时,$\varphi > 0$,电路呈电感性,表示电源电压 U_S 的相位超前于电流 I 的相位,随 f 增大,φ 趋于 $\pi/2$。

(3) 当 $f < f_0$ 时,$\varphi < 0$,电路呈电容性,表示

电源电压 U_S 的相位落后于电流的 I 相位,随 f 减小,φ 趋于 $-\pi/2$。

【例 4.2.23】 W 是外接电阻箱可调电阻,U_S 为正弦信号源(内阻为 R_S),$C = 0.01~\mu F$,$L = 10~mH$(电阻为 R_L),谐振频率的理论值为 $f_0 = \dfrac{1}{2\pi\sqrt{LC}} = 15.8~kHz$。

固定电阻 $R_1 = 10~\Omega$,回路总电阻 $R = R_1 + W + R_S + R_L$,则回路品质因数的理论值修正为

$$Q = \frac{\omega_0 L}{R_1 + W + R_S + R_L} \tag{4.44}$$

【例 4.2.24】 否。因为 $Z_C = \dfrac{1}{j\omega C}$,$C$ 越大,Z_C 越小,电路的容性越弱。

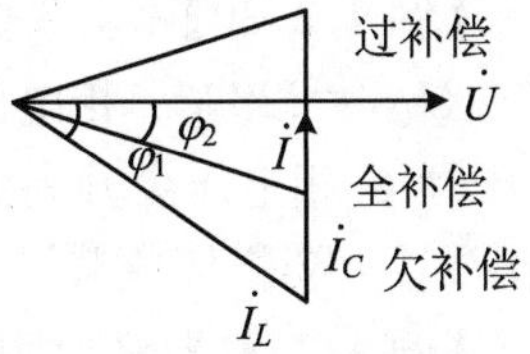

【例 4.2.25】 不是。功率因数由 $\cos\varphi_1$ 提高到 $\cos\varphi_2$,由并联电容、无功容量确定的。

由如附图 4.8 所示矢量图,有

$$I_C = I_L \sin\varphi_1 - I\sin\varphi_2 \tag{4.44}$$

附图 4.8 矢量图

将 $I = P/U\cos\varphi_2$,$I_L = P(\tan\varphi_1 - \tan\varphi_2)/U\cos\varphi_1$ 代入上式,得

$$I_C = P(\tan\varphi_1 - \tan\varphi_2)/U = \omega CU \tag{4.45}$$

$$C = P(\tan\varphi_1 - \tan\varphi_2)/\omega U^2(\tan\varphi_1 - \tan\varphi_2) \tag{4.46}$$

$$Q_C = \omega CU^2 = P(\tan\varphi_1 - \tan\varphi_2) \tag{4.47}$$

综上所述可知,补偿容量不同功率因素提高也不一样:

欠补偿:功率因素提高适合。

全补偿:电容设备投资增加,经济效果不明显。

过补偿:使功率因数又由高变低(性质不同)。

综合考虑,功率因素提高到适当值为宜(0.95 左右)。

【例 4.2.26】 若测得一只铁芯线圈的 P、I 和 U,则联立以下公式:

阻抗的模 $|Z| = U/I$,电路的功率因数 $\cos\varphi = P/UI$,等效电阻 $R = P/I^2 = |Z|\cos\varphi$,等效电抗 $X = |Z|\sin\varphi$,$X = X_L = 2\pi fL$ 可计算出阻值 R 和电感量 L。

【例 4.2.27】 会增加"断零"的可能性,如开关拉开。开关接触不良"断零"后接在三相四线上的 220 V 负载相当于星形连接接在 380 V 上,然而三相负载不可能是平衡的,负载轻的一相电压最高,使这一相上的 220 V 设备大量烧坏,而对单相负荷则不可能有回路。"断零"后会造成中性线对地电压升高,增加触电的可能性。因此,规定在中线上不允许安装熔断器和开关设备,并选择机械强度高的导线。

【例 4.2.28】 在三相电路的星形连接中,在电源和负载都对称情况下,线电压与相电压的数值关系为线电压是相电压的 $\sqrt{3}$,即 $U_l = \sqrt{3}U_P$。在三相电路的三角形连接中,线电压恒等于相电压。两线电流则为两个相电流的矢量差,当电源和负载都对称时,线电流在数值上为相电流的 $\sqrt{3}$,即 $I_l = \sqrt{3}I_p$。

【例4.2.29】 实验数据表明当三相对称星形负载 A 相开路时,在有中线的情况下,即使负载不对称,各相负载都可以得到对称的电压。在无中线的情况下,负载不对称则导致各相负载获得的电压不对称。阻抗小的负载获得的电压很低,导致负载无法工作;而阻抗大的负载获得的电压与线电压相同,可能会导致负载烧毁。

由此可推出中线的作用:无论负载对称与否,只要有中线,就可以保证各相负载获得对称的相电压,安全供电。如果没有的话,在三相负载不对称时会造成三相负载获得的电压不相等,导致有的负载的相电压高(甚至高过额定电压),有的负载的相电压降低,导致负载无法正常工作。

【例4.2.30】 实验数据表明 B 相负载短路后,相电压 U_{AO} = 220 V,U_{BO} = 0 V,U_{CO} = 220 V。相电压提高到了220 V,若线电压是380 V,则 B 相短路后 A 相电压和 C 相电压会升高到380 V,两相负载获得的电压将会高于负载的额定工作电压,甚至会烧坏负载设备。

【例4.2.31】 (1) 用二瓦计法测量对称三相电路的无功功率。在对称三相电路中,可以用二瓦计法测得的数值 P_1、P_2 来求出负载的无功功率 Q 和负载的功率因数 φ。表达式为

$$Q = (P_1 - P_2), \quad \varphi = \arctan3[(P_1 - P_2)/(P_1 + P_2)] \qquad (4.48)$$

(2) 用一瓦计法测量对称三相电路的无功功率。在对称三相电路中,无功功率还可用一只功率表来测量,如附图4.9所示。这时三相负载所吸收的无功功率为 $Q = 3P$,式中 P 是功率表的读数。当负载为感性时,功率表正向偏转;当负载为容性时,功率表反向偏转(读数取负值)。

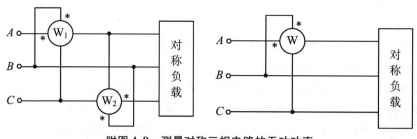

附图4.9 测量对称三相电路的无功功率

4.2.2 交流电路的分层进阶题

4.2.2.1 概念测试题

序号	4.2.32	4.2.33	4.2.34	4.2.35	4.2.36	4.2.37	4.2.38	4.2.39	4.2.40
答案	D	C	B	B	A	C	A	A	A
序号	4.2.41	4.2.42	4.2.43	4.2.44	4.2.45	4.2.46			

序号	4.2.32	4.2.33	4.2.34	4.2.35	4.2.36	4.2.37	4.2.38	4.2.39	4.2.40
答案	C	B	C	B	B	C			

4.2.2.2 定性测试题

序号	4.2.47	4.2.48	4.2.49	4.2.50	4.2.51	4.2.52	4.2.53	4.2.54	4.2.55
答案	B	D	D	C	A	B	D	A	C
序号	4.2.56	4.2.57	4.2.58						
答案	B	D	D						

【例 4.2.51】

$$Z_T = (j20) /\!/ (-j10) + 15 = \frac{(j20) \times (-j10)}{(j20) + (-j10)} + 15$$
$$= 15 - j20 = 25\angle -53° \ \Omega \tag{4.49}$$

$$I_S = \frac{100\angle 0°}{25\angle -53°} = 4\angle 53° \ \text{A}, \quad R_{AV} = 4^2 \times 15 = 240 \ \text{W} \tag{4.50}$$

【例 4.2.52】

$$\begin{cases} I_{3+4j} = \dfrac{100\angle 0°}{3+4j} = \dfrac{100\angle 0°}{5\angle 53°} = 20\angle -53° \ \text{A} \\ I_{4-3j} = \dfrac{100\angle 0°}{4-3j} = \dfrac{100\angle 0°}{5\angle -37°} = 20\angle 37° \ \text{A} \end{cases} \tag{4.51}$$

平均功率为

$$R_{AV} = 20^2 \times 3 + 20^2 \times 4 = 2800 \ \text{W} \tag{4.52}$$

总无功功率为

$$Q_T = |20^2 \times 4 - 20^2 \times 3| = 400 \ \text{Var} \tag{4.53}$$

【例 4.2.53】 视在功率的复数形为 $S = P + jQ$（P 为有效功率），即

$$S = UI^* = (100 + j60) \times (40 + j30) = 4000 + j3000 + j2400 - 1800$$
$$= 2200 + j5400 \ (\text{VA}) \tag{4.54}$$

注：利用复数求功率，视在功率 $S = UI^* = UI\angle\theta = UI(\cos\theta \pm j\sin\theta) = P \pm jQ$；$S = P + jQ$：线路为电感性，$S = P - jQ$：线路为电容性。$I^*$ 表示 I 的共轭复数，即 $1 + j5$ 的共轭复数为 $1 - j5$，$5\angle 30°$ 的共轭复数为 $5\angle -30°$。

【例 4.2.54】 纯电阻电路之瞬间功率的频率为电源电压频率的两倍，即

$$f_p = 2f_e = 2 \times 60 = 120 \ \text{Hz} \tag{4.55}$$

瞬间功率最大值为

$$P_{\max} = 2EI = 2E^2/R = 2 \times 100^2/50 = 400 \ \text{W} \tag{4.56}$$

瞬间功率最小值为

$$P_{\min} = EI(\cos\theta - 1)$$

因 $\theta = 0°$,则 $P_{\min} = 0$ (W)。
平均功率为

$$P = E^2/R = 100^2/50 = 200 \text{ W} \tag{4.57}$$

【例 4.2.55】

$$Q = UI\sin\theta = (110/\sqrt{2})(5/\sqrt{2})\sin(60° - 30°) = 275/2 \approx 138 \text{ W} \tag{4.58}$$

【例 4.2.58】

$$X'_L = \frac{R^2 + X_L^2}{X_L} = \frac{20^2 + 15^2}{15} = \frac{125}{3} \Omega$$

$$f_0 = f\sqrt{\frac{X_C}{X_L}} = 100\sqrt{\frac{60}{\frac{125}{3}}} = 120 \text{ Hz} \tag{4.59}$$

4.2.2.3 快速测试题

序号	4.2.59	4.2.60	4.2.61	4.2.62	4.2.63	4.2.64	4.2.65	4.2.66	4.2.67
答案	A	A	D	A	C	B	D	A	E
序号	4.2.68	4.2.69	4.2.70	4.2.71	4.2.72	4.2.73			
答案	B	A	D	B	C	B			

【例 4.2.65】

$$Z = 3 - j4 = \sqrt{3^2 + 4^2} \angle - \arctan\frac{4}{3} = 5\angle -53°, \quad \cos 53° = \frac{3}{5} = 0.6(超前) \tag{4.60}$$

【例 4.2.66】

$$X = (j5) // (j10) = \frac{(j5) \times (-j10)}{(j5) - (j10)} = \frac{50}{-j5} = j10, \quad X = j5 \tag{4.61}$$

$$Z = 10 + j10 = 10\sqrt{2}\angle 45° \tag{4.62}$$

$$PF = \cos 45° = 0.707 \tag{4.63}$$

【例 4.2.67】

电路电压 = 阻抗 × 电流 = $(3 - j4)(1 + j2) = 3 + j6 - j4 + 8 = 11 + j2$
$$\tag{4.64}$$

视在功率 $S = UI^* = (11 + j2)(1 - j2) = 11 - j22 + j2 + 4$
$$= 15 - j20 = P - jQ(电容性) \tag{4.65}$$

【例 4.2.68】

$$P_{\min} = P - S = P_{\min} = UI(\cos\theta - 1) \frac{100\sqrt{2}}{\sqrt{2}} \times \frac{20\sqrt{2}}{\sqrt{2}} \times (\cos 30° - 1)$$

$$= 2000 \times (0.866 - 1) = -268 \text{ W} \tag{4.66}$$

【例 4.2.69】 根据 $P = U^2/R$ 得,$R = 400/10 = 40\ \Omega$,交流电的有效值为

$$U = \frac{E_m}{\sqrt{2}} = 10\sqrt{2}\ \text{V} \tag{4.67}$$

则电阻消耗的电功率为

$$P' = \frac{U^2}{R} = \frac{200}{40} = 5\ \text{W} \tag{4.68}$$

【例 4.2.70】

$P_T = 100^2/10 = 1000\ \text{W}$

$$|Q_T| = |Q_C - Q_L| = \left|\frac{100^2}{10} - \frac{100^2}{20}\right| = |1000 - 500| = 500\ \text{Var} \tag{4.69}$$

视在功率为

$$S_T = \sqrt{P_T^2 + Q_T^2} = \sqrt{1000^2 + 500^2} = 500\sqrt{5} = 1118\ \text{VA} \tag{4.70}$$

【例 4.2.71】

$Q = UI\sin\theta,\quad \sin\theta = \sin[20° - (10°)] = \sin 30° = 1/2 = 0.5$

$$Q = 100 \times 10 \times 0.5 = 500\ \text{Var} \tag{4.71}$$

【例 4.2.72】 (1) $L = 2 + 2 - 2 \times \frac{1}{2} = 3\ \text{H}$ (4.72)

$$X_L = \omega L = 1 \times 3 = 3\ \Omega \tag{4.73}$$

$$Z = \sqrt{R^2 + X_L^2} = \sqrt{4^2 + 3^2} = 5\ \Omega \tag{4.74}$$

$$I = E/Z = 10/5 = 2\ \text{A} \tag{4.75}$$

(2) $S = EI = 10 \times 2 = 20\ \text{VA}$ (4.76)

(3) $P = I^2 R = 2^2 \times 4 = 16\ \text{W}$ (4.77)

(4) $\cos\theta = P/S = 0.8,\quad \theta = 20\sin\theta = 12\ \text{Var}$ (4.78)

【例 4.2.73】

$Q_C = 24k \times \tan[\cos^{-1} 0.6][24k \times \tan(\cos^{-1} 0.8)] = 24k \times 4/3 - 24k \times 3/4$

$$= 32k - 18k = 14\ \text{kVar} \tag{4.79}$$

4.2.2.4 定量测试题

序号	4.2.74	4.2.75	4.2.76	4.2.77	4.2.78	4.2.79	4.2.80	4.2.81	4.2.82
答案	A	B	A	C	B	C	D	B	C

序号	4.2.83	4.2.84
答案	A	C

4.2.3 交流电路的情景探究题

序号	4.2.85	4.2.86	4.2.87	4.2.88	4.2.89
答案	C	C	D	C	D

第 5 章 电磁理论部分

5.1 电磁理论的分层进阶探究题

5.1.1 电磁理论的趣味探究题

【例 5.1.1】 宏观电流有三种形式：

(1) 在电场作用下，大量自由电子在导体中运动所形成的传导电流；

(2) 真空或非常稀薄的气体中带电质点(如电子管内阴极发射的电子，受宇宙射线照射而电离的气体离子等)在电场作用下运动所形成的运流电流；

(3) 电场变化所形成的位移电流。

所谓全电流，是指通过某一截面的传导电流、运流电流和位移电流的代数和。

这三种电流不可能同时存在于空间的同一截面上。凡是有运流电流之处(如真空中)，不可能有传导电流存在；传导电流显著之处(如金属中)，位移电流也常常小得可忽略；位移电流显著之处(如电介质中)，不但无运流电流，而且传导电流(漏电电流)也很小，甚至可忽略。

位移电流和传导电流在产生磁场的效应上是完全等效的，但它们是两个截然不同的物理概念。位移电流和传导电流的主要区别有以下几点：

① 位移电流是指电位移通量随时间的变化率，而传导电流是自由电荷的定向运动所形成的。因此，位移电流不存在实物的迁移。如在真空中电场的变化也要产生磁场，它仍然具有位移电流的性质；而传导电流必然伴有电荷的运动。

② 位移电流的数学表示式为

$$I_D = \iint_S \boldsymbol{j}_d \cdot \mathrm{d}\boldsymbol{S} = \iint_S \frac{\partial \boldsymbol{D}}{\partial t} \cdot \mathrm{d}\boldsymbol{S} \tag{5.1}$$

传导电流的数学表示式为

$$I_0 = \iint_S \boldsymbol{j}_0 \cdot \mathrm{d}\boldsymbol{S} = \iint_S \sigma \boldsymbol{E} \cdot \mathrm{d}\boldsymbol{S} \tag{5.2}$$

式中, $j_d = \frac{\partial \boldsymbol{D}}{\partial t}$ 称为位移电流密度, $j_0 = \sigma \boldsymbol{E}$ 称为传导电流密度。

③ 传导电流仅能在导体中存在, 它决定于自由电子与导体晶格间的碰撞。因此有热损耗, 单位体积内热损耗决定于焦耳-楞次定律

$$P = \boldsymbol{j}_0 \cdot \boldsymbol{E} = \sigma E^2 (\text{W} \cdot \text{m}^3) \tag{5.3}$$

而位移电流还可以存在于电介质及真空中。在电介质中, 位移电流的热损耗(即介质吸收)不遵从焦耳-楞次定律; 在真空中, 位移电流无热效应。

【例5.1.2】 (1) 从产生的原因看, 静电场是由电荷产生的, 是有源电场, 而涡旋电场是由变化的磁场产生的, 它不依赖于场源电荷, 是无源电场。

(2) 从电力线的分布看, 静电场的电力线是不闭合的, 从正电荷出发(或来自无穷远处), 终止于负电荷(或伸延到无穷远处), 而涡旋电场的电力线必定是闭合的, 没有起点和终点。

(3) 从对导体的作用看。静电场可使导体中的自由电荷发生移动, 平衡时导体内部的静电场强度必定为0, 单是静电场不能在导体中形成持续流动的电流, 涡旋电场也可使导体中的自由电荷发生移动, 它的电场强度不依赖于导体是否存在, 可以在导体中形成持续的电流。

【例5.1.3】 麦克斯韦方程组是在一定的科学假设(位移电流、涡旋电场)的前提下, 直接从库仑定律、毕奥-萨伐尔定律和法拉弟电磁感应定律三大实验定律中归纳出来的, 它的积分形式和微分形式是等效的。因为它们之间的过渡不需要新的物理假设和实验基础, 只需采用数学手段, 根据矢量分析中的高斯定理和斯托克斯定理, 就可由积分形式推导出微分形式, 它们描述的规律是相同的。

麦克斯韦方程组的积分形式描写的是某一选定区域内电磁场整体的情况, 如某一闭合回路或封闭曲面内各电磁场量($\boldsymbol{E}$, $\boldsymbol{D}$, $\boldsymbol{B}$, $\boldsymbol{H}$, ρ, $\boldsymbol{j}$ 等)之间的相互联系, 它虽能适用于一般情形的电磁场, 但不能直接表示某一点各电磁场量之间的关系。

麦克斯韦方程组的微分形式描写的是电磁场中某些点电磁场量的大小和变化情况, 它反映了一般情况下, 电荷电流激发的电磁场在 ρ 和 $\boldsymbol{j}$ 为0区域的性质, 以及电磁场内部矛盾运动的规律, 这是积分形式所无能为力的。

麦克斯韦方程组的微分形式实际上是一组偏微分方程, 在实际问题给出定解条件下, 解这个微分方程组, 原则上就能解决所有宏观电磁学问题。

【例5.1.4】 方程Ⅰ: 这是关于电场的高斯定律, 它说明电场和电荷的关系, 其中电场不仅包括电荷的电场, 也包括变化磁场激发的感生电场。

方程Ⅱ: $\oint_S \boldsymbol{B} \cdot \mathrm{d}\boldsymbol{S} = 0$, 这是磁通连续定理, 它说明在自然界中无单一磁荷(磁单极)存在。

方程Ⅲ: 这是法拉第电磁感应定律, 说明电场(包括一切电场)与变化磁场之间的关系。

方程Ⅳ:这是一般形式的安培环路定理,它说明磁场与电流(运动电荷)及变化电场的关系。

【例 5.1.6】 电磁波的能流密度矢量称为坡印亭矢量。它和电场及磁场的关系是 $S = E \times H$。

【例 5.1.7】 电磁波的动量密度和它的能量密度成正比,即 $p = \omega/c$(式中 c 是真空中光速)。

【例 5.1.8】 电磁波有动量,当它入射到物体表面时即对物体产生压力,这就是光压。光压与电磁波的动量密度、能量密度成正比,与物体表面对电磁波的反射能力有关,用同一束电磁波照射,在无反射表面(绝对黑体)形成的光压最小($p_r = cp = \omega$),在完全反射表面形成的光压最大($p_r = 2cp = 2\omega$)。

【例 5.1.9】 加速电荷在空间某点产生的横向电场、横向磁场都与电荷的加速度成正比,与该点到电荷的距离成反比。

【例 5.1.10】 平面电磁波方程为

$$\begin{cases} E = E_0 \cos\omega\left(t - \dfrac{r}{v}\right) \\ H = H_0 \cos\omega\left(t - \dfrac{r}{v}\right) \end{cases} \tag{5.4}$$

平面电磁波方程的同位相为

$$\sqrt{\varepsilon}E_0 = \sqrt{\mu}H_0 \tag{5.5}$$

故计算的电场、磁场的能量密度分别为

$$\begin{cases} \omega_e = \dfrac{1}{2}\varepsilon E^2 = \dfrac{1}{2}\varepsilon E_0^2 \cos^2\omega\left(t - \dfrac{r}{v}\right) \\ \omega_m = \dfrac{1}{2}\mu H^2 = \dfrac{1}{2}\mu H_0^2 \cos^2\omega\left(t - \dfrac{r}{v}\right) \end{cases} \tag{5.6}$$

5.1.2 电磁理论的分层进阶题

5.1.2.1 概念测试题

序号	5.1.11	5.1.12	5.1.13	5.1.14	5.1.15	5.1.16	5.1.17	5.1.18	5.1.19
答案	A	C	D	D	D	D	C	B	D

序号	5.1.20	5.1.21	5.1.22
答案	D	D	B

5.1.2.2 定性测试题

序号	5.1.23	5.1.24	5.1.25	5.1.26	5.1.27	5.1.28	5.1.29	5.1.30	5.1.31
答案	B	C	B	B	D	A	C	D	B
序号	5.1.32	5.1.33	5.1.34	5.1.35	5.1.36	5.1.37	5.1.38	5.1.39	5.1.40
答案	BC	A	A	C	A	A	A	A	A
序号	5.1.41								
答案	A								

5.1.2.3 快速测试题

序号	5.1.42	5.1.43	5.1.44	5.1.45	5.1.46	5.1.47	5.1.48	5.1.49	5.1.50
答案	B	A	B	C	A	B	C	A	C
序号	5.1.51	5.1.52	5.1.53	5.1.54	5.1.55	5.1.56	5.1.57	5.1.58	5.1.59
答案	C	C	C	D	ABD	D	B	A	A

5.1.2.4 定量测试题

序号	5.1.60	5.1.61	5.1.62	5.1.63	5.1.64	5.1.65	5.1.66	5.1.67	5.1.68
答案	B	D	C	A	C	C	D	C	A
序号	5.1.69								
答案	C								

5.1.3 电磁理论的情景探究题

序号	5.1.70	5.1.71	5.1.72	5.1.73	5.1.74	5.1.75	5.1.76	5.1.77	5.1.78
答案	D	C	A	A	A	AB	C	A	B
序号	5.1.79	5.1.80	5.1.81	5.1.82	5.1.83	5.1.84	5.1.85		
答案	B	AB	B	ACD	CD	A	D		

【例 5.1.70】 均匀变化的电场周围产生的磁场是稳定的,非均匀变化的电场周围产生的磁场是变化的。

【例 5.1.71】 真空中所有的电磁波传播的速度均为 3×10^8 m·s^{-1}。

【例 5.1.77】 (1) 仅考虑光的折射，设 Δt 时间内激光束穿过小球的粒子数为 n，每个粒子动量的大小为 p，这些粒子进入小球前的总动量为

$$p_1 = 2np\cos\theta \tag{5.7}$$

从小球出射时的总动量为 $p_2 = 2np$，p_1、p_2 的方向均沿 SO 向右。

根据动量定理可得

$$F\Delta t = p_2 - p_1 = 2np(1 - \cos\theta) > 0 \tag{5.8}$$

可知小球对这些粒子的作用力 F 的方向沿 SO 向右，根据牛顿第三定律：两光束对小球的合力的方向沿 SO 向左。

(2) 建立如附图 5.1 所示的 Oxy 直角坐标系。

x 方向：根据(1)同理可知，两光束对小球的作用力沿 x 轴负方向。

y 方向：设 Δt 时间内，光束①穿过小球的粒子数为 n_1，光束②穿过小球的粒子数为 n_2，$n_1 > n_2$。

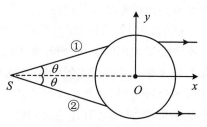

附图 5.1 Oxy 直角坐标系

这些粒子进入小球前的总动量为

$$p_{1y} = (n_1 - n_2)p\sin\theta \tag{5.9}$$

从小球出射时的总动量为

$$p_{2y} = 0 \tag{5.10}$$

根据动量定理可得

$$F_y\Delta t = p_{2y} - p_{1y} = -(n_1 - n_2)p\sin\theta \tag{5.11}$$

可知小球对这些粒子的作用力 F_y 的方向沿 y 轴负方向，根据牛顿第三定律，两光束对小球的合力沿 y 轴正方向，所以两光束对小球的合力方向指向左上方。

5.2 电磁波应用的分层进阶探究题

5.2.1 电磁波应用的趣味思考题

【例 5.2.1】 家中的电视信号一般是经卫星转播的。携带电视信号的电磁波从地面到卫星再传送回地面需要一定的时间。各省市卫星频道转播的 NBA 决赛是先接收体育频道的节目，经过处理后，再发送到通信卫星的转发器上，然后由转发器向地面传送，由于通信卫星距离地面一般有几万千米，电磁波经过这段距离需要一定的时间，所以会延迟零点几秒。

【例 5.2.2】 赫兹实验能够说明电磁波的存在。依照麦克斯韦理论,电扰动能辐射电磁波。赫兹根据电容器经由电火花隙会产生振荡原理,设计了一套电磁波发生器。赫兹将一感应线圈的两端接于产生器二铜棒上。当感应线圈的电流突然中断时,其感应高电压使电火花隙之间产生火花。瞬间后,电荷便经由电火花隙在锌板间振荡,频率高达数百万周。由麦克斯韦理论,此火花应产生电磁波,于是赫兹设计了一简单的检波器来探测此电磁波。他将一小段导线弯成圆形,线的两端点间留有小电火花隙。因电磁波应在此小线圈上产生感应电压,而使电火花隙产生火花。所以他坐在一暗室内,检波器距振荡器 10 m 远,结果他发现检波器的电火花隙间确有小火花产生。

【例 5.2.3】 镜像法的理论依据是静电场的唯一性定理。根据这个定理,只要不改变场域内的电荷分布,也不改变场域边界上的条件,就不会改变原电场的分布。用镜像法求解静电场问题的基本原理,就是用场域外的镜像电荷等效地取代场域的物理边界,也就是等效取代场域物理边界上的感应电荷或束缚电荷对域内电场的贡献,从而将有界空间问题转化为无界空间问题求解。这种等效取代所应满足的条件就是,添加的域外电荷与原有电荷共同产生的场,在原场域边界上所满足的条件不变。

【例 5.2.4】 Maxwell 方程组为

$$\nabla \times \boldsymbol{H} = \boldsymbol{J} + \frac{\partial \boldsymbol{D}}{\partial t}, \quad \nabla \times \boldsymbol{E} = -\frac{\partial \boldsymbol{B}}{\partial t}, \quad \nabla \cdot \boldsymbol{B} = 0, \quad \nabla \cdot \boldsymbol{D} = \rho \quad (5.12)$$

在理想介质中,有

$$\boldsymbol{B} = \mu \boldsymbol{H}, \quad \boldsymbol{D} = \varepsilon \boldsymbol{E}, \quad \boldsymbol{J} = \gamma \boldsymbol{E}$$

式中,μ, ε 为常量,$\gamma = 0$。 (5.13)

无源区有 $\rho = 0$,所以 Maxwell 方程组化为

$$\nabla \times \boldsymbol{H} = \varepsilon \frac{\partial \boldsymbol{E}}{\partial t}, \quad \nabla \times \boldsymbol{E} = -\mu \frac{\partial \boldsymbol{H}}{\partial t}, \quad \nabla \cdot \boldsymbol{H} = 0, \quad \nabla \cdot \boldsymbol{E} = 0 \quad (5.14)$$

对第二式求旋度,得

$$\nabla \times \nabla \times \boldsymbol{E} = -\mu \frac{\partial}{\partial t} \nabla \times \boldsymbol{H} = -\mu \varepsilon \frac{\partial^2 \boldsymbol{E}}{\partial t^2} \quad (5.15)$$

而

$$\nabla \times \nabla \times \boldsymbol{E} = \nabla(\nabla \cdot \boldsymbol{E}) - \nabla^2 \boldsymbol{E} = -\nabla^2 \boldsymbol{E} \quad (5.16)$$

故

$$\nabla^2 \boldsymbol{E} - \mu \varepsilon \frac{\partial^2 \boldsymbol{E}}{\partial t^2} = 0$$

同理得

$$\nabla^2 \boldsymbol{H} - \mu \varepsilon \frac{\partial^2 \boldsymbol{H}}{\partial t^2} = 0 \quad (5.17)$$

此即电场和磁场的波动方程。

【例 5.2.5】 大气对辐射的吸收作用:太阳辐射穿过大气层时,大气分子对电磁波的某些波段有吸收作用。吸收作用使辐射能量转变为分子的内能,从而引起这些波段太阳辐射强度的衰减,甚至某些波段的电磁波完全不能通过大气。因此在太阳辐射到达地面时,形成了电磁波的某些缺失带。由于每种分子形成吸收带的位置不同,分别讨论水的吸收带、二氧化碳的吸收带、臭氧吸收带和氧气主要吸收带。此外大气中的其他微粒虽然也有吸收作用,但不起主导作用。

辐射在传播过程中遇到小微粒而使传播方向改变,并向各个方向散开,称散射。散射使原传播方向的辐射强度减弱,而增加向其他各方向的辐射。尽管强度不大,但从遥感数据角度分析,太阳辐射在照到地面又反射到传感器的过程中,二次通过大气,在照射地面时,由于散射增加了漫入射成分,使反射的辐射成分有所改变。返回传感器时,除反射光外还增加了散射光进入传感器。通过二次影响增加了信号中的噪声成分,造成遥感图像质量下降。

散射现象的实质是电磁波在传输中遇到大气微粒而产生的一种衍射现象。因此,这种现象只有当大气中的分子或其他微粒的直径小于或相当于辐射波长时才发生。大气散射有三种情况:

(1) 瑞利散射:大气中粒子的直径比波长小得多时发生的散射。这种散射主要由大气中的原子和分子,如氮、二氧化碳、臭氧和氧分子等引起。特别是对可见光而言,瑞利散射现象非常明显,因为这种散射的特点是散射强度与波长的四次方成反比,即波长越长,散射越弱。

(2) 米氏散射:当大气中粒子的直径与辐射的波长相当时发生的散射。这种散射主要由大气中的微粒,如烟、尘埃、小水滴及气溶胶等引起。米氏散射的散射强度与波长的二次方成反比,云雾的粒子大小与红外线的波长接近,所以云雾对红外线的散射主要是米氏散射。潮湿天气对米氏散射影响较大。

(3) 无选择性散射:当大气中粒子的直径比波长大得多时发生的散射。这种散射的特点是散射强度与波长无关,也就是说,在符合无选择性散射的条件的波段中,任何波长的散射强度相同。例如,云雾粒子直径虽然与红外线波长接近,但相比可见光波段,云雾中水滴的粒子直径就比波长大很多,因而对可见光中各个波长的光散射强度相同,所以人们看到云雾呈白色,并且无论从云下还是乘飞机从云层上面看,都是白色。

散射造成太阳辐射的衰减,但是散射强度遵循的规律与波长密切相关。而太阳的电磁波辐射几乎包括电磁辐射的各个波段。因此,在大气状况相同时,同时会出现各种类型的散射。对于大气分子、原子引起的瑞利散射主要发生在可见光和近红外波段。对于大气微粒引起的米氏散射从近紫外到红外波段都有影响,当波长进入红外波段后,米氏散射的影响超过瑞利散射。大气云层中,小雨滴的直径相对其他微粒最大,对可见光只有无选择性散射发生,云层越厚,散射越强,而对微波来说,微波波长比粒子的直径大得多,又属于瑞利散射的类型,而且散射强度与波长四次方成反比,波长越长散射强度越小,所以微波才可能有最小散射、最大透射,具有穿云透雾的能力。

【例 5.2.6】 辐射出射度(M):辐射源物体表面单位面积上的辐射通量,$d\Phi/dS$,单位 $W \cdot m^{-2}$,S 为面积。辐射亮度(L):假定有一辐射源呈面状,向外辐射的强度随辐射方向而不同,则 L 定义为辐射源在某一方向、单位投影表面、单位立体角内的辐射通量,即 $L = \Phi/\Omega(A\cos\theta)$,$L$ 的单位 $W \cdot sr^{-1} \cdot m^{-2}$。辐射源向外辐射电磁波时,$L$ 往往随 θ 角而改变。也就是说,接受辐射的观察者以不同 θ 角观察辐射源时,L 值不同。

共同点:辐照度(I)、辐射出射度(M)、辐射亮度(L)都是描述辐射测量的概念。

区别:辐照度(I)与辐射出射度(M)都是辐射通量密度的概念,描述的是辐射量的大小,但是 I 为物体接收的辐射,M 为物体发出的辐射。它们都与波长 λ 有关。

辐射亮度(L)描述的是辐射量的强弱,为单位立体角内的辐射通量,L 随 θ 角的改变而改变。黑体辐射的三个特性:辐射通量密度随波长连续变化,每条曲线只有一个最大值;温度越高,辐射通量密度越大,不同温度的曲线不同;随着温度的升高,辐射最大值所对应的波长向短波方向移动。

按照发射率与波长的关系,把地物分为三种类型:黑体或绝对黑体,发射率为 1,常数;灰体(Grey Body),发射率小于 1,常数;选择性辐射体,反射率小于 1,且随波长而变化。

基尔霍夫定律:在一定温度下,地物单位面积上的辐射通量 W 和吸收率之比,对于任何物体都是一个常数,并等于该温度下同面积黑体辐射通量 $W_{黑}$。

亮度温度:由于自然地物不是黑体,当物体的辐射功率等于某一黑体的辐射功率时,该黑体的绝对温度即为亮度温度。

发射光谱曲线:按照发射率和波长之间的关系绘成的曲线。

【例 5.2.7】 入射光透射过地物的能量与入射总能量的百分比,用 τ 表示。水体对 $0.45\sim0.56\ \mu m$ 波段的蓝绿光波具有一定的透射能力,较混浊水体的透射深度为 $1\sim2\ m$,一般水体的透射深度可达 $10\sim20\ m$。又如,波长大于 $1\ mm$ 的微波对冰体具有透射能力。

一般情况下,绝大多数地物对可见光都没有透射能力。红外线只对具有半导体特征的地物,才有一定的透射能力。微波对地物具有明显透射能力,选择适当的传感器来探测水下、冰下某些地物的信息。

大气的散射作用:太阳辐射在传播过程中遇到小微粒而使传播方向改变,并向各个方向散开。改变了电磁波的传播方向;干扰传感器的接收;降低了遥感数据的质量,影像模糊,影响判读。

【例 5.2.8】 瑞利散射:当微粒的直径比辐射波长小得多时,此时的散射称为瑞利散射。散射率与波长的四次方成反比,因此,瑞利散射的强度随着波长变短而迅速增大。紫外线是红光散射的 30 倍,$0.4~\mu m$ 的蓝光是 $4~\mu m$ 红外线散射的 1 万倍。瑞利散射对可见光的影响较大,对红外辐射的影响很小,对微波的影响可以不计。

米氏散射:当微粒的直径与辐射波长差不多时的大气散射。云、雾的粒子大小与红外线的波长接近,所以云雾对红外线的米氏散射不可忽视。潮湿天气对米氏散射影响较大。

无选择性散射:当微粒的直径比辐射波长大得多时所发生的散射。符合无选择性散射条件的波段中,任何波段的散射强度相同。水滴、雾、尘埃、烟等气溶胶常常产生无选择性散射。

对于大气分子、原子引起的瑞利散射主要发生在可见光和近红外波段。对于大气微粒引起的米氏散射从近紫外到红外波段都有影响。大气云层中,小雨滴的直径相对其他微粒最大,对可见光只有无选择性散射发生,云层越厚,散射越强,而对微波来说,微波波长比粒子直径大得多,又属于瑞利散射的类型,而且散射强度与波长的四次方成反比,波长越长散射强度越小,所以微波才可能有最小散射、最大透射,而被称为具有穿云透雾的能力。

【例 5.2.9】 太阳辐射:是可见光和近红外($0.3 \sim 2.5~\mu m$ 波段)的主要辐射源;常用 5800 K 的黑体辐射来模拟;其辐射波长范围极大;辐射能量集中-短波辐射。大气层对太阳辐射有吸收、反射和散射。太阳光谱:相当于 5800 K 的黑体辐射;到达地面的太阳辐射主要集中在 $0.3 \sim 3.0~\mu m$ 波段,包括近紫外、可见光、近红外和中红外;经过大气层的太阳辐射有很大的衰减;各波段的衰减是不均衡的。地球的电磁辐射:小于 $3~\mu m$ 的波长主要是太阳辐射的能量;地球自身发出的辐射主要集中在波长较长的部分,即 $6~\mu m$ 以上的热红外区段。在 $3 \sim 6~\mu m$ 波段之间,太阳和地球的热辐射都要考虑。太阳辐射的能量主要集中在可见光,其中 $0.38 \sim 0.76~\mu m$ 波段的可见光能量占太阳辐射总能量的 46%,最大辐射强度位于波长 $0.47~\mu m$ 左右。到达地面的太阳辐射主要集中在 $0.3 \sim 3.0~\mu m$ 波段,包括近紫外、可见光、近红外和中红外;经过大气层的太阳辐射有很大的衰减;各波段的衰减是不均衡的。

5.2.2 电磁波应用的分层进阶题

序号	5.2.10	5.2.11	5.2.12	5.2.13	5.2.14	5.2.15	5.2.16	5.2.17	5.2.18
答案	B	A	A	D	C	D	BD	B	A
序号	5.2.19	5.2.20	5.2.21	5.2.22	5.2.23	5.2.24	5.2.25	5.2.26	5.2.27
答案	B	D	AC	C	C	E	B	C	C

【例5.2.10】 选项A,雷达是利用电磁波来测定物体位置的无线电设备;不合题意。

选项B,利用声呐系统探测海底深度,利用了声音能传递信息的原理,符合题意。

选项C,卫星和地面的联系靠电磁波,将图片和声音等信号调制到电磁波上,把电磁波当成载体发射回地面,不合题意。

选项D,手机信号屏蔽仪发射的干扰信号是通过电磁波传播的,不合题意。

【例5.2.11】 GPS接收器通过接收卫星发射的导航信号,实现对车辆的精确定位并导航,卫星向GPS接收器传送信息依靠的是电磁波。

【例5.2.13】 3G是第三代数字通信技术的简称,它与1G、2G的主要区别是传输声音和数据速度上有了很大的提高,跟我们生活联系最直接的变化就是可视电话的开通,利用电磁波传递数字信号来传递信息,利用它不仅能听到声音,还能看到对方动态的图像,实现无线网络通信。

【例5.2.18】
$$eV = \frac{hc}{\lambda_{\min}} \Rightarrow \lambda_{\min} = \frac{hc}{eV} \tag{5.18}$$

【例5.2.19】
$$2d\sin\theta = \left(n\frac{1}{2}\right)\lambda \Rightarrow n = 1 \text{ 时}, \quad d = \frac{\frac{\lambda}{2}}{2\sin\theta} = \frac{\lambda\cos\theta}{4} \tag{5.19}$$

【例5.2.20】 (1) $2d\sin 30° = n\lambda$ (5.20)

(2) d 有 $\frac{1}{2}$ 个 KCl 分子,且

$$M = P \times V \tag{5.21}$$

$$d = \left(\frac{1}{2}\frac{M \times 10^{-3}}{N_0 \rho}\right)^{\frac{1}{3}} = \left(\frac{M}{2000 N_0 \rho}\right)^{\frac{1}{3}}$$

代入上式得

$$\lambda = \frac{1}{10}\left(\frac{M}{2N_0\rho}\right)^{\frac{1}{3}}$$

【例5.2.21】 接近太阳时,彗星体上受到较大光压,彗星体受挤压而变长;远离太阳时,彗星体上受到较小光压,彗星体受挤压不厉害,所以彗星体收缩,没有太大的尾巴。

5.2.3 电磁波应用的情景探究题

序号	5.2.28	5.2.29	5.2.30	5.2.31	5.2.32	5.2.33	5.2.34	5.2.35	5.2.36
答案	D	D	A	C	D	A	ACD	C	ABC
序号	5.2.37	5.2.38	5.2.39	5.2.40	5.2.41	5.2.42	5.2.43	5.2.44	5.2.45
答案	C	D	D	D	B	A	A	D	C
序号	5.2.46	5.2.47							
答案	B	C							

【例 5.2.29】 由题目中给出的信息可知,温度越低,所发出的辐射频率也越低,所以"3 K 背景辐射"的频率比红外线还要低,所以是无线电波。

【例 5.2.30】 根据线圈中的磁场方向和电容器极板上的带电情况可以判断出,电容器正在充电,而充电过程电流减小,线圈中的磁场能减少,故选项 A 对,选项 B、选项 C 错。又因为此时的电流是自感电动势产生的自感电流,且在减小,所以选项 D 错。

【例 5.2.31】 将可变电容器的动片旋进旋出是指改变电容器的正对面积 S,将它全部旋出指 S 已最小,说明改变 S 无法达到所要的高频 f。又因 $f = \dfrac{1}{2\pi\sqrt{LC}}$,所以只有再减少调谐电路中线圈的匝数,$L$ 减小,f 才能增大到预定值,f 与电源电压无关,故选项 C 对,选项 A、选项 B、选项 D 错。

【例 5.2.32】 根据麦克斯韦电磁理论,恒定的电场(或磁场)不能产生磁场(或电场),均匀变化的电场(或磁场)只能产生不变的磁场(或电场),振荡的电场(或磁场)能产生同频率的振荡的磁场(或电场),故只有选项 D 正确。

【例 5.2.33】 雷达是一个电磁波的发射和接收系统,因而是靠发射电磁波来定位的。

【例 5.2.34】 振荡的电磁场由产生的区域向外传播形成电磁波,电磁波是横波,电场、磁场以及传播方向三者相互垂直,电磁波具有波的一切特征,也能产生干涉、衍射现象,电磁波的传播不需要介质,因此能在真空中传播。故选项 A、C、D 是正确的,选项 B 是错误的。

【例 5.2.35】 由 $f = \dfrac{1}{2\pi\sqrt{LC}}$ 得

$$\frac{f}{f'} = \frac{\sqrt{C'}}{\sqrt{C}} \tag{5.22}$$

$f' = 5.35 \times 10^5 \text{ Hz}$,又因为

$$\lambda' = c/f' = \frac{3.0 \times 10^8}{5.35 \times 10^5} = 560 \text{ m} \tag{5.23}$$

【例 5.2.36】 本题可以根据电磁波的特点和声波的特点进行分析。选项 A、B 均与事实相符,所以选项 A、B 正确。

根据

$$\lambda = \frac{v}{f} \tag{5.24}$$

可知,电磁波速度变小,频率不变,波长变小;声波速度变大,频率不变,波长变大,所以选项 C 正确。电磁波在介质中的速度,与介质有关,也与频率有关,在同一种介质中,频率越大,波速越小。所以选项 D 错误。

【例 5.2.37】 在真空中,各种频率的电磁波传播速度都相等,与电磁波的能量无关,所以选项 A 和选项 B 错误。电磁波的频率由产生电磁场的振荡电路的频率决定,与介质无关;电磁波传播的速度与介质有关,选项 C 正确。电磁波从发射电路向空间传播时,电磁场的能量也随同一起传播,所以电磁振荡停止,产生的电磁波不会立即消失。

【例 5.2.38】 在机械波中,质点的振动方向和传播方向有的相互垂直,有的方向在一条直线上,并据此分为纵波和横波。电磁波中电场和磁场的振动方向相互垂直,并都和电磁波的传播方向垂直,因此一定是横波。机械波的传播依赖介质,而电磁波的传播不需要介质,可以在真空中传播。机械波和电磁波都具有波的特征,都能发生反射、折射、干涉、衍射。电磁波从空气进入水中传播时,频率不变,传播速度变小,因此波长也变短;而机械波从空气进入水中传播时,传播速度变大,波长变长。所以选项 A、B、C 正确,选项 D 错误。

【例 5.2.39】 波速与 λ、f 无关,是由传播的介质决定的。

【例 5.2.40】 $v = \lambda \cdot f$,v 不变,λ 增大一倍,f 减为原来的一半。由 $f = \frac{1}{2\pi\sqrt{LC}}$ 知,选项 D 正确。

【例 5.2.41】 电磁波是交替产生周期变化的电磁场由发生区域向远处的传播。在真空中的传播速度为 3×10^8 m/s。电磁波在传播过程中频率 f 不变,由波动公式 $v = \lambda \cdot f$,由于电磁波在介质中传播速度变小,所以波长变短。电磁波具有波动性,能产生干涉、衍射现象。

【例 5.2.42】 因为光子不仅有能量,还有动量,其动量 $P = h/\lambda$,其中 h 为普朗克常量,λ 为光的波长。若该飞船的质量为 M,反射薄膜的面积为 S,单位面积上获得太阳能的功率为 P_0,太阳发出的光按照单一平均频率简化分析,则

(1)

$$\begin{cases} \dfrac{GMm}{(R+h)^2} = m\dfrac{v^2}{R+h} \\ \dfrac{GMm_1}{R^2} = m_1 g \end{cases} \Rightarrow \quad v = \sqrt{\dfrac{R^2 g}{R+h}} \tag{5.25}$$

(2) 由光子的能量 $E = h\nu$,光子的动量 $P = h/\lambda$,以及 $c = \lambda\nu$,得

$$P = E/c \tag{5.26}$$

在 Δt 时间内,反射膜收到的光子能量为 $P_2 S\Delta t$,它们的动量为 $P_0 S\Delta t/c$。这些光子反射后最大动量为 $P_0 S\Delta t/c$,但方向相反。

由动量定理 $F\Delta t = 2 P_0 S\Delta t/c$,得

$$F = \dfrac{2P_0 S}{c} \tag{5.27}$$

由牛顿第三定律飞船也受到等大的力,则飞船获得的最大加速度为

$$a = \dfrac{F}{M} = \dfrac{2P_0 S}{cM} \tag{5.28}$$

【**例 5.2.43**】 (1) 时间 t 内太阳光照射到面积为 S 的圆形区域上的总能量 $E_{总} = P_0 St$,解得

$$E_{总} = \pi r^2 P_0 t$$

照射到此圆形区域的光子数 $n = \dfrac{E_{总}}{E}$,解得

$$n = \dfrac{\pi r^2 P_0 t}{E} \tag{5.29}$$

(2) 因光子的动量 $p = \dfrac{E}{c}$,则到达地球表面半径为 r 的圆形区域的光子总动量为

$$p_{总} = np \tag{5.30}$$

因太阳光被完全反射,所以时间 t 内光子总动量的改变量为

$$\Delta p = 2p \tag{5.31}$$

设太阳光对此圆形区域表面的压力为 F,依据动量定理 $Ft = \Delta p$,太阳光在圆形区域表面产生的光压 $I = F/S$,解得

$$I = \dfrac{2P_0}{c} \tag{5.32}$$

(3) 在太阳帆表面产生的光压 $I' = \dfrac{1+\rho}{2} I$,对太阳帆产生的压力为

$$F' = I'S \tag{5.33}$$

设飞船的加速度为 a,依据牛顿第二定律

$$F' = ma \tag{5.34}$$

解得 $a = 5.9 \times 10^{-5}$ m·s^{-2}。

【**例 5.2.44**】 静电屏蔽是利用电场来工作的,而手机信号屏蔽器是利用电磁

场来工作的,故选项 A 错;电磁波可以在真空中传播,选项 B 错;由题意知,手机信号屏蔽器工作过程中以一定的速度由低端频率向高端频率扫描,形成的电磁波干扰由基站发出的电磁波信号,使手机不能正常工作,故选项 C 错而选项 D 正确。

【例 5.2.47】 选项 A,无线电波波长较红外线长;选项 B,微波波长较红外线长;选项 C,X 射线波长较紫外线短,较 γ 射线长;选项 D,α 射线的本质不是电磁波,而是氦原子核;选项 E,β 射线的本质不是电磁波,而是电子。

参考文献

[1] 赵凯华,罗蔚茵,陈熙谋.新概念物理题解:上册[M].北京:高等教育出版社,2012.

[2] 陈秉乾,舒幼生,胡望雨.电磁学专题研究[M].北京:高等教育出版社,2001.

[3] 胡友秋,程福臻,叶邦角,等.电磁学与电动力学:上册[M].北京:科学出版社,2014.

[4] 卢荣德,程福臻,陶小平.大学物理课堂研究性教学模式的探索与实践[J].教育与现代化,2012(2):37-42.

[5] 卢荣德,程福臻,孙腊珍,等.微型物理演示实验箱的研制与应用[J].物理实验,2012,258(2):39-42.

[6] 叶邦角.电磁学[M].合肥:中国科学技术大学出版社,2014.

[7] 卢荣德.大学物理演示实验[M].合肥:中国科学技术大学出版社,2014.

[8] 程稼夫.中学奥林匹克竞赛物理教程:电磁学篇[M].合肥:中国科学技术大学出版社,2014.

[9] 张之翔.电磁学千题解[M].北京:科学出版社,2002.

[10] 卢荣德,杜英磊,孙晴.微弱信号检测技术综合专题实验[J].电气电子教学学报,2005(3):37-42.

[11] 钱仰德,卢荣德.磁路定理实验仪的研制和应用[J].大学物理,2011,30(8):33-35.

[12] 别莱利曼.别莱利曼趣味科学系列:趣味物理思考题[M].武汉:长江少年儿童出版社,2014.

[13] 卢荣德,程福臻.分层进阶探究题在《电磁学》教学中诊断功能及其应用[J].大学物理,2016,35(8).

[14] 卢荣德,方兆翔,程福臻.理实交融的电磁学问答题集的研究[J].物理通报,2015(1):26-29.

[15] 卢荣德,程福臻.《大学物理演示实验》编写思路[J].大学物理,2016,35(5):57-60.

[16] D·哈里德,R·瑞斯尼克.物理学:第二卷第一册[M].李仲卿,等,译.北京:科学出版社,1979.

[17] 陈秉乾,王稼军.电磁学[M].北京:北京大学出版社,2009.

[18] 贾起民,郑永令,陈暨耀.电磁学[M].2版.北京:高等教育出版社,2001.

[19] 严济慈.电磁学[M].北京:高等教育出版社,1989.

[20] Zwolak J P, Manogue C A. Assessing Student Reasoning in Upper-Division Electricityand Magnetism at Oregon State University[J]. Physical Review Special Topics—Physics Education Research,2015(2):1-11.

[21] Gurel D K, Eryllmaz A, McDermott L C. A Review and Comparison of Diagnostic Instruments to Identify Students' Misconceptions in Science [J]. Eurasia Journal of Mathematics, Science & Technology Education, 2015,11(5):989-1008.